无废城市：理论、规划与实践

温宗国 等 著

科学出版社

北京

内 容 简 介

“无废城市”的试点建设是对城市固体废物治理及综合管理的有益探索。本书梳理了国内外城市资源代谢及“无废城市”建设研究进展，评估了我国各类城市资源能源回收利用的潜力，探索了城市再生资源的回收体系和循环利用园区的构建，介绍了城市固体废物集中协同处置和资源循环利用综合基地的规划方法和建设实例，提供了我国“无废城市”试点建设的规划实践，指出了试点建设存在的共性问题，并对“无废城市”建设的未来进行了展望。

本书结构合理、内容丰富，对有关城市资源代谢和循环利用及“无废城市”建设等领域的研究人员和管理工作者有重要参考价值。

审图号：GS(2020)2540号

图书在版编目(CIP)数据

无废城市：理论、规划与实践/温宗国等著. —北京：科学出版社，2020.8

ISBN 978-7-03-065753-4

Ⅰ. ①无… Ⅱ. ①温… Ⅲ. ①城市-固体废物-废物处理-研究 Ⅳ. ①X799.305

中国版本图书馆CIP数据核字(2020)第135241号

责任编辑：张淑晓 宁 倩/责任校对：杜子昂

责任印制：吴兆东/封面设计：黄华斌

科学出版社 出版

北京东黄城根北街16号

邮政编码：100717

http://www.sciencep.com

北京九州迅驰传媒文化有限公司 印刷

科学出版社发行 各地新华书店经销

*

2020年8月第 一 版 开本：720×1000 B5

2022年9月第三次印刷 印张：17 3/4

字数：352 000

定价：118.00元

(如有印装质量问题，我社负责调换)

本书撰写人员名单

温宗国　薛艳艳　白卫南　陈　晨

费　凡　郑凯方　邸敬涵　王　静

柯思华　赵克蕾　杨桐桐　陈　燕

蒙明富　季晓立

前　言

随着城镇化迅猛推进和经济社会快速发展，发达国家在过去一百多年中分阶段出现的资源环境问题，在中国过去四十多年集中显现。我国固体废物产生量很大，并且固体废物总量还在逐年递增，然而资源回收利用率不足 50%，与德国、新加坡等先进国家相比差距较大。未来中国城市化进程还将进一步推进，社会经济的稳健发展需要资源环境提供强有力的物质支撑，在这样的背景下，提高资源回收利用率的同时减少环境污染排放，毫无疑问是破解当前“城市病”，实现可持续发展的重要手段。

进入 21 世纪以来，国际上一些发达国家和地区也纷纷提出了“零废物”“零废弃”的社会发展愿景。例如，日本于 2000 年公布了《循环型社会形成促进基本法》，2019 年进一步制定了《第四次循环型社会形成促进基本计划》，提出了七项国家举措并发布了 2025 年目标值；欧洲联盟(欧盟)在 2014 年也提出了“迈向循环经济：欧洲零废物计划”及“循环经济一揽子计划”；新加坡在《新加坡可持续蓝图 2015》中提出了建设“零废物”的国家愿景。在城市层面，旧金山、温哥华、斯德哥尔摩等明确提出了“无废城市”(zero-waste city)的建设蓝图；C40 城市集团[①]中有 23 个城市共同签署了《迈向零废物宣言》(Advancing Towards Zero Waste Declaration)，指出未来可持续、繁荣、宜居的城市必将是无废物的城市，并承诺到 2030 年实现垃圾减量 8700 万 t 的目标。国际对“无废城市”乃至“无废社会”的探索已成为城市经济社会可持续发展和固体废物污染治理的必然趋势。

2018 年初，中国开始推进“无废城市”建设试点工作，旨在最终实现整个城市固体废物产生量最小、资源化利用充分、处置安全的目标。2018 年 6 月，中共中央、国务院在《中共中央 国务院关于全面加强生态环境保护 坚决打好污染防治攻坚战的意见》中明确，“开展‘无废城市’试点，推动固体废物资源化利用”是推进净土保卫战、强化固体废物污染防治的一项重要工作内容。2018 年 12 月底，国务院办公厅正式印发《“无废城市”建设试点工作方案》，明确在全国范围内选择 10 个左右的城市推进“无废城市”试点建设，探索城市固体废物治理及综合管理制度改革的经验与模式。2019 年 9 月，11+5 个“无废城市”试点建设

① C40 城市集团是一个致力于应对气候变化的国际城市联合组织，包括中国、美国、加拿大、英国、法国、德国、日本、韩国、澳大利亚等各国城市成员。

的实施方案已经通过国家评审论证，进入全面试点建设阶段。当前，我国固体废物治理体系日趋完善，源头减量和资源化利用理念逐步贯彻落实，固体废物处置和再生资源产业也发展到了一定规模，经济上和技术上已经有条件有能力系统性地解决固体废物污染问题，提供更多优质生态产品以满足人民日益增长的优美生态环境需求。“无废城市”试点建设标志着我国固体废物综合治理进入了新的探索阶段。

《国民经济和社会发展第十二个五年规划纲要》和《循环经济发展战略及近期行动计划》部署了发展循环经济的“十百千”示范行动。国家发展和改革委员会（国家发改委）同财政部等有关部门积极落实、推动资源循环利用产业发展，促进循环经济形成较大规模，培育新的经济增长点。2010 年，分批启动 50 家左右技术先进、环保达标、管理规范、利用规模化、辐射作用强的“城市矿产”示范基地建设，推动报废机电设备、家电、汽车等重点“城市矿产”资源的循环利用、规模利用和高值利用；2012 年，推动资源综合利用“双百工程”建设项目，在全国重点培育和扶持百个资源综合利用示范工程（基地）和百家资源综合利用骨干企业；根据城市自身资源禀赋、产业结构和区域特点，2013 年分两批启动 102 家循环经济示范城市（县）的创建工作，以提高资源产出率为目标，促进工业、农业和服务业及城市基础设施的循环发展；2017 年，组织开展了全国 50 个资源循环利用基地建设的示范项目，与城市垃圾清运和再生资源回收系统对接，探索形成一批与城市绿色发展相适应的废弃物处理模式。这些国家专项行动极大地推动了区域资源代谢的优化和循环利用体系的构建。

本书在梳理国内外城市资源代谢及“无废城市”建设研究进展的基础上，对我国各类城市资源循环利用的潜力进行评估，分析城市再生资源回收机制及典型案例，系统提出了典型固体废物处理处置及资源化利用技术模式和成功实践，最后结合当前城市的资源代谢及“无废城市”试点建设面临的挑战给出了相关管理建议。本书的主要内容为：第 1 章基于城市资源代谢理论和国内外“无废城市”建设实践，提出了城市资源代谢优化及系统性解决方案；第 2 章针对我国主要金属资源、生活垃圾、工业及农业源生物质废物能源等，系统评估了城市资源循环利用的潜力；第 3 章梳理了城市再生资源回收体系发展历程和新型回收模式的创新实践；第 4 章介绍了我国再生资源园区、循环经济（静脉）产业园和“城市矿产”示范基地的规划建设进展；第 5 章以张家港静脉产业园规划建设为例，提出了城市固体废物园区化协同处置及二次污染控制的系统性技术方案；第 6 章分析了城市资源循环利用基地的实践发展，以成都市资源循环利用基地为例介绍了规划建设方法；第 7 章分析了国家“无废城市”试点建设进展，重点介绍了徐州市、盘锦市的国家“无废城市”试点建设规划案例；第 8 章针对城市资源代谢及国家“无废城市”试点建设的难点提出了相应管理建议。

本书围绕城市资源代谢及循环利用问题，结合清华大学环境学院主持编制的资源循环利用基地、“无废城市”试点建设实施方案等典型案例，提出了全框架、全链条的系统理论和解决方案，是科学技术部（科技部）国家“固废资源化”重点专项的“十三五”重点研发计划项目（2018YFC1903000）、国家自然科学基金面上项目（71774099）及“十二五”国家科技支撑计划课题（2014BAC24B01、2014BAC02B02）等项目研究成果的集成应用。全书由温宗国教授组织撰写，为完成本书作出贡献的作者有：薛艳艳、陈晨、费凡、邸敬涵、白卫南、郑凯方、季晓立、王静、柯思华、赵克蕾、杨桐桐、陈燕、蒙明富等。

在本书撰写和出版过程中，自始至终得到了科技部社会发展科技司、国家发改委资源节约和环境保护司、国家自然科学基金委员会管理科学部等领导及专家的倾力支持和指导，在此一并谨致以诚挚的谢意。

尽管作者在本书编著过程中力求完善，但限于作者的知识结构和水平，书中难免存在疏漏与不足之处，恳请广大读者批评指正。希望本书能够对有关城市资源代谢和循环利用及“无废城市”建设等领域的研究人员和管理工作者在理论和实践上起到一定的指导作用。

温宗国

2020年3月18日

目　录

第 1 章　城市资源代谢与“无废城市”建设

城市资源代谢过程决定了输入城市的资源支撑及污染物的产生和排放。城市资源代谢的系统优化能够促进污染系统性治理和资源高效循环利用，为“无废城市”建设实现固体废物产生量最小、资源化利用充分、处置安全的目标提供支持。本章重点介绍了城市多种类型资源的代谢分析框架，解析了包含各类再生资源在内的多源废物代谢特征，提出了“无废城市”建设目标下提高资源循环利用和固体废物综合治理水平的系统性解决方案。

1.1　城市资源代谢

1.1.1　城市资源代谢的内涵

城市是人口和产业活动高度集中的区域。联合国经济和社会事务部(United Nations Department of Economic and Social Affairs，UN DESA)发布的《世界城市化展望(2018 年修订版)》显示，2018 年全球 55%的人口生活在城市，到 2050 年将有 68%的人口居住在城市。城市的迅速发展给各国经济增长注入了巨大的活力。据估计，世界上约 80%的国内生产总值由城市创造。根据国家统计局数据(2017 年)，中国七大城市群(京津冀城市群、长三角城市群、粤港澳大湾区、成渝城市群、长江中游城市群、中原城市群、关中平原城市群)以占全国 14%的国土面积，聚集了全国 54%的人口，创造了全国约三分之二的经济总量。与此同时，高密度的城市生产、生活活动往往伴随着高强度的资源消耗和污染排放过程。人们从大自然中摄取大量资源，向自然系统排放的废物负荷远超过其生态承载能力。资源短缺、环境恶化等问题成为世界共同面对的难题，也是阻碍社会经济可持续发展的关键因素。

对于城市化发展迅猛、经济增长快速的中国来说，这些问题尤为突出。发达国家在过去一百年中分阶段出现的资源和环境问题，在中国过去四十多年集中显现，城市资源代谢升级和优化成为绿色发展面临的重大挑战。例如，我国固体废物产生量逐年增加，每年新增固体废物 100 多亿 t，历史堆存总量高达 600 亿～700 亿 t，固体废物处理处置过程中的二次污染显著威胁周边环境质量和居民身心健康。提高资源利用效率的同时减少环境污染排放，是实现城市绿色发展，改善人居环境质量的重要路径。

“城市资源代谢”这一概念形象地表征了城市系统物质能量输入(资源支撑)与输出(污染排放)的过程，为解析城市资源环境“病症”的起因与破解路径提供了一种思路。正如所有生命体都需要与外界环境进行物质和能量交换才能生存和发展一样，城市的运转也需要持续的物质、能量和信息输入，并经由复杂的代谢过程输出废弃物。“代谢”最初起源于生命科学，而资源代谢分析就是将生命科学中的代谢概念理论运用于社会经济系统，将社会经济系统类比成生物体，定量描述人类活动与资源消耗、废物产生及废弃物资源化利用的相互关系。综合社会代谢、城市代谢、产业代谢、能量代谢等关注主体，研究范畴多样的物质代谢概念，有学者[1]将“资源代谢”定义为“城市生态系统在维持系统结构与功能一定的稳态条件下，各种物质性和非物质性、能量性和非能量性资源的输入输出的过程”。当前世界上许多城市所面临的资源枯竭、环境污染等问题，究其根源，是由高投入、低产出、高污染的线性、粗放型发展模式导致了资源生产、消耗、废物处理处置全过程的低效率和高污染。因此，开展城市资源代谢系统分析，明晰城市各种类型污染物的产生和去向，能够识别影响城市资源环境问题的关键因素，为城市污染的综合治理和资源的高效循环利用提供系统解决方案。

区域，尤其是城市尺度的物质代谢分析研究的发展进程如图 1-1 所示。社会经济系统的物质代谢分析研究最早可以追溯到 19 世纪 60 年代，这一时期包括恩格斯在内的许多社会学家、生物学家和生态学家对社会经济系统中的物质代谢进行了初步思考和研究。马克思最早在 1883 年使用了“代谢”的概念，用于描述物质和能量在自然生态系统和社会经济系统之间的交换。20 世纪 60 年代，城市经济发展与生态环境之间的矛盾逐渐在工业化和城镇化加速发展的过程中凸显出来，生态环境压力加剧，而“石油危机”的出现更使人们开始关注资源能源对社会发展的约束问题。1965 年，Wolman[2]针对当时美国空气和水资源恶化的状况，

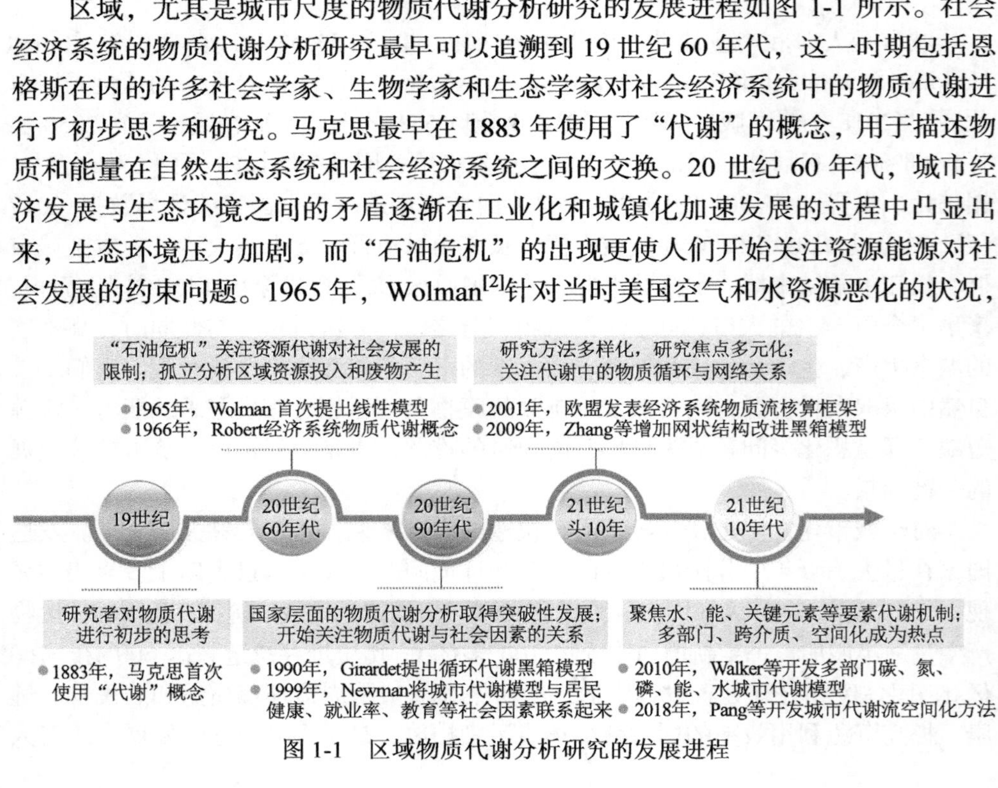

图 1-1 区域物质代谢分析研究的发展进程

首次提出了“城市代谢”概念，将城市类比成一个有机生物体，物质和能源等进入城市系统，被消耗后将产品和废物排出系统。资源消耗、产品生产与废物产生三者之间的关系体现了城市生态系统如何运转和维持。Wolman 还提出，如果希望一个城市系统像生态系统一样良好运转下去，那么系统通过资源消耗产生的废物需要被重新利用，以避免它们通过累积对内部和外部的生态环境造成危害。

20 世纪 90 年代初期，资源代谢分析日益受到关注，取得了突破性发展。欧洲一些国家包括德国、奥地利、瑞典、芬兰等，开展了大量有关资源代谢分析的理论和方法学研究。同时期，美国、日本及中国在内的许多国家也积极开展了国家层面的物质流分析研究工作，并取得大批具有实用价值的研究成果。Girardet[3]发现线性关系不能真实描述一个城市从资源输入到产品、废物产生的过程，并在 1990 年提出了循环代谢模型。该模型是一个黑箱模型，系统内部的各个部分并没有详细描述。Newman[4]在 1999 年将城市代谢模型与一些社会因素如居民健康、就业率、教育等联系起来，扩展了城市代谢的内涵。

进入 21 世纪以来，资源代谢研究更是蓬勃发展。资源代谢的优化调控成为解决环境污染问题和提高资源循环利用率的关键手段。研究者格外关注城市代谢中资源和能源循环利用效率低下的现状，提出了多个理论模型来模拟城市资源代谢进程，尝试解析代谢机理。Duan[5]在 2004 年提出，与自然代谢相比，城市代谢途径较长，对于资源和能源的循环利用效率低下，并基于现代控制理论提出了一个理论模型来模拟城市代谢的关键因素及它们之间的相互关系，为优化和调控城市物质代谢提供科学依据。Brunner[6]在 2007 年强调了资源代谢过程对于城市回收利用体系的重要性。Zhang 等[7]在 2009 年通过增加代谢的网状结构来改进黑箱模型，随后基于对生物代谢的研究，提出了复杂的城市生态系统代谢理论。

近些年，资源代谢研究的关注对象进一步聚焦在水、能、关键元素等城市资源代谢关键要素上。研究内容从较为宏观的统计分析，逐渐向解析要素的微观代谢机理，尤其是在城市多个部门间和多个环境介质间迁移转化机制的方向发展。例如，Walker 等[8-10]在 2010～2014 年间以 Upper Chattahoochee 流域为研究对象，将城市生态系统分为水部门、林业部门、食品部门、能源部门、废物管理部门五个子系统，搭建了该地区的物质代谢分析框架，并将这一方法运用到伦敦的物质流分析案例中。Coppens 等[11]针对 Flanders 区域开展了高分辨率的氮、磷等元素流分析，核算了 21 个社会经济组分中 160 条营养流动，分析了氮、磷元素向大气、水体、土壤等环境介质的排放，并根据结果提出了氮、磷优化管理措施。Pang 等[12]研究了巢湖流域 1949～2012 年食品生产和消费过程中氮元素的代谢流动和空间分布情况，据此提出了流域氮素精细管理的有效措施。城市资源代谢分析可以定量地识别资源在城市生态系统内的来源、流动规模、代谢途径、存在形式和排放状态，能够有针对性地开展污染源头控制、末端回收利用及最终处理处置，从而优化城市整体的资源利用效率，为保障生态环境质量提供有力工具。

总体来说，物质代谢模型经历了由线性模型发展为循环代谢模型，再发展为网状模型的演化。这标志着资源的循环再生，以及不同种类、不同过程资源代谢之间的耦合关系和回收利用机制日益为人们所关注(图 1-2)。城市资源循环利用是提高资源利用效率、减少污染排放、维持生态系统正常的物质代谢功能的必要手段。因此，为了解决城市资源短缺、环境恶化的问题，必须深入分析城市资源(包括能源)代谢的结构、特征和多物质、多过程的系统耦合机制，以发现当前资源代谢过程中的低效和紊乱问题，解析实现废物能源化、资源化的机理与路径，为破解城市资源环境瓶颈、维持城市生态系统物质代谢的良好运转、实现城市可持续健康发展提供科学依据。

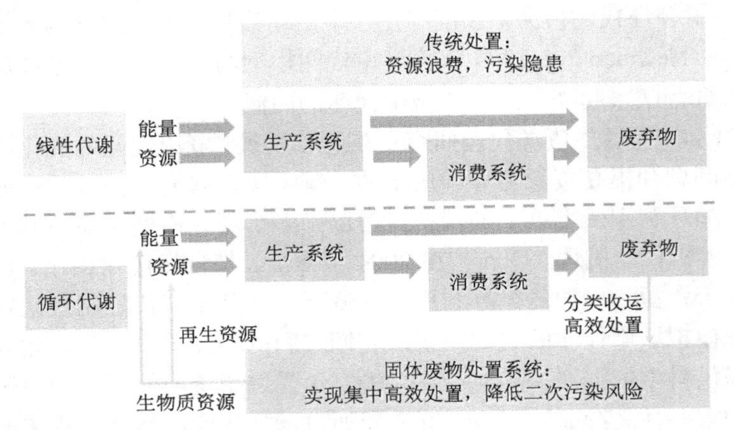

图 1-2　城市资源线性代谢和循环代谢示意图

1.1.2　城市资源代谢的结构

物质流分析(materials flow analysis, MFA)是解析城市物质性资源代谢过程的一种重要方法。物质流分析以物质守恒为原理，定量评估一定时空边界内物质的存量与流量，分析经济系统与自然环境的物质交换，从而客观反映物质在系统中流动的源、路径和汇[13,14]。物质流分析可被进一步划分为物质层面和元素层面的物质流分析。物质层面重点在分析各类经济实体(可能具有正向或负向的经济价值)的流量和存量，包括原材料、产品和废弃物等都应该被考虑在内；相应的，元素层面的物质流分析关注某一种元素或化合物在系统内的代谢流量、强度和趋势等，也常被称为元素流分析。两个层面的物质流分析方法在城市物质代谢分析中均有广泛应用和重要意义。非物质性资源，如人力、信息、资本等在城市中的流动转化，暂不在讨论范围之内。

1. 城市物质流分析框架

20 世纪 90 年代以来，随着物质流分析方法日益成为对区域资源消耗、污染排放、生态破坏等问题进行定量化研究的有力工具，很多学者为区域物质流分析建立了一定的核算框架与规则。例如，欧盟于 2001 年建立了物质流分析导则[15]，这一导则被广泛应用于我国城市物质流分析的研究中。然而，相较于国家而言，城市层面的资源代谢研究一方面不仅要关心物质代谢流量，更应充分结合城市产业发展情况，关注物质的代谢结构；另一方面，城市层面的研究要重点关注能够提升城市可持续发展能力的物质流通环节，挖掘不同种类废物在城市内部的循环利用潜力。总结起来，城市物质流分析框架应该包括：①系统输入端的资源供给，包括本地开采和外界供给；②系统输出端的污染排放，包括排放进入大气、水体、土壤等各种环境介质的污染；③系统内部资源循环；④系统与外界的资源循环。陈波等 [16]在深入关注城市内循环及国家物质流分析框架的基础上建立了城市物质流分析框架(图 1-3)。

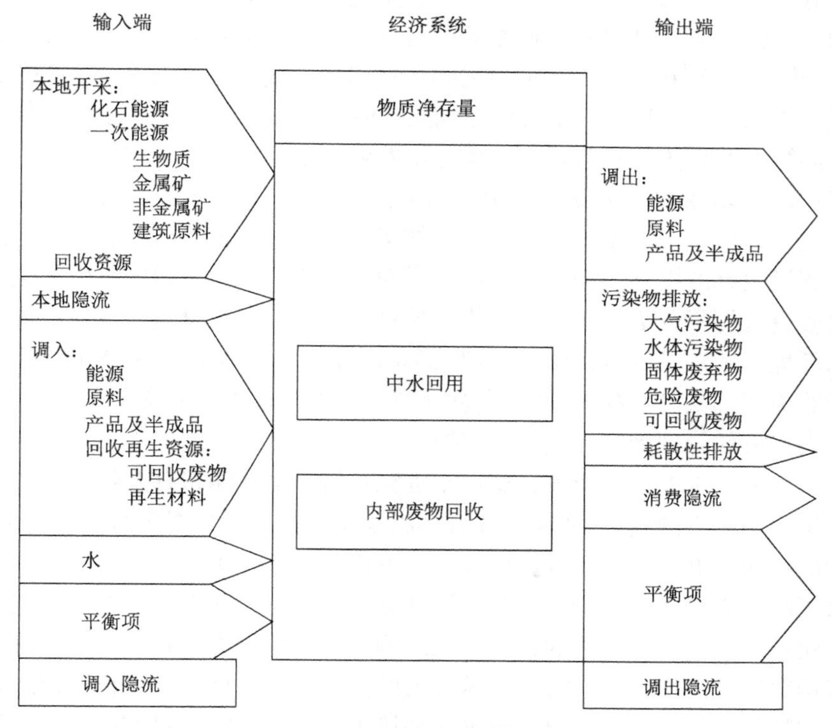

图 1-3　城市物质流分析框架[16]

可见，在城市物质流分析框架的输入端中，除了国家经济系统物质流分析框架中的物质输入输出之外，资源的循环利用始终渗透在物质、能量的输入、代谢和输出全过程中，反映了城市废物回收利用程度和可持续发展能力的提升潜力。在输入端，输入的回收资源指本地产生的、得到综合利用的废弃物，如秸秆发电、尾矿制砖等；调入的可回收废物指从系统外调入、在系统内经过再生处理的废弃物，如废纸、废塑料、废金属等，以及可再利用的工业固体废物等；调入的再生材料指废物在系统外经过再生过程后，以原材料形式进入城市的物质流，主要包括再生纸、再生塑料、再生橡胶等。在输出端，输出的可回收废物是指系统内产生但无法自己消纳利用，可输出到其他系统的废弃物。因此，城市回用自身产生的废弃物、消纳利用系统外的废弃物，以及自身产生的废弃物在系统外可回用的潜力，都是表征城市可持续发展能力的重要度量，在城市资源代谢分析中应该被重点关注。城市资源代谢过程的特征，如资源消耗强度、利用效率、回收潜力等，可通过一系列的指标来表征，为城市的可持续发展提供精确的政策分析和设计依据。指标体系可能涵盖输入、消费、输出和回收指标，从多个角度考核城市资源代谢的效率、废弃物处理程度、环境污染负荷或资源回收潜力的释放程度等[17]。

已有许多研究利用物质流分析方法建立城市物质代谢模型，为探讨资源环境问题的解决提供依据。例如，戴铁军等[18]分析了北京市物质代谢情况，发现 1992～2014 年间，北京市物质输入与输出之间存在二次曲线关系，区域内生产排放受直接物质输入的影响明显，北京市区域物质代谢调控应重视源头控制，减少资源输入量。鲍智弥[19]以大连市为对象，建立了农业、工业、生活、建设和交通五大部门组成的区域环境-经济系统物质流分析方法体系，识别了大连市社会经济发展的“高投入，高消耗，高碳排放”特征，总结了其资源循环利用效率，尤其是固体废物综合利用效率的提升途径。李永红等[20]对银川市 2006～2012 年生态经济系统中的物质流进行了分析，识别出了化石燃料、矿物和建筑材料需求的增加对银川市生态环境产生较大压力，废水处理效率尚有较大提升空间。总体上看，物质流分析能够为识别城市资源环境问题，从而有针对性地提出提升资源循环利用效率，减少污染排放的管理措施提供有力支持。

在物质流分析的大框架下，城市水资源、能源的代谢机理及特征研究成为城市代谢研究领域中的热点，能够为政府部门及相关行业人员提供制定可持续的水、能管理决策的依据。对于水资源而言，一方面，水是一种宝贵的资源，水资源不足和水环境污染将显著影响国家的经济社会安全；另一方面，水是城市主要的运输和净化处理载体之一，水的代谢流动影响着城市系统中多种物质的迁移转化，且城市排放的废弃物中，以水为载体排出的量最大[21]。因此，解析城市水资源代谢路径和特征，对节约水资源、改善水环境十分重要。能源是城市社会和经济发展的支柱，能源代谢是城市运行的关键驱动力，同时也会给城市生态环境带来巨大的资源环境压力。城市能源代谢分析能够考察城市能源开采、加工、利用的格局与过程，探究能源利用效率及其附带的资源环境负荷，为城市的能源节约和低碳发展提供支撑。

1) 城市水资源代谢结构

相较于自然界有序的、自组织的水循环与水代谢过程，城市中的水资源代谢过程更多地依赖于人工力量的驱动，以维持城市生命系统的正常运转[22]。类似于水在生物体内发生的代谢过程，城市水资源代谢即城市中水在供给、消纳(包括人类的生产、生活、娱乐等多方面利用)、处理(如污水处理厂处理、生产企业中水回用、景观循环用水等)后，除了有部分水量消耗外，大部分水质发生变化，并最终排入自然界水体的整个过程。水系维持其生态健康状况的能力被称为代谢容量[23]。

降水是整个水资源代谢过程的驱动力。雨水落到地面后共有渗透、形成地表径流和蒸发三种去向。不同的地形及土地渗透能力决定了渗透强度的大小。水供应量的改变、不透水地面的改变等均会影响区域的水文行为。水流动的平衡方程[24]如式(1-1)所示：

$$W_{\text{precip}} + W_{\text{i}} + I_{\text{w}} + I_{\text{ww}} = E_{\text{t}} + D + R_{\text{o}} + S_{\text{i}} + \Delta S_{\text{w}} \tag{1-1}$$

式中，W_{precip} 为降水量；W_{i} 为地表和地下水源取水量；I_{w}、I_{ww} 分别为经过净化处理的水量及已处理废水量；E_{t} 为水蒸发量；D 为流入地表河流湖泊中的水量；R_{o} 为地表径流量；S_{i} 为通过地表的渗透水量；ΔS_{w} 为规定的系统边界内的存水量。城市水资源代谢框架如图 1-4 所示。

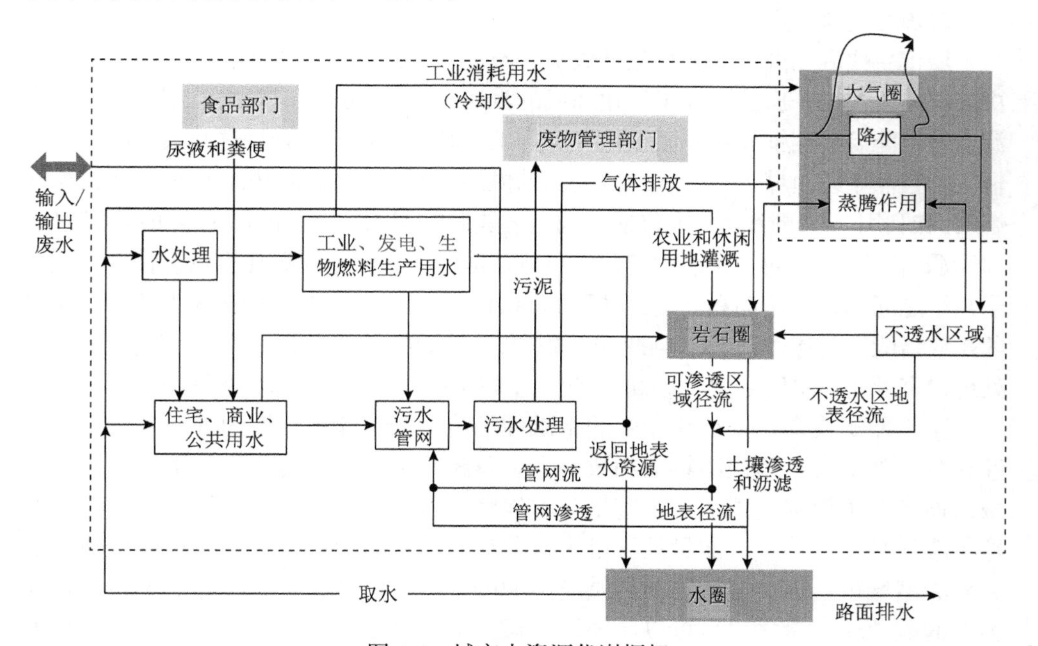

图 1-4　城市水资源代谢框架

地表和地下水源取水量的去向通常为住宅用水、商业用水、公共用水、工业、农业(包含畜牧业)及发电用水。水蒸发量包括植物的蒸腾作用、地表水的蒸发、土壤水的蒸发、工业水的蒸发及不透水区域存水量的蒸发。蒸发量通常由一个地区的气候条件及地表类型(包括水域、耕地、林地、草地、城市不透水区等)决定。可渗透区域可以划分为开放水域、草原、农田及森林。对于开放水域及较为潮湿的可渗透区域，可根据土壤潮湿程度和修正因子计算水蒸发量[25]。流入地表河流湖泊中的水量是已处理过的工业废水、发电用水及污水处理厂废水的总和。如前所述，水作为载体或媒介来运输生活废物和工业废物。城市废水流入城市污水管网，同时部分地下水通过渗滤也进入污水管网。污水处理厂是水代谢中的重要环节，它是城市多种污染物，尤其是有机物及氮磷元素集中处理、转化的关键节点。净化后的水资源或排入自然水体,或深度处理至符合一定水质标准后成为再生水，回用至市政景观、工业用水、农业灌溉、生活杂用等。

通过分析可以发现，城市水资源代谢的过程中，除了节约用水、减少浪费之外，水资源的分质利用和域内循环是解决当前多个国家与城市需水量与水资源差距的对策之一。从个人生活的角度看，洗衣水冲厕、淘米水浇花等生活习惯同样蕴含水资源分质利用的思想，能降低需要供给的水资源量。从工程设施的角度，污水处理后得到的再生水不仅可以节约大量的新鲜水，而且可以降低污水排放对环境的影响，具有巨大的资源、环境和人体健康效益[26]。

2)城市能源代谢结构

城市主要利用的能源类型包括煤炭、石油、天然气、太阳能、水能、风能等一次能源，以及由一次能源加工转化而成的汽油、煤油、焦炭、电力、沼气等二次能源。城市能源代谢框架主要涵盖输入、加工、转移、排放和处理这几大阶段。能源输入指自然系统对城市一次和二次能源的供给,既包括本地能源的开采(主要指化石燃料)和利用(太阳能等)，也包括其他地区能源的调入。能源的加工也可称为转化，即能源由一次能源向二次能源转化的过程。能源的转移指能源在自然、社会、经济子系统之间的迁移流动和消费，转移的驱动力主要包括产业结构和人类活动。能源的排放指能源转移过程中产生的污染物排放。能源的处理指对排放的污染物的收集、处理、资源化和最终处置，如烟气净化、碳捕集等。城市能源代谢框架见图 1-5。

由于能源代谢在城市代谢中的基础性地位，城市能源代谢的各个主要过程能够充分反映城市物质代谢特征和效率，以及经济活动对环境产生的影响。对一个城市而言，可根据能源本地供应量与本地消费量(代谢量)的差值将城市分类。本地供应量高于或等于代谢量的城市为自养型城市；本地供应量小于代谢量的城市为异养型城市，该类城市与为其供应能源的地区之间存在资源掠夺的关系。各种类型的能源输入量之比也可以反映该区域的能源消费结构。更小的煤炭比例和更大的可再生能源利用比例反映了城市能源代谢的清洁性和可持续性。能源转移表征了不同社会经济子系统对自然子系统的作用与资源压力，这一过程也是经济社会自然子系统间互相作用最为强烈的阶段。能源排放和处理表征社会经济活动产生的环境影响。因此，能源代谢能够在一定程度上实现对城市社会经济发展过程中的资源利用与环境协调发展的量度[27]。

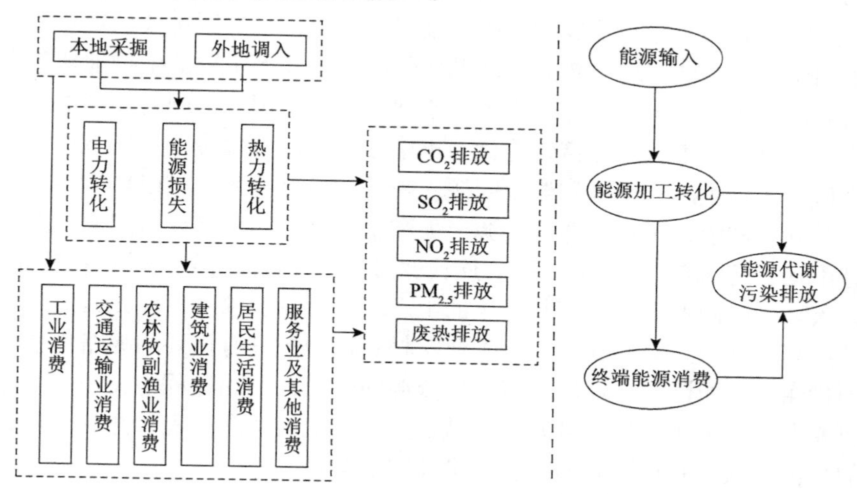

图 1-5　城市能源代谢框架[28]

在循环经济和废弃物资源化理念的引领下，城市能源的回收利用途径越发多样，并在实践中取得了显著成效。总结起来，其类型可大致分为生物转化和热化学转化。生物转化一般用于处理有机废弃物，通过填埋气处理、堆肥、厌氧消化、生物质发电等技术，从废弃物中回收电力、肥料、沼气等能源。热化学转化可用于处理有机或无机废弃物，通过热解技术或焚烧技术，对应地获取热解液体燃料、合成气、电力、热力等。生活垃圾制备垃圾衍生燃料(refuse derived fuel，RDF)是一项非常典型且前景广阔的生活垃圾能源化技术。RDF 指从城市生活垃圾中分选出高热值可燃废物(如废纸、塑料、纺织品等)，经过破碎、干燥后，添加防腐和除氯的添加剂，最后压缩成型制成的新型固体燃料，具有便于运输和储存、二噁英等环境污染物排放小(制备过程添加了除氯添加剂)、热值高(RDF 的热值可达到 12.5～17.5MJ/kg[29]，而普通垃圾热值只有 4～6MJ/kg)、着火点低、排渣量低等优点[30]。生活垃圾制备 RDF 也因此成为一种理想的废物能源化途径。当前，我国 RDF 利用由于存在研究不够深入、垃圾源头分类效果不佳、运行成本高等问题，尚未被大力推广。未来可加大相关关键技术与装备的研究和工程实践的力度，探索城市能量梯级利用，促进物质循环再生，实现绿色发展[31]。

2. 城市资源代谢的元素流分析

人类活动对自然生态系统物质循环流动的干扰和破坏可能会导致物质代谢的

紊乱，这也是生态环境与人类社会经济系统之间冲突的关键[32]。世界层面和国家层面上的元素代谢过程主要受控于人为因素[33]，绝大多数环境问题都与关键元素在人类社会经济系统中的代谢流动、迁移和归宿相关。关键元素的不合理代谢是造成相关资源与环境问题的根源。例如，碳元素与大多数资源的供给与利用息息相关，是维持人类生存与发展的核心元素之一，但过量的碳排放会导致温室效应等一系列全球性环境问题。氮元素的循环代谢是地球上主要的生物地球化学循环之一，对农业增产、工业生产有着不可或缺的关键作用，但同时环境中过量的氮素可能引发大气污染、水体富营养化、土壤酸化、温室效应、臭氧破坏、生物多样性降低等多种生态、环境和健康问题。磷元素是重要的、难以再生的非金属矿资源，其利用和消耗过程会造成资源流失和水体富营养化等环境问题。图 1-6 描述了城市碳、氮、磷元素的典型跨介质代谢过程，元素经过复杂的迁移转化过程，最终排入环境时的形态决定了其产生的生态环境影响。除了营养元素之外，金属元素，尤其是稀土元素等在农业、工业、材料等领域具有重要的战略价值，其在城市中代谢过程的资源、环境效应成为资源回收与再利用过程中关注的重点。因此，研究者日益关注多种关键元素在城市生态系统的代谢过程，并基于对其代谢机制的分析，探究实现资源循环和污染控制的路径。

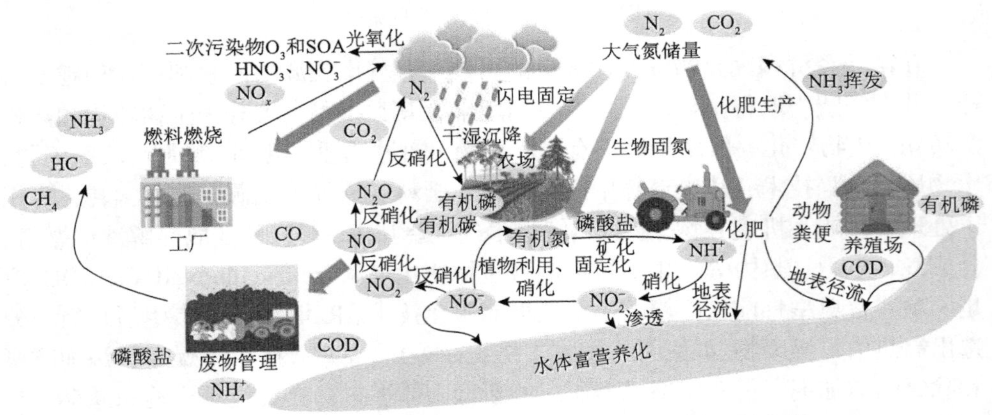

图 1-6 城市碳、氮、磷元素的典型跨介质代谢过程示意图

SOA 表示二次有机气溶胶，COD 表示化学需氧量

城市层面的元素流分析研究自 2000 年后出现了蓬勃发展的态势，且逐渐向机理化、空间化、长时间序列发展。Baker 等研究了凤凰城的氮代谢平衡[34]；Barles 和 Forkes 均于 2007 年分别发表了针对巴黎和多伦多食品系统的氮代谢研究成果[35,36]；Jiang 等分析了 1978～2015 年巢湖流域的氮、磷流代谢，总结出营养利用效率、城镇化率、饮食选择和人口等是驱动氮磷流代谢变化的关键要素[37]；Pang 等建立了食品生产和消费系统氮流的时空分布特征解析方法，识别了氮管理重点阶段和区域[12]。元素流分析还与网络分析、足迹分析等方法广泛结合，服务于多

种类型研究问题的解决。例如，Zhang 等利用生态网络分析研究了北京市氮代谢流动，研究结果可以帮助政策制定者识别城市氮代谢系统中的关键节点与路径，从而实施更有效的监测与管理[38]；许肃等分析了 1985～2010 年龙岩市食物磷代谢的变化，计算直接和间接磷足迹，识别出龙岩市在城市尺度上是重要的磷汇，在流域尺度上则是重要的磷源[39]。未来，城市层面的元素流分析将往覆盖元素种类增多、元素代谢机理进一步白箱化、代谢时空特征解析等方向进一步发展，服务于城市开展精细化资源管理与污染控制的实际需求。

城市作为资源集中消耗和废物集中排放的区域，发生着尤为复杂的氮元素跨介质代谢。因此，只有通过城市氮元素的代谢分析，定量识别氮元素在城市生态系统内的来源、流动规模、代谢途径、存在形式和排放状态，才能针对性地开展氮污染源头控制、含氮资源的回收利用及氮污染末端处理处置。城市氮元素的输入包括自然输入和人为输入，代谢结构见图 1-7。自然输入包括大气干湿沉降、植物固氮等，人为输入包括居民食物、动物饲料、化石燃料、化肥等含氮的原材料或产品。氮元素会在城市多个部门，包括能源、食品、农业、工业、林业、废物管理等发生复杂的形态变化，并最终进入产品中或排放入大气、水体、土壤等自然环境。温宗国等针对苏州市 2015 年的氮元素代谢研究表明，城市氮元素代谢的关键环节为燃料的使用、食品的消耗和污水处理环节。能源部门和食品部门是氮流外界输入的主要部门；畜牧业发展、居民消费和燃料需求是城市氮元素代谢的主要驱动因素；食品部门、废物管理部门的代谢产物，如人畜粪便、污水处理厂污水、污泥等是氮元素回收的关键[40,41]。在城市生态系统氮元素代谢流动系统解析的基础上，就可以探讨技术或管理措施对城市氮代谢结构的改变，筛选提升氮资源利用效率，减小氮污染排放的技术和管理路径，如强化污泥、餐厨垃圾、秸秆等废弃物的资源化利用，推广尿源分离制取鸟粪石（$NH_4MgPO_4 \cdot 6H_2O$）技术和畜禽粪便热解技术等。

图 1-7　城市氮元素代谢结构示意图

3. 城市水-能-物质代谢耦合关联

实现城市可持续发展的目标往往需要多个利益相关方开展协作，针对居民对水、能、食品、土地、健康等多要素的需求开展管理。同时，这些要素间往往具有复杂的联系、协同效应或拮抗作用[42]。在这样的背景下，"Nexus"这一概念自 1983 年被用以描述食品-能源耦合关联以来，很快被广泛应用于研究食品、水、能源，以及生物多样性保护、人体健康、气候变化应对等之间的关联[43]。这类耦合关联研究可以识别不同管理目标间的协同作用与效益、降低负面效应、揭示决策可能带来的风险，从而服务于从系统的层面，提出权衡多管理目标的决策与管理途径。

在 Nexus 研究中，"食品-能源-水"耦合关联研究获得了最为广泛的关注。以"food water energy nexus"为关键词检索 Web of Science，可查阅到 906 篇科技文献，其中 2009～2014 年间年均发表数量均在 20 篇以下，此后显现出迅速增长态势，2018 年发表数达到 259 篇。人口增长、工业化、城镇化等过程，使得城市"食品-能源-水"系统面临着显著压力。然而，"食品-能源-水"三者之间存在着复杂的耦合关系，任何一个组分在人类社会经济系统流动、转化的全过程中，都伴随着与另外两者之间的耦合与反馈影响。例如，食品的种植和生产均伴随水资源和能源的消耗；能源的生产需要水资源提供支持(水电、火电的来源及冷却水的使用)，国际上也日益关注粮食燃料乙醇的生产；同样的，水的运输和净化需要能源供给，食品的代谢过程对水体造成了污染。因此，三者在城市中的代谢过程对其他要素的管理均有反馈作用(图 1-8)。

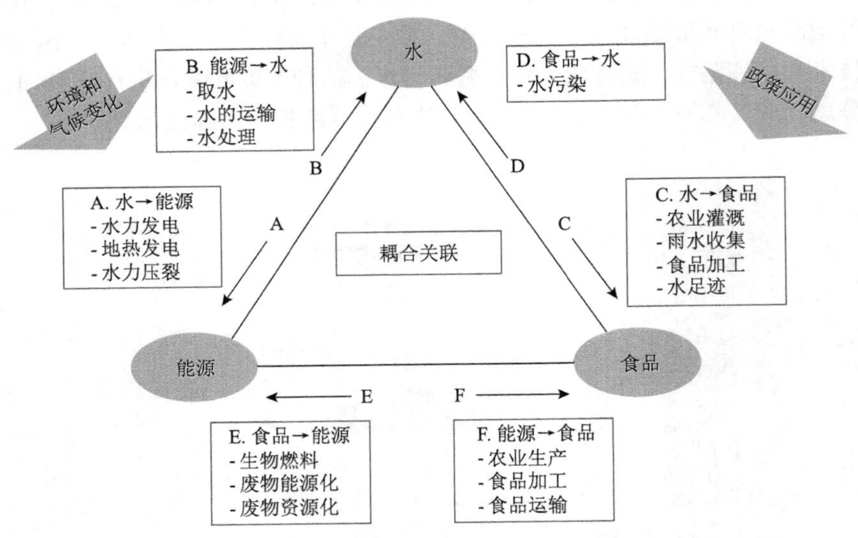

图 1-8　城市"食品-能源-水"系统耦合关联示意图[44]

大量的研究方法被应用在"食品-能源-水"耦合关联的定量研究中。例如，生命周期评价方法可被用于研究所关注的“食品-能源-水”系统全生命周期的投入、产出及潜在的环境影响；生态足迹(包括水、能足迹)分析能够评估某项产品或活动在水、能源或食品方面的综合效应，如分析不同作物生产过程的水、能消耗等；物质流分析能够定量分析食品、能源、水资源的流量与存量；计量经济学模型可用于研究影响“食品-能源-水”系统的经济变量，为趋势预测提供依据。除此以外，供应链分析、投入产出分析、可计算一般均衡模型等也被用于研究“食品-能源-水”系统耦合关联。“食品-能源-水”系统耦合关联研究将趋向于考虑更多研究部门、扩展研究尺度、研究不同区域间的耦合关联等方向。

与“食品-能源-水”系统间耦合反馈机制类似，还有多种要素耦合关联大量存在于城市的物质代谢循环中，如“水-能-碳”“水-能-固体废物”“水-能-土地”等，均引起了研究者和决策者的关注。例如，Meng 等综述了城市“水-能-碳”研究进展，总结出“水-能-碳”耦合关联研究对于促进城市水能节约和削减碳排放具有重要作用，需根据不同城市自身的资源与发展特点开展系统分析，其中投入产出方法运用较为广泛[45]；Rubio-Castro 等提出了增强住宅群层面“水-能-固体废物”系统整体可持续发展水平的多目标优化方法，并将其应用于墨西哥的一个住宅群开展案例研究[46]。总体而言，如果要实现多种资源代谢效率的整体提升，就必须从系统层面考虑多种资源要素间的关联，探索实现多目标协同增效的技术手段和管理途径。

1.1.3　城市资源代谢的特征

城市资源代谢具有资源跨部门耦合、污染跨介质迁移两大特征。资源代谢过程往往涉及多个社会经济部门，且代谢废物的处理处置过程经常伴随着污染跨环境介质的迁移，引起环境目标的隐性转移。因此，资源代谢的优化管理也相应地要从这两大特征出发，考虑管理手段的多部门资源效应和多介质环境效应。

1. 跨部门耦合

城市资源代谢是一个跨部门的复杂过程。如图 1-9 所示，城市生态系统可以分为农业部门、工业部门、消费部门、废物管理部门和自然部门。农业部门接受工业部门的肥料、饲料输入，并为工业部门提供粮食、牲畜等加工原料。两个部门共同向消费部门提供能源、食品和非食品产品等资源，也导致大量废水(工业废水、农业污染径流等)、废气(工业废气、畜禽粪便污染气体等)和固体废弃物(工业固体废物、农业固体废物、养殖业废物)的产生。资源进入消费部门满足人们的消费需求后，转化成煤渣、生活垃圾、生活污水、餐厨垃圾等废物。一部分废弃物可以再生资源的形式回到工业或消费部门被利用，其余进入废物管理部门。废气、废水和固体废弃物等污染，和这些污染处理过程中产生的二次污染，如焚烧烟气、

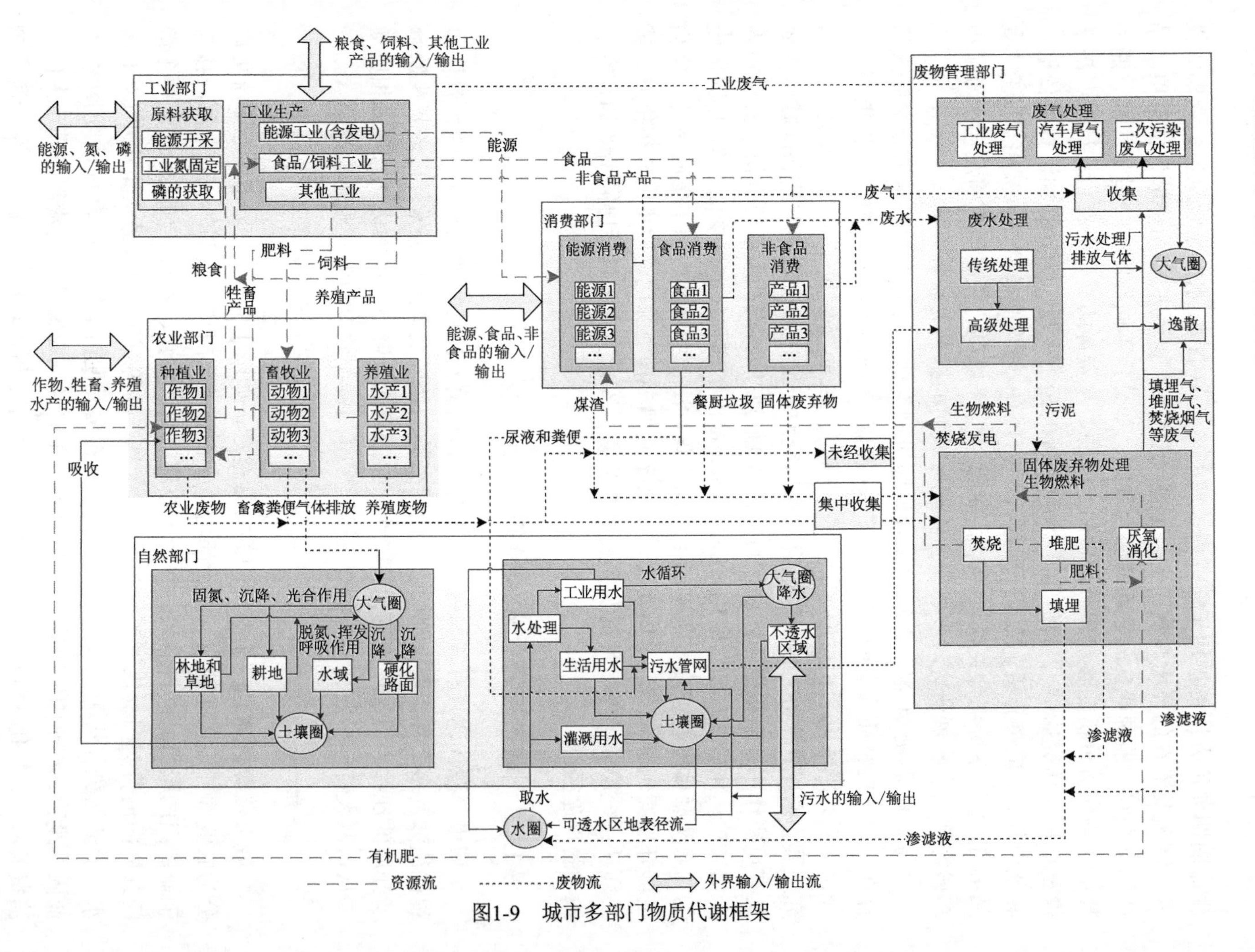

图1-9 城市多部门物质代谢框架

飞灰、渗滤液、污泥等，均在废物管理部门得到有效处理处置。处置过程中，废弃物还可以以肥料、燃料、电力等形式，重新成为有益的资源。同时，自然部门中的物质代谢也会影响资源在城市的代谢流动，如渗滤、径流中的污染传输及固氮过程中活性氮的产生等。

城市资源代谢的多部门耦合特征，决定了当对城市资源代谢系统施以技术或管理措施作用时，必须要考虑可能引发的多个部门资源代谢的联动变化，即城市资源代谢的优化调控需要跨部门的全局控制。例如，尿源分离技术是一种家庭分散式污水处理技术，可以从源头上将粪尿分离，回收的尿液经过化学沉降工艺产生鸟粪石和硫酸铵[$(NH_4)_2SO_4$]。鸟粪石是一种分解缓慢的无机肥料，具有重要的经济价值。因此，该工艺可以将部分废物流转化为产品流。从城市多部门资源代谢联动的角度分析，尿源分离技术从尿液中回收氮、磷元素的同时，也降低了进入污水处理厂的生活污水氮、磷含量，进而导致污水处理厂脱氮环节排放出的氮气流，留存在污泥中的氮、磷和污水处理厂出水中残留氮、磷的量均发生减小。在水耗和能耗方面，技术应用从源头上减少了厕所冲水量，污水处理厂进水氮、磷含量的降低使废水处理环节能源需求降低。而在能源回收方面，由于污水处理厂营养物质含量下降，污泥消化过程中沼气产量下降，同时消化过的污泥焚烧发电环节产能也会下降。因此，在进行城市资源代谢路径优化决策时，要充分考虑多部门联动效应，寻求资源、能源、环境和经济综合效益最大化的途径。

2. *跨介质迁移*

污染的跨介质迁移同样是在进行城市资源代谢优化时必须关注的另一大特征。资源在开采、加工、消费、回用和最终处置全生命周期过程中，其中的关键元素可能会不断发生存在形态的变化，在大气、水体、土壤中发生跨环境介质的迁移。然而，有别于地球圈普遍存在的元素跨介质迁移，如氮沉降、碳固定等过程，城市废物管理部门作为城市生态系统与外界环境进行物质交换的关键部门，其中的物质在人为作用下会发生集中而复杂的跨介质迁移代谢，污染很难得到彻底去除，从而对城市以外的水圈、大气圈、土壤圈及其他生态系统造成影响。过去在制定污染防治管理措施及技术政策时，往往以单一环境介质(水、土、气)的质量改善为目标，忽视治理污染过程中水-气-土环境介质之间的整体性和协同性，环境污染控制目标和主要矛盾发生“隐性转移”的现象十分突出，并可能引发更多次生的或潜在的环境影响。对环境管理目标的实现有重要影响。

图1-10分析了在生活垃圾处理系统中，碳、氮这两种关键元素可能发生的复杂的跨介质代谢过程。以垃圾焚烧为例说明，垃圾焚烧通过氧化反应产生大量烟

气和热量，其中包括的 NO_x、CH_4、CO 等气体是全球变暖或光化学氧化剂臭氧生成的主要物质[47]。为净化烟气、回收能源，通常将垃圾焚烧与余热发电、选择性催化还原(selective catalytic reduction，SCR)、选择性非催化还原(selective non-catalytic reduction，SNCR)等技术相结合[48]，将气态污染物固定于液态吸收剂中，减少了排放到大气中的含碳、含氮污染物。然而，液态吸收剂的使用及余热发电运作需要耗水，导致含 NO_x、NH_4^+ 污水的产生[49]，若不进行后续处理，将会造成水体富营养化。在对这部分污水的处理过程中，一部分含氮、含碳污染物通过生化法被氧化[50]，从 NH_4^+、COD 转变为 NO_3^-、CO_3^{2-} 等无害物质；另一部分污染物则会发生污染物跨介质迁移。研究表明，污水处理设施去除的 NO_x、NH_3 等液态污染物中，有 25%以上转移到固态污泥，并再次进入环境中，造成土壤酸化[51]。另外，在对这部分污泥的处理过程中，污泥干化焚烧、水泥窑掺烧还会产生气态、液态污染物。生活垃圾处理系统内含碳、含氮污染物的跨介质迁移转化使得新的环境污染问题不断出现。

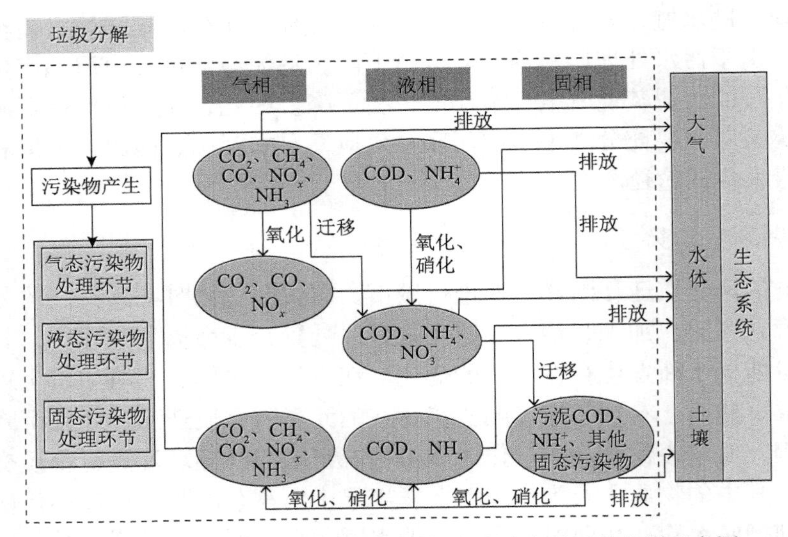

图 1-10 生活垃圾处理系统中碳、氮元素跨介质迁移代谢示意图

很多研究都已经关注到了污染控制过程中关键元素的跨介质迁移情况。例如，Dong 等针对广州市氮元素代谢的分析研究表明，对于每单位的污水处理厂氮输入，有 30%～40%通过反硝化过程以氮气形态排放，1.25%以 N_2O 形态排放，其余氮元素进入污泥或随出水进入地表水体[52]。本书作者团队开展了中国市政垃圾处理过程中的氮污染物跨介质迁移代谢模拟研究，结果表明，对于填埋、堆肥、焚烧工艺，经过市政垃圾及处理垃圾产生的二次污染处理处置过后，最

终排入环境的含氮污染物依然占到污染物输入量的 68%、82%、63%，相比之下，厌氧消化工艺具有 44%的氮污染去除率，相对而言是一种较为清洁的垃圾处理手段[53,54]。

在考虑城市资源代谢，尤其是废物管理系统中的资源代谢时，一定要着重考虑物质可能发生的跨介质迁移现象。当前，我国的很多环境管理规范或污染控制技术更多地关注单一敏感环境介质中的污染排放，造成了诸如忽视垃圾渗滤液收集处理、忽视污泥处理等问题，使得整体环境质量的改善更加困难。需从整体性、系统性的角度出发，考虑污染控制技术应用全过程中发生的物质跨介质迁移转化，充分考查其代谢产物的污染程度、环境影响与控制手段，使污染控制目标从单一介质的污染物去除，转向多介质环境污染的系统控制。只有将整个生态环境视为一个系统，充分考虑城市污染处理系统中污染物跨介质代谢过程及代谢产物在生态系统中的迁移转化及其环境影响，通过系统评估和优化调控制定科学有效的技术政策与管理措施，才能实现生态环境质量改善的系统目标，这对城市废物管理的环境风险防控具有重要意义。

1.2　城市多源废物代谢

城市资源代谢的排放物包括废气、废水、固体废物。其中，固体废物种类繁多，处理途径多样，同时具有污染的汇的属性，即气、水、土中污染物分离浓缩后的产物许多是固体废物，如污泥、废催化剂、灰渣等。因此，本节重点解析城市不同类型固体废物的代谢特征，从而识别固体废物管理中的关键症结，服务于有针对性的遴选技术与管理措施，为城市资源代谢系统的优化提供解决方案。工业固体废物由于产生量大，来源广泛，且处理设施常是工业设施而不是市政设施，暂不在讨论范围内。

1.2.1　城市固体废物的分类

城市固体废物种类繁多，各国的分类方法也不尽相同。根据分类回收的途径、处理方式的选择、回收利用的必要性等，城市固体废物有不同的分类形式。

（1）按化学成分分类，城市固体废物可以分为有机固体废物、无机固体废物和复合类固体废物。其中，有机固体废物又可分为农业有机固体废物（包括植物源废物、动物源废物、加工业有机废物和农民生活有机废物）、工业有机固体废物（工业生产过程排放的有机废物）和市政有机固体废物（主要是餐厨垃圾和居民生活有机废物，包括废纸、废塑料、废纤维、粪便等）。有机类废物由于含有有机类物质，在选择处理方法时应将其视为潜在资源，探索结合生物处理方法，尽可能实现处理过程的清洁和碳氢的资源化利用。无机固体废物即由无机物料构成的废弃物，典型的如废金属、废炉渣、废玻璃等。除此以外，还有复合类固体废物，即有机、无机共混型的废弃物，如废线路板、废电池等。复合类固体废物往往具有更高的分类和预处理难度。

(2) 按可燃性能分析，可以分为可燃性固体废物和不可燃性固体废物。可燃性固体废物包括废纸、废纤维、废橡胶、废塑料及动植物性残渣等。焚烧可以使可燃性固体废物氧化分解，实现减量化，并可能回收能量及副产品。不可燃性固体废物包括金属、建筑垃圾、灰渣、玻璃等，其化学性质相对稳定，经过回收处理后往往可以安全填埋。

(3) 按城市废物处理方式及资源循环利用的可能性，可将城市固体废物分为可回收物、易堆腐物、可燃物、危险废物和其他无机废物几大类。可回收物包括废塑料、废纸张、废旧电子电器、废旧汽车及其他可直接进行资源回收的废弃物；易堆腐物往往是含水率较高的有机废物，包括餐厨垃圾和其他生物源废物，在处理中可以优先考虑生物处理方式；可燃物可优先考虑焚烧处理；危险废物通常是指具有毒性、腐蚀性、易燃性、反应性和感染性等一种或一种以上危险特性的固体废物，需要专门按一定标准进行无害化处理。

1.2.2 城市多源废物的代谢特征

1. 城市多源废物代谢结构

城市资源代谢会产生多种类型的固体废物，本节重点关注城市生活源固体废物。城市多源废物主要包括易堆腐物、可回收废弃物、有毒有害废弃物、其他无机废弃物等，每类废弃物有其不同的代谢特征。易堆腐物主要包括餐厨垃圾、园林绿化废物、部分农业废弃物等生物质废物。这类废弃物一方面可经生物降解生产有机肥料或土壤调理剂，使其中的有机物得到最大限度的利用；另一方面，其中的有机物也可通过能源化产出电或生物燃气。可回收废弃物主要包括废钢铁、废有色金属、废塑料、废纸、废弃电器电子产品、报废汽车、废旧纺织品、废旧轮胎、废电池、废玻璃等，可在分类收集后通过破碎、拆解、精炼、重熔等多种工艺重新被加工成可利用的资源，从而从源头上减少原材料使用量及生产过程的污染排放，提升资源利用率，减少废弃物处置量。有毒有害废弃物，尤其是生活源危险废物，如废荧光灯、节能灯、药品、含汞温度计及血压计等，对生态环境和人体健康具有显著影响，需要经分类、预处理、最终处置环节进行无害化处置。除此以外，还有灰渣、煤渣、建筑垃圾等无机矿物质垃圾，可通过建材化方式转化为城市建设替代材料。图 1-11 梳理了典型的城市多源代谢废物处理处置过程。

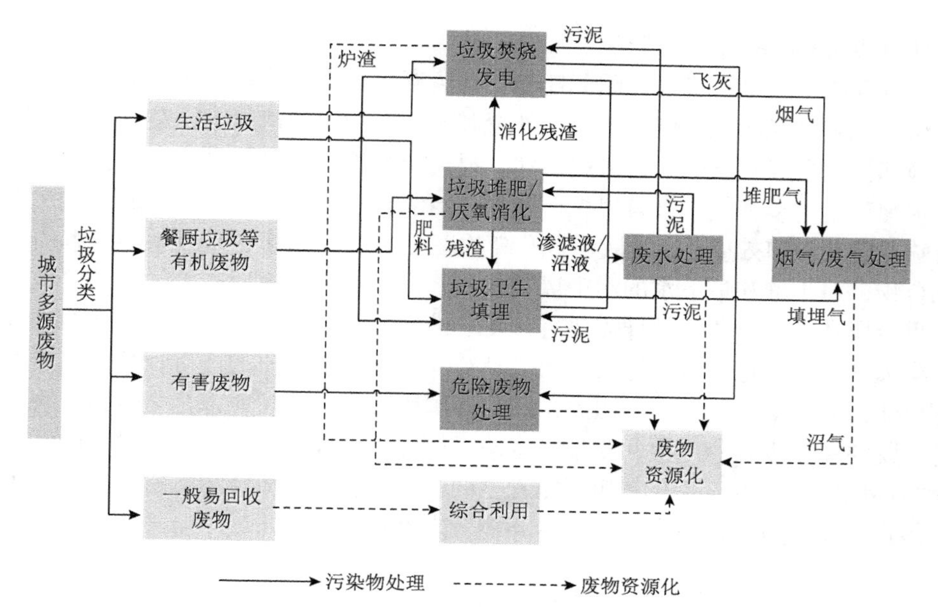

图 1-11　典型的城市多源代谢废物处理处置过程示意图

可以看出，城市中多种类型的代谢废物，均可通过一定的回收、处理或处置手段实现有效的污染控制。不同种类的废弃物之间可能性质相似，可以共同处理，例如，污泥可与其他有机废物进行协同厌氧消化，污泥和生活垃圾进行协同焚烧资源化等，也可能存在处理中的上下游关系，例如，汽车拆解、废塑料综合利用、垃圾堆存和发酵过程产生的污水或渗滤液将进入污水处理厂进行处置，污水处理后的污泥、餐厨垃圾处理后的沼渣将进入焚烧系统等。厌氧产沼、余热蒸气利用、焚烧发电等过程，也为代谢废物的资源化、能源化提供了广泛的实现途径。

城市的废物管理部门决定着污染物代谢的最终形态和利用、排放形式，是实现城市污染控制、改善环境质量、发展循环经济的核心部门。城市的固体废物处理系统一般包括收集、运输、储存、资源化与再利用、处理、最终处置等环节。在发展循环经济理念倡导下，固体废物处理的优先次序应为：源头减量>资源回收>无害化处理>最终处置，即首先通过发展绿色的生产和生活方式，使废弃物的产生量最小化，从源头上减轻城市固体废物处理处置系统的压力。通过完善的垃圾分类收集收运系统，将不同种类的可回收废弃物分别回收处理、循环再生，使其重新作为资源回到社会经济系统中。对于不能回收再利用的废弃物，通过物理、化学或生物处理等废弃物无害化处理手段，实现废弃物的减量化和无害化。最终，对残余废弃物及部分危险废物进行安全填埋等最终处置，最大限度地减轻废弃物对环境质量和生态系统的影响。

废弃物本身是污染源，因此任何一种废弃物处理方式都可能伴随着对环境的污染。尤其是在随意倾倒、不规范处置和不规范利用的情况下，废弃物将可能对环境和生态造成复杂的、持久的破坏，显著影响周边居民的身心健康。例如，垃圾填埋产生的填埋气中含有甲烷、氨气、氮氧化物等污染气体，造成大气污染、气味恶臭和温室效应；渗滤液中含有高浓度 COD，包括多种难以生物降解的有机化合物，对土壤和地下水的污染风险很高；渗滤液经处理后产生的污泥聚集了大量重金属和有毒物质，同样需要进行妥善的无害化处置。垃圾焚烧烟气的排放会污染大气，不规范的焚烧还会导致二噁英等有毒有害物质的产生；焚烧灰渣的堆存可能污染土壤和地下水。因此，城市多源废弃物的管理应该是全过程、跨介质的，既要关注废弃物产生、收集、运输、储存、处理、最终处置全过程的污染排放与环境影响，也要关注其间可能发生的污染物的跨介质转移，避免其从一种污染形式转化为另一种污染形式，给环境带来潜在风险。

2. 生活垃圾代谢特征

生活垃圾是城市经济社会活动的必然产物，具有来源广泛、产生量大的特点。2018 年，我国生活垃圾清运量达到 22801.8 万 t(图 1-12)，生活垃圾无害化处理率达到 99.0%，无害化处理能力呈逐步增加趋势(图 1-13)。然而，我国城市垃圾分类推行率不高，即使是在部分生活垃圾分类试点城市，居民垃圾分类参与率仍然较低，导致现阶段我国城市市政垃圾组分往往非常复杂，可再生资源回收率不高，未经分拣的生活垃圾将使垃圾处理处置工艺的平稳运行和二次污染的控制面临更高的挑战。

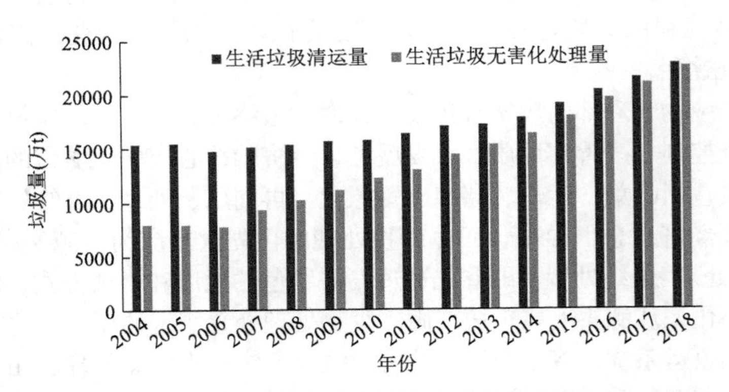

图 1-12 我国生活垃圾历年产生及处理情况

数据来源：国家统计局

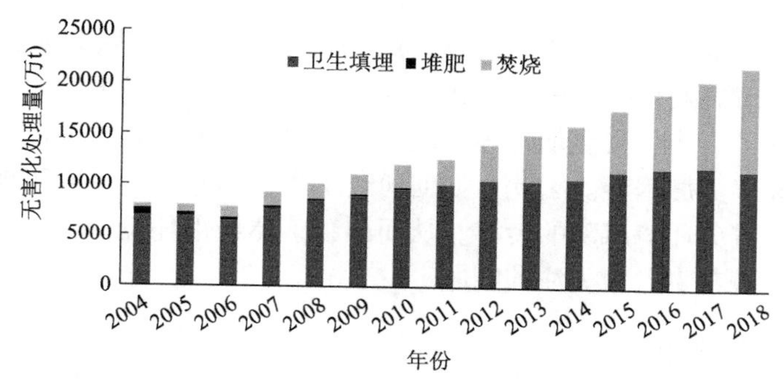

图 1-13　我国历年生活垃圾无害化处理方式示意图

数据来源：国家统计局

复杂的垃圾组分使得其处理方式一般局限于填埋和焚烧。填埋一直是我国生活垃圾无害化处理的主要方式，但近年来垃圾焚烧处理的比例在不断上升(图 1-13)。《“十三五”全国城镇生活垃圾无害化处理设施建设规划》显示，2015 年，66%的全国城镇生活垃圾采用填埋处置，31%采用焚烧。按规划预计到 2020 年这两项比例将被分别调整至 43%和 57%。卫生填埋操作简单，对垃圾组分要求不高，但面临着占用大量土地资源、二次污染(主要指渗滤液和填埋臭气污染严重)的问题。我国生活垃圾干湿混合，含水量一般在 50%以上，导致较高的渗滤液产量，增加了储运过程中的臭气外泄。垃圾填埋场产生的渗滤液一般占垃圾填埋量的 35%～50%(质量比)，且渗滤液成分复杂，处理难度大。对于焚烧工艺，含水量高的新鲜垃圾同样会在垃圾储坑中发酵熟化时沥出大量水分，形成渗滤液污染。餐厨垃圾的高含水率降低了垃圾热值，影响焚烧效率，降低吨垃圾发电量。除此之外，垃圾中的聚氯乙烯(PVC)和其他塑料成分会导致焚烧烟气中氯化氢的产生。氯化氢除了是一种空气污染物，还会导致过热器表面的高温腐蚀并由此降低工艺运行效率；橡胶及其他含硫物质导致更多 SO_2 的排放，而废旧电子电器中的重金属也会进入焚烧烟气和飞灰中，引发潜在环境风险。

综上，城市生活垃圾如不进行分类分拣，其在城市中的代谢过程都将产生大量的跨介质环境污染，增加环境风险的同时也增加了处理难度和成本。如果能将生活垃圾进行干湿分离，回收有价值的物质，简化垃圾成分，将能显著减少二次污染的产生，提升焚烧机组运行的稳定性，同时获取资源回收带来的经济收益，降低二次污染物的处理成本，可见干湿分离是实现垃圾减量化、资源化的重要途径。近年来，利用工业窑炉，尤其是水泥窑协同处置生活垃圾技术也有一定发展。生活垃圾中的纸张、塑料等可燃物可分离出来制成废物衍生燃料，与煤混合后进入水泥窑掺烧，产生的灰渣可以作为原料混入水泥熟料。这类技术有利于实现生活垃圾的充分燃烧，在避免产生二噁英的同时还能降低残留重金属的二次污染[55]。

需要注意的是，正如在 1.1.3 节中介绍城市资源代谢的跨介质特征时所提到的，城市生活垃圾处理处置中污染物跨介质代谢特征尤为显著，如不严格控制填埋气、渗滤液、沼渣、焚烧烟气等二次污染的收集和处理处置过程，将使得整体环境质量的改善更加困难。因此，如何通过工程技术和管理手段实现多介质的环境污染控制，避免环境风险的转移，从而改善整体城市环境，成为目前城市生活垃圾处理系统研究中尤为关注的问题。

3. 餐厨垃圾代谢特征

“餐厨垃圾”这一概念具有一定的外延性。我国《餐厨垃圾处理技术规范》将其定义为餐饮垃圾和厨余垃圾的总称。其中餐饮垃圾指餐馆、饭店、单位食堂等的饮食剩余物及后厨的果蔬、肉食、油脂、面点等的加工过程废弃物，而厨余垃圾指家庭日常生活中丢弃的果蔬及食物下脚料、剩菜剩饭、瓜果皮等易腐有机垃圾。2018 年，全国餐厨垃圾产生量超过 1 亿 t。餐厨垃圾的集中收集和无害化处理成为我国市政固体废物管理的重点工作之一。《“十三五”全国城镇生活垃圾无害化处理设施建设规划》规定“十三五”期间我国将新增餐厨处理能力 3.44 万 t/d，国家也出台了一系列鼓励政策以推动城市餐厨垃圾回收处理体系的建立完善。例如，2011～2015 年，我国共支持了 100 个餐厨废弃物资源化利用和无害化处理试点城市建立相关示范工程。

当前，我国许多城市餐厨垃圾的集中回收处理仍面临着收运体系不完善、处理能力缺口巨大、非法收集频发、监管力度小等问题，未经收集的餐厨垃圾在城市系统的代谢过程中往往伴随大量的环境污染和人体健康问题。餐厨垃圾的主要特点是高水分(70%～90%)、高盐分(1%～3%)和高有机质(油脂含量 1%～5%)[56]。丢弃或泄漏在环境中的餐厨垃圾会迅速腐烂变质，易滋生蚊虫细菌，污染附近的水体、空气和土壤，干扰人类的生活。大部分餐厨垃圾被运至养殖场直接作为饲料，但这样的行为可能将垃圾中的大量病原微生物或寄生虫转移到畜禽体内，且病原微生物所产生的生物毒素可能在畜禽体内富集，进而通过食物链转移到人体内。部分餐厨垃圾甚至在非法加工成“地沟油”后回到餐桌上，引发巨大的人体健康风险。小部分餐厨垃圾混入生活垃圾中进行填埋或焚烧处置会增加处理难度，削弱污染控制效果。

因此，针对餐厨垃圾产生源相对单一及水分、油脂、盐分含量高的特性，在尽量保障消毒灭菌效果、避免外源性污染的前提下，规范化餐厨垃圾在城市系统的代谢过程，充分发挥餐厨垃圾的资源属性，即回收其营养成分资源和有机物资源，实现餐厨垃圾物流的良性循环成为共识。依据资源化产品的不同，餐厨垃圾的处理大体可分为饲料化、肥料化和沼气能源利用三种方式。饲料化利用主要采用热处理技术，在高温杀灭微生物的同时，促使油脂与物料分离，最终制取饲料化产品。该工艺对生产过程的安全性要求较高，需要完善的收运体系与处理工艺。肥料化利用包括好氧堆肥和生化处理技术，但需要着力解决高盐、高油给堆肥过程带来的负面影响，并控制堆肥过程中可能产生的堆肥气、堆肥渗滤液等跨介质污染。沼气能源化指在厌氧条件下利用微生物分解有机质，获取沼气，可分为干式和湿式厌氧消化，但二次污染物，尤其是沼渣处理较为困难，获取的沼气仍需要压缩、净化等后续处理，限制了该工艺现阶段在我国的推广。

总体而言，餐厨垃圾具有明显的资源和污染双重属性。完善的收运机制、充足的处理能力、技术革新和配套管理制度与激励机制都是推动餐厨垃圾物流的良性循环，解决餐厨垃圾引发的食品安全问题的必要手段。

4. 市政污泥代谢特征

市政污泥的来源主要是城镇污水处理厂处理污水过程中产生的各类沉淀物、漂浮物等，是一种由细菌菌体、有机组分、胶体等组成的非均质体。我国城市污水年处理量由 2000 年的 1 135 608 万 m^3 增加到 2017 年的 4 654 910 万 m^3，作为污水处理的必然产物，污泥产量也与日俱增。2017 年，全国城市干污泥产生量达到 1053.1 万 t，处置量为 951.4 万 t，干污泥的产生量较 2016 年增加 253.4 万 t。

尽管《“十二五”全国城镇污水处理及再生利用设施建设规划》计划到 2015 年，直辖市、省会城市和计划单列市的污泥无害化处理处置率要达到 80%，其他设市城市达到 70%，但《“十三五”全国城镇污水处理及再生利用设施建设规划》表明到 2015 年，我国城市污泥无害化处理率仅为 53%，县城仅为 24.3%。处理能力和监督管理的缺失使大量污泥去向不明，污泥随意倾倒的案例时有发生。无论是简单倾倒还是直接填埋，污泥在城市中的迁移代谢将引发一系列环境与健康问题：堆放的污泥散发恶臭，造成大气污染；丰富的有机质为有害生物的滋生提供环境；其中含有的病原微生物、寄生虫卵、有害重金属和大量难降解物质随径流、下渗进入水体和土壤；重金属可能污染土地后随食物链富集于人体等。

污水处理的过程正是污染物经过跨介质代谢被转移到污泥的过程。经测算，污水中有 30%～50%的 COD 进入污泥，就氮、磷两大关键营养元素而言这一比例分别为 20%～30%和约 90%。污泥的性质也会随污水性质的不同发生改变，因此，仅着眼于污水处理率的提升对于彻底削减污染而言是远远不够的。从另一个角度而言，污泥中的氮、磷等营养元素有被制成肥料的潜力；有机物可能通过生物处理转化为沼气，实现能量的回收利用。因此，污泥同样具有资源属性。污泥的资源化处理对减少污染排放和迁移，优化污泥在城市系统中的循环代谢具有重要意义。

当前，污泥的常规处理处置技术主要有污泥填埋、污泥焚烧、污泥制肥等。污泥填埋是当前污泥处理方式中最为普遍的，但污泥的高含水率使其难以达到填埋要求，需消耗能源降低含水率；同时，填埋过程中污染物可能发生跨介质代谢进入渗滤液和填埋气，引发二次污染。此外，填埋用地日益紧张的现状也限制了污泥填埋的持续发展。污泥焚烧包括单独焚烧、与垃圾混合焚烧、利用水泥窑炉协同焚烧等，焚烧过程中要严控操作条件，防止二次污染。污泥堆肥是一种将污泥资源化利用的尝试，但污泥中固有的有毒有害有机物、重金属和病原菌等物质显著增大了产物的安全风险，是阻碍堆肥技术发展的关键。近年来，不断有新的研究和工程探索进一步实现安全条件下污泥资源化的手段，如污泥制砖、污泥热解、污泥生产燃油制气、制备污泥活性炭、生产生态水泥等[57-59]。总体来说，应根据污泥性质选择合理的资源化手段。例如，有机质含量较高时宜探索制肥，热值较高时宜制油制煤等。循环化利用的全过程中，都要防控污泥代谢过程中的污染跨介质迁移，实现物质流的良性循环和这一行业的良性发展。

5. 园林废物代谢特征

园林废物主要指园林植物自然凋落或经人工修剪所产生的枯枝、落叶、树木剪枝、灌木剪枝及其他植物残体等，有机物和营养物含量高，具有明显的生态价值。据国家统计局数据，2017 年，我国城市绿地面积达到 292.13 万 hm^2，比 2016 年增长 13.52 万 hm^2，建成区绿化覆盖率为 40.9%。城市绿地面积的增长必然带来园林废物数量的增加。一般来说，园林废物产生量与植物生物量密切相关。例如，针叶林、阔叶林、混交林废弃物产生量分别约占树冠生物量总量的 24%、26%、25%；每株灌木可按年产废弃物 20kg 来估计；经济林每年废物产生量约占生物量的 10%[60]。

对于园林废物，目前我国许多地方仍将其与生活垃圾一起填埋或焚烧处理，导致占用土地、消耗能源、引发大气污染等生态环境问题，开展资源化利用是最佳的处理途径。住房和城乡建设部（住建部）2007 年发布的《关于建设节约型城市园林绿化的意见》指出，要通过堆肥、发展生物质燃料、有机营养基质和深加工等方式处理修剪的树枝，减少占用垃圾填埋库容，实现循环利用。北京市、上海市静安区、深圳市等也实施了相关的项目、标准或规范，开展了园林废物资源化的试点[61]。主要的园林废物资源化方式包括堆肥、绿地覆盖、制取沼气、木塑工艺等。园林废物堆肥是一种应用相对广泛的技术，但园林废物中含有大量难分解的木质素和纤维素，导致堆肥过程往往周期较长，腐熟度不完全，影响了肥效的释放。同时，园林废物产生量及特性随季节变动大，对相关项目的持续运行产生影响。绿地覆盖即通过一定的加工技术将园林废物制成绿化覆盖物产品，解决城市裸土问题，但相关技术和管理的不成熟可能会带来覆盖物病虫害等问题[62]。制取沼气通常指将园林废物加入沼气池，由于补充碳源，沼气的出气量得到提高。利用园林废弃物生产木塑复合材料是一种较为新型的资源化方式，产品具有较高的附加值[63]。除此以外，园林废物资源化还有加工成生物质颗粒燃料、畜牧养殖场垫料、园艺栽培基质等资源化途径。

6. 危险废物代谢特征

危险废物由于其固有的危害特性，有其专门的收集、储存和处理过程，故危险废物在城市中的代谢过程相对比较封闭，理想状况下应在其特定的收运和处理体系内进行迁移和转化。城市中的危险废物除了来源于工业之外，还可能来源于家庭生活(废洗涤剂、体温计、含汞电池、日光灯等)、商业活动(部分油墨、溶剂、染料、颜料等)、农业生产(杀虫剂、除草剂等)和医疗过程(医疗废物)[64]。危险废物的高危险性使其一旦泄漏进入环境污染大气、水体或土壤，造成的危害很可能是持久或难以消除的。

生活源危险废物常被混置于普通生活垃圾中，增加了其未经合理处置流入自然环境的可能[65]。例如，涂料、洗涤剂、消毒剂等家用化学品类危险废物使用广泛且分散，数量难以统计且易被随意丢弃或随生活垃圾处置。我国电池年消费量预测达到 140 亿只以上，电池中的重金属和硫酸等成分若未经妥善处置就进入环境，会严重威胁生态环境质量和人体健康；相应的，如果对有价组分加以回收，节约资源的同时还能相应地降低原生资源开采、加工的成本与环境影响。然而，当前我国废电池回收率很低，缺乏专业的回收机构、流畅的信息传递和配套的法律法规。因此，生活源危险废物在城市中的代谢应引起重视。宁夏出台了《全区开展集中处置生活源危险废物试点工作实施方案》并开展试点，将试点小区分类收集的生活源危险废物，如废旧电池、坏灯管、过期药等送至自治区危险废物和医疗废物处置中心储存处置。

对于危险性较高，不具有回收利用价值的危险废物，通常有固化/稳定化、物理化学法、生物处理法、热处理技术、填埋处置等技术对其进行处理。其目的大多是控制甚至是隔绝污染，消除其对生态环境的威胁。然而，危险废物同样可能具备资源特征。《控制危险废物越境转移及其处置巴塞尔公约》、美国《资源保护和回收法》都规定了从危险废物中回收资源的制度。在危险废物从产生到处置的代谢全过程中，都可能实现资源的回收利用。对于生产过程，工业系统之间可能存在危险废物的再利用途径。通常通过破碎、筛分、水洗、煅烧等，促使一道工序产生的危险废物成为另一工序的原料。对于处置阶段，可通过分离某种有价材料实现危险废物的循环利用。例如，通过吸附、蒸馏、电解、萃取等回收酸、碱、溶剂、金属等，但要注意该过程中的二次污染，尤其是废酸液或废溶剂的产生。此外，还可通过能源回收实现危险废物的资源化。焚烧、热解等技术可以被用于高热值危险废物的处理。

7. 再生资源代谢特征

再生资源回收是实现循环经济的重要手段，是从源头上减少资源消耗和环境污染、推动多行业节能减排、提升资源利用效率的必要举措。2018 年，我国废钢铁、废有色金属、废塑料、废轮胎、废纸张、废弃电器电子产品、报废机动车、废旧纺织品、废玻璃、废电池十大类别的再生资源回收总量为 32218.2 亿 t，同比增长 14.2%；十大类别的再生资源回收总值为 8704.6 亿元，同比增长 15.3%。再生资源回收行业蓬勃发展的同时，也面临着快递包装袋、塑料餐盒等新兴业态废弃物回收利用产业链不完善、低值再生资源回收困难、农村再生资源回收能力相对滞后等问题[66]。

再生资源在城市生态系统中的代谢方式与其处理处置和回收利用途径密切相关，具体途径的选择也因资源的特征、性质而异。因此，需要解析不同种类再生资源的资源代谢特征，为选择优化的回收利用模式提供支持。

1.2.3 城市各类再生资源的代谢特征

1. 废弃电器电子产品代谢特征

废弃电器电子产品指拥有者不再使用且已经丢弃或放弃的电器电子产品[包括构成其产品的所有零(部)件、元(器)件等]，以及在生产、流通和使用过程中产生的不合格产品和报废产品[67]。废弃电器电子产品数量庞大，成为城市中数量增长最快的废物。2018 年，我国电视机、电冰箱、洗衣机、房间空气调节器和电脑的总回收量约 16550 万台，约合 380 万 t，较 2017 年增加 6.5 万 t [66]。在相关固废管理政策——如《废弃电器电子产品处理基金征收使用管理办法》《关于完善废弃电器电子产品处理基金等政策的通知》及其他配套措施的推动下，我国废弃电器电子产品处理量持续增加。

废弃电器电子产品同时具有显著的资源属性和污染属性。一方面，欧洲资源和废物管理专题研究中心数据显示，电子废物拥有占总重约 48%的铁和钢、约 13%的有色金属、约 21%的塑料和其他有用物质。通过废旧电子的再生利用获取资源可以大大降低资源获取成本，同时具有客观的节能效益。另一方面，许多废弃电器电子产品中含有多种有毒有害化学物质，包括汞、铅、镉、铬、锌和有机污染物等。电子设备是城市废物中已知最主要的重金属、有毒材料和有机污染物的来源。因此，直接丢弃或非正规回收处理的废弃电器电子产品在城市中的代谢会引发一系列的环境与健康问题。在我国部分沿海地区，尤其是广东省清远、惠州、贵屿等地，存在焚烧提取废电线中的金属、通过酸浸出提取贵金属等现象，这些处理方法会导致周边水体、大气和土壤受到严重的重金属污染和有机污染。

正规的废弃电器电子产品回收利用一般包括拆解、分离、二次污染处理、物质回收、能量回收等步骤，而回收步骤一般包含火法冶金、湿法回收及生物回收等。火法冶金即通过焚烧、热解等手段加热剥离非金属物质，从而富集并回用金属。但需要注意的是，电子废弃物中的塑料、玻璃等物质在火法处理过程中易形成新的气体和固态废弃物。湿法回收即利用酸性或碱性环境从破碎的电子废弃物中浸出贵金属，但需要合理处置浸出液，避免二次污染。生物处理技术即利用细菌从废弃电器电子产品中浸取或富集贵金属，但其应用相对局限。此外，还有机械物理回收、磁选-涡流分选复合回收等回收工艺技术[68]。

2. 废钢铁代谢特征

废钢铁就是使用钢铁材料制成的各种产品在经过一定使用年限后的钢铁碎料及钢铁制品。用废钢铁替代铁矿石炼钢，既能减少矿石资源消耗，又能减少水资源利用、大气和水体污染的产生及采矿废弃物的产生。因此，实现钢铁资源的循环代谢，提高利用率，减小其生产的环境负荷，是促进钢铁行业清洁、可持续发展的必然举措。2018 年，我国粗钢产量为 9.28 亿 t，同比增长 6.6%；生铁产量为 7.71 亿 t，同比增长 3%；钢材产量为 11.06 亿 t，同比增长 8.5%；回收废钢铁 21277 万 t，同比增长 22.3%；废钢比为 20.2%，同比增加 2.45%[66]。这一废钢比相对于国际平均水平(35%～40%)还是较低的。这与我国废钢价格相对较高、电力成本高昂、废钢回收加工体系不完善密切相关。面对我国废钢资源快速增加，钢铁行业产业结构升级势在必行的态势，综合废钢比的提升还有很大空间。

废钢铁的回收利用可被划分为两大阶段：再加工和再熔炼。再加工主要涉及磁选、清洗、预热等。磁选就是利用废钢铁中不同种类物质的磁性差异开展分选。清洗指利用溶剂或表面活性剂处理废钢铁表面，需要注意废液的处理处置。预热即通过加热废钢铁去除油脂等杂质，在加热过程中要控制大气污染物的排放。再熔炼即炼钢连铸工艺，主要涉及冶炼、精炼、联铸联轧等环节，最终形成再利用成品[69]。

3. 废有色金属代谢特征

废有色金属即在生产过程中产生的或者消费使用过程中废弃的含有有色金属成分的可供有色金属行业回收与再利用的原料[70]。由于废有色金属中的金属品位往往比原生矿石高，从废杂料中回收金属比从矿石中提取金属所需要的能耗低得多。因此，有色金属的回收兼具资源、环境和经济效益。2018 年，我国十种有色金属产量为 5702.7 万 t，同比增长 3.7%；再生有色金属产量为 1410 万 t，同比增长 2.6%。其中再生铜、再生铝、再生铅、再生锌的产量分别为 325 万 t、695 万 t、225 万 t 和 165 万 t。废铜和废铝的回收量分别为 210 万 t 和 510 万 t，分别占再生铜和再生铝原料供应量的 64.6%和 73.4%[66]。预计 2025 年我国废铜资源超过 300

万 t、废铝资源超过 1500 万 t[71]，废金属的回收市场仍在蓬勃发展。

废有色金属的再生工艺主要包括预处理和提取精炼。预处理指对废有色金属进行分选、去除表面油污等处理，为提取精炼过程提供相对优良的材料。对于废电线、电缆等材料，还需要采用机械分离、化学剥离等方法首先去除绝缘物。提取精炼方法一般包括火法和湿法，其中，火法可能产生冶炼炉渣等固体废物污染和废气污染，而湿法会带来废液污染。

4. 废塑料代谢特征

废塑料指被废弃的各种塑料制品及塑料材料，包括在塑料及塑料制品生产加工过程中产生的下脚料、边角料和残次品[72]。废塑料的原料是人工合成的高分子物质，化学性质稳定，自然界几乎没有能够分解塑料的细菌和酶。因此，进入自然环境中的废塑料以稳定形态存在于城市生态系统中，持续地破坏自然景观、导致蚊蝇滋生、破坏土壤透气性能、污染水环境，还对动物的生命造成严重威胁。但是，塑料不易分解的特性有利于其回收利用。塑料的原材料大部分来自石油，在我国当前石油资源消费缺口大、“白色污染”泛滥的现状下，废塑料的循环利用是解决资源短缺问题的重要途径。2018 年，我国规模以上塑料制品企业产量约为 6042 万 t，国内废塑料回收量为 1830 万 t，较 2017 年增长 8.1%[66]。在我国出台《禁止洋垃圾入境推进固体废物进口管理制度改革实施方案》之后，废塑料进口量骤减，显著刺激了国内废塑料回收积极性的提升。

当前，废塑料的回收利用方式主要有直接回收利用、制油利用、其他综合利用等。直接回收利用即不需进行塑料的改性，将其回收后清洗、破碎、塑化并加工成型。制油利用即通过催化裂解、热裂解等工艺，将废塑料中的高分子化合物分解为油、气产品。其他综合利用包括在再生塑料粒中添加增塑剂、填料、改性剂等，制取建筑材料、塑料板、包装板材等。

5. 废纸张代谢特征

废纸张指生产生活中产生的可循环利用的纸张[73]。造纸行业是一个高能耗、高消耗、高污染的行业。造纸行业消耗大量木材资源，用水量大，产生的污染以水污染为主，伴随锅炉烟气和其他一般固体废物的产生。造纸废水往往具有高色度、高 COD，并可能含有毒性。因此，废纸的循环利用能够节省纤维原料，促进造纸行业的绿色发展，具有巨大的能源、资源和环境效益。在当前网购消费规模持续扩大的现状下，废纸箱、废纸板的回收再生具有更大潜力，而新闻纸等传统书写印刷类用纸的需求将随电子媒体的发展进一步减少。2018 年，全国纸及纸板生产量 10435 万 t，消费量 10439 万 t，全年回收总量为 4964 万 t[66]。

废纸的再生过程通常分为机械法和化学法。机械法大部分不再添加化学药品，制浆后生产包装用纸。化学法即废纸脱墨工艺，利用表面活性剂等原料使油墨从纤维上分离出来并从浆料中除去，必要时还可能结合机械处理方法。废纸造纸工业的水资源利用和水污染排放问题给我国的纸张减量和回收、处理技术的革新和废水处理工艺的完善提出了挑战[74]。

6. 报废汽车代谢特征

报废汽车指按国家机动车辆强制报废要求已达到报废条件或车辆拥有者不再利用而有意废弃的汽车[75]。汽车行业既是我国国民经济发展的支柱产业，也是典型的高污染、高耗能、高排放行业。报废汽车的回收利用对道路安全、环境污染控制、资源回收利用和汽车企业成本削减都有明显的效益。报废汽车拆解再生材料构成中，废钢铁、废有色金属、废塑料、废橡胶、废玻璃、废油分别占 67.08%、5.67%、8.50%、4.53%、3.47%和 1.72%[76]。2018 年，我国回收报废汽车 167.0 万辆，同比增长 13.5%。其中，客车回收量最大，占总回收量的 70.9%以上 [66]。当前，我国仍存在明显的报废汽车回收量低、非法报废回收屡禁不止的现象，相关法律和监管缺位，影响了行业的健康发展和拆解过程中的二次污染控制。

报废汽车的回收主要包括拆解和再制造两个过程，回收利用途径如图 1-14 所示。拆解下的完好零配件可以直接回收利用，而不能利用的部分可经压块或重熔等方式处理后作为原材料再次利用，难以回收的物质要根据材料性质选择合适的最终处置方式进行无害化处理。

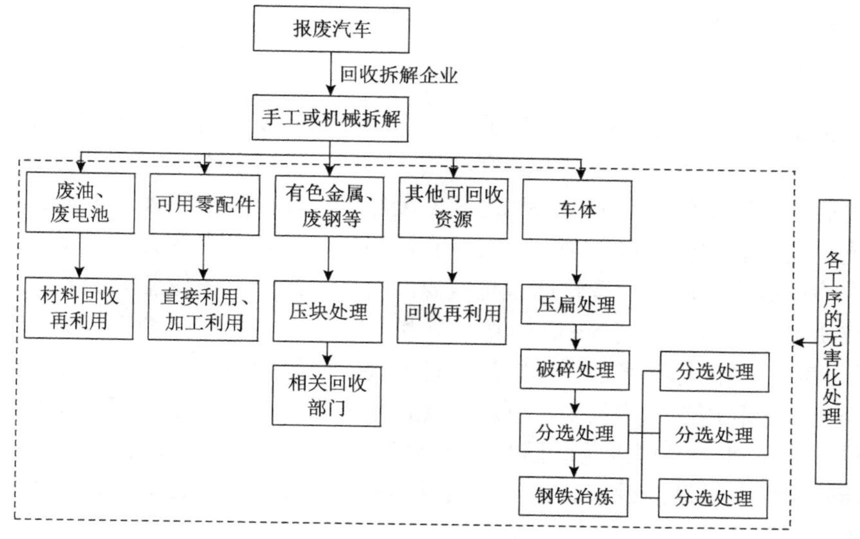

图 1-14　报废汽车回收利用途径示意图[77]

7. 废旧纺织品代谢特征

废旧纺织品指生产和消费过程中被废弃的纺织材料及制品[78]。我国是世界上纺织纤维生产量最大的国家，2018 年，我国棉、化纤和丝三类纺织纤维加工量合计达 5460 万 t，占世界一半以上，直接导致了大量废旧纺织品的产生。从资源角度来看，我国每年需进口大量的棉花、羊毛及生产合成纤维需要的石化原料。如果废旧纺织品的回收利用率提升，将可以显著节约耕地与石油。从环境角度来看，废旧纺织品的循环利用能够降低天然纤维种植过程中的面源污染排放，减轻石化资源开采中的环境压力，也减少了漂白、染色等行业的污染排放。因此，从全生命周期的角度讲，废旧纺织品的回收利用具有显著的资源、环境和经济效益[76]。废旧纺织品的资源化利用尚存巨大缺口，相关法律法规和行业规范尚不健全。涵盖纺织服装企业废料、边角料、废弃纺织品的回收、加工、再生产品应用的闭环链仍需完善，以促进纺织资源的高值化利用。2018 年，我国废旧纺织品回收量约为 380 万 t，同比增长 8.6%[66]。

废旧纺织品的回收主要有物理法、能量回收法和化学法。物理法主要指通过机械方式将废旧纺织品加工成再生纤维，之后织造可用的再生纺织品；能量回收法主要将不能再循环利用的、热值较高的废旧纺织品通过焚烧等方式转化为热量；化学法指利用化学试剂处理废旧纺织品，解聚成小分子或单体，再重新聚合成高分子[79]。物理法成本低，但产品力学性能差，而化学法生产的产品质量较好，但成本高昂，同时还会产生大量试剂废液[80]。因此，废旧纺织品代谢过程中的二次污染需要被着重关注。

8. 废轮胎代谢特征

废轮胎指失去了原有的使用价值，且不能翻修继续使用的轮胎[81]。汽车工业的蓬勃发展导致了废轮胎数量的急剧增长。2018 年，中国轮胎产量为 8.16 亿条，每年轮胎的报废率保持在 6%～8%之间。废轮胎的堆存会占用大量土地，污染周边环境；废轮胎的焚烧过程会产生大量有毒物质，尤其是多环芳烃，侵害环境质量和生物体健康。同时，废轮胎也是重要的再生资源，一般轮胎胎面胶中各组分的大致质量分数为：橡胶 55%～60%、炭黑 30%～33%、有机助剂 6%～9%、无机助剂 3%～6%，其中橡胶、炭黑都具有可观的回收价值[82]。因此，废轮胎的回收、加工、再利用是变废为宝、削减环境污染的重要途径，是发展循环经济的重要手段。2018 年，我国废轮胎回收量约 512 万 t，呈稳定增长态势[66]。当前，我国翻新轮胎胎源短缺问题显著，仍需通过标准与政策的规范建立完善的轮胎使用和回收再利用体系。

当前，废轮胎的处理主要包括翻新、制再生胶、粉碎成胶粉、热分解回收燃料气(油)、燃烧回收热能等手段。翻新即将废轮胎的外层削去，粘贴上胶料，通过热硫化或冷硫化翻新；制再生胶即将废轮胎破碎、除杂后，经物理或化学方法处理后重新获得具有塑性、黏性和可硫化性的产品；废轮胎的胎面通过干式研磨、湿式研磨或低温研磨可粉碎制成胶粉，再经表面处理后进行再利用；废轮胎经预处理后，在惰性气体保护下可经热分解反应制取油和热解气，同时产生污染气体和固体残渣；燃烧回收热能法即将废轮胎作为替代燃料产生热能，包括焚化生活垃圾、进入水泥窑炉或制轮胎衍生燃料等。无论是哪种回收利用方法，由于废轮胎本身含有大量添加剂，都需要注意处理过程中的二次污染控制[83]。

9. 废电池代谢特征

废电池指失去使用价值的电池及其废元(器)件、零(部)件和废原材料[84]。2018 年，我国电池总产量为 572 亿只，其中锂离子电池 139.88 亿只，一次电池总量约 424.54 亿只。随着我国新能源汽车产业的发展，废锂离子电池的产生量将进一步增加。废电池是一种重要的环境污染物，其因含有大量重金属和其他有毒有害物质而受到人们的广泛关注。在废电池焚烧过程中，金属汞、锌、镉等在高温下挥发，易集聚在飞灰中，对大气环境造成严重的污染；在废电池填埋过程中，重金属物质会溶解进入渗滤液，渗入地下水体和土层，严重影响饮用水安全和生态环境。从资源消耗角度看，电池的生产需要消耗大量的锌、二氧化锰、氧化锌、汞及其他金属、非金属及化学药品资源。废电池的回收利用，对节约矿产资源、缓解资源衰竭、控制环境污染具有重要的意义。2018 年，我国废电池(铅酸电池除外)回收量约为 18.9 万 t，同比增长 7.4%。其中，废一次电池回收量约为 3 万 t，废二次电池回收量约为 15.9 万 t[66][66]。

整体来说，废电池回收利用技术可分为湿法和火法两大类。湿法冶金是利用浸取、沉淀、电解、萃取、置换等手段回收电池中的金属，存在产品纯度不高、回收率低、废水污染严重等问题；火法冶金是使废电池中的金属及其化合物经过氧化、还原、分解、冷凝、挥发等过程被提取和分离，可能产生一定的固体废物污染[85]。废电池在社会经济系统中的高效循环代谢必须有完善的包括电池生产、销售、回收、运输、储存、再生在内的全产业链支持。回收体系的建设、回收技术的研究、回收模式的推广都是废电池回收中的重点工作。

10. 废玻璃代谢特征

废玻璃指在生产和使用过程中，丧失使用功能或不符合产品标准的玻璃材料和制品(不包含危险废物)[86]。随着人们生活中玻璃包装、玻璃装修需求的增长，废玻璃产生量逐渐增加。研究显示，平板玻璃的生产中，正常切割所产生的边角料占总产量的 15%～25%[87]。玻璃制品使用并废弃后，降解所需时间漫长，且堆存过程中可能产生锌、铜污染，碎玻璃的无序抛弃还可能会危害生物体的生命健康。废玻璃往往被认为是低值废弃物，但经过回收处理后，不仅可以作为玻璃原料进行资源化利用，还可以作为配合料实现玻璃厂的节能减排。研究显示，当碎玻璃含量占配合料的 60%时，能实现 6%以上的能源节约和空气污染削减[88]。废玻璃的回收利用也是减少垃圾填埋量和资源能源消耗的有益举措。

2018 年，我国废玻璃产出量为 1880 万 t，其中平板玻璃及制品的废玻璃产出量为 900 万 t，日用玻璃及制品的废玻璃产出量为 820 万 t，其他玻璃及制品的废玻璃产出量为 160 万 t；废玻璃回收量为 1040 万 t。2018 年不同类型的废玻璃产出量及回收量如图 1-15 所示[66]。废玻璃经分类拣选和回炉加工后，可被用于生产日用玻璃、平板玻璃、玻璃纤维、装饰板材、陶瓷制品、水泥制品等产品。

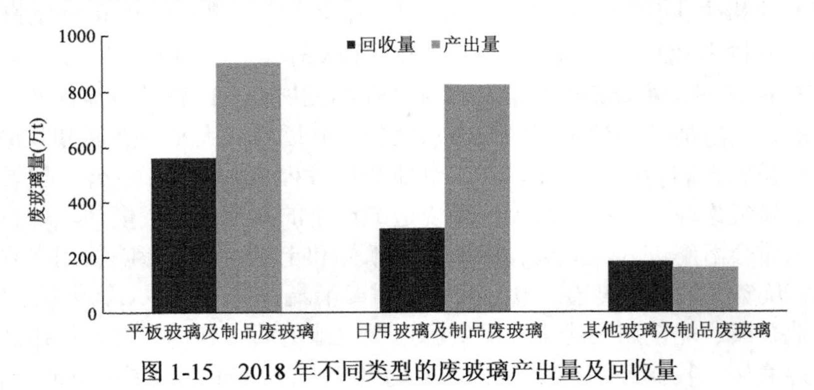

图 1-15 2018 年不同类型的废玻璃产出量及回收量

1.3 城市资源代谢优化及系统性解决方案

1.3.1 传统城市资源代谢的局限性及主要问题

我国生活垃圾早期乃至当前主要以安全填埋为主，填埋技术及系统已经日益成熟完善。规范的填埋场一般具备防渗系统、渗滤液收集及处理系统、填埋气收集和资源化利用系统（如填埋气发电）等。高浓度渗滤液经处理后达标排放至市政污水处理系统或直接排至天然水体，防止土壤及水体污染；填埋气收集后或经火炬燃烧，或通过清洁发展机制（clean development mechanism，CDM）项目发电上网，实现能源回收的同时防止大气环境污染。垃圾填埋场运行期满后会进行封场，具备条件的话可在十几年或二十几年后将矿化的陈腐垃圾挖出焚烧处理，再次回收能源，最终通过生态修复还原土地功能。随着土地不断紧张及焚烧技术日益成熟，我国生活垃圾主流处理处置技术逐渐演变为焚烧发电。生活垃圾焚烧发电系统一般包括炉排焚烧系统、锅炉系统、余热蒸汽发电系统、尾气净化系统、灰渣收集及资源化系统、渗滤液收集及处理系统等。生活垃圾通过焚烧及发电系统实现固体废物减量和能源回收，通过尾气净化防止大气污染，通过灰渣处置及资源化利用实现无害化，通过渗滤液收集并处理防止水体污染。

其他废物及可再生资源代谢特征与生活垃圾处理处置比较类似，我国现有绝大部分城市固体废物处理处置多是停留在单元节点或局部领域，这种传统的城市废物代谢模式越来越成熟固化。但大量的科技研发和工程实践表明，这种相对单一的代谢链条，无法利用不同技术路线的互补优势，缺乏技术衔接和管理融合，难以实现各类废物资源的耦合共生及高效能-水-固代谢网络的形成，存在较大的现实局限性，这给我国城市资源代谢及固体废物可持续管理带来了一系列问题，目前尚未形成系统性解决方案。

1. 设施分散布局，土地资源紧张

我国当前各类固体废物处理处置设施缺乏统筹规划，多数仍处于分散布局的状态，不同设施间的中间及末端产物缺乏有效协同处置，不仅导致土地资源利用碎片化、土地集约利用性差，还导致土地资源的浪费，造成土地资源紧张。

早期城市生活垃圾以卫生填埋为主要处理方式，加之固体废物产生量和堆存量巨大，加速缩短填埋场寿命，占用了大量土地资源。2018 年，我国城市固体废物产生量超过 20 亿 t，高居世界第一位，且年均持续增长 10%，使得大量填埋场“超期服役”或陆续进入封场阶段，历史堆存量超过 80 亿 t，导致我国土地资源日益紧张。

2. 副产品量增加，二次污染严重

在实际的固废处理处置工程实践中发现，单一处理技术均不可避免地存在副产品或二次污染等固有缺陷。针对目前应用较广的技术来看，焚烧发电占地少、可回收能源、减量化和资源化优点明显，但该过程产生的大量无机炉渣、含毒性有机氯化物等残余飞灰难以处置；厌氧消化的燃气化技术能源转化效率高，但副产固相残渣和消化沼渣处理成本高；卫生填埋技术具有规模化快速消纳的优势，但占用大量土地资源且选址较为困难，浪费可回收资源，渗滤液和重金属等也带来土壤和地下水污染风险。

这些残余物以多种途径进入土壤、水体和大气，危害食品安全和人体健康，带来的二次污染控制难度加大，激发了尖锐的社会矛盾和邻避效应。

3. 处理处置成本偏高，资源利用效率较低

单一孤立的处理处置技术路径使得废物及部分产物缺乏更加有效的资源及能源回收途径，从而导致固体废物综合利用效率低，再生产品经济性差，带来资源

浪费。我国城市一般工业固体废物综合利用率多年徘徊在60%左右，大型城市的垃圾资源化利用率不到50%，依靠现有技术路线和解决方案已使资源化利用率的提升面临“天花板”。

例如，垃圾渗滤液处理处置过程中，焚烧发电厂新鲜垃圾产生的渗滤液COD浓度少则20 000mg/L，最高可达50 000mg/L以上，处理站设备运行负荷较高；垃圾填埋场陈腐垃圾渗滤液的COD浓度则较低，一般低于10 000mg/L，渗滤液处理厂设备常年处于低负荷运行状态，加之季节变化，全年部分时间段内渗滤液量很少，运行稳定性较差；传统代谢系统没有结合两类渗滤液的组分差异，应考虑技术衔接进行渗滤液适当的比例调配，从而提高设备运行效率和处理效果，减少处理成本。

再如，生活垃圾焚烧发电厂的烟气余热被直接排放造成浪费，餐厨厌氧消化产生的沼渣无法处置，造成单一处置链条无法形成“闭环”，集中协同处置的网络体系能够有效提高资源和能源回收效率。单一技术产生的副产品多可利用其他技术进行处理处置，例如，焚烧炉渣和飞灰可以稳定化后填埋处置，厌氧消化沼渣可以干化后进入生活垃圾焚烧发电厂进行焚烧发电等。但由于缺乏前期系统规划和总体布局，设施之间的废物交换难度大，成本高，难以发挥协同效应。

4. 缺乏统筹设计，系统稳定性差

采取单元节点或局部环节的单一技术，难以整合城市固体废物处理处置的全产业链条，严重影响了系统运营整体的稳定性。在过去，更多是针对固体废物源头分质及减量化、收集运输及预处理、资源化加工利用、残余物无害化处理等单元分别规划设计解决方案，制约了城市固体废物的处理处置效率。例如，我国生活垃圾、餐厨垃圾以混合收集为主，使得分质预处理难以开展，造成城市固体废物品质相对较差，直接制约了后续的资源化能源化处理效率（如好氧堆肥预期效果差，厌氧消化燃气转化率低），也加大了二次污染的控制难度（如副产沼渣沼液难以处理）。从源头分质到末端处置全过程系统解决方案的缺失，使得城市固体废物处理处置系统适应性和稳定性差。

1.3.2 城市资源代谢系统演变的协同性趋势

从城市资源代谢系统发展来看，发达国家自20世纪70年代的丹麦卡伦堡模式开始，经过长期实践取得了一定的经验和效果，形成了以循环型社会为目标的全生命周期管理理论、政策法规和最佳实用技术体系。卡伦堡模式针对相距不超过百米的火力发电厂、炼油厂、生物制药厂、石膏材料公司、蒸汽供暖公司、农场和居民社区等，研发并集成应用了16个废料交换工程，年交换副产品100多万t，整个生态园几乎不外排固体废物，已稳定运行了30多年。瑞曼迪斯生态产业园是德国最大的固体废物处理企业，其开发应用了生物燃料发电等能源利用技术、电子废物拆解及循环利用技术和高品质再生化工产品制备技术等，可集中处理欧盟废物目录中超过 170 种的固液体废物，使 50 万 t 固体废物高效地转化为原料和能源。日本大力开发城市固体废物减量化、再利用和资源化技术，通过技术集成支撑形成了不同城市固体废物类型和区域特点的系统解决方案。“欧盟 2020 战略”把“资源更高效的欧洲”技术路线作为七大旗舰计划之一，部署了城市产业共生和生产生活循环链接技术的重点任务。

我国自“十一五”以来积极开展城市固体废物系统解决方案与科技集成示范的探索，取得了一批具有推广意义的典型案例。例如，基于垃圾填埋场改造的北京市朝阳循环经济产业园，园区内除垃圾焚烧发电、餐厨废弃物无害化处理、医疗废弃物无害化处理、垃圾渗滤液处理等项目外，还发展了众多资源化利用项目，如建筑垃圾综合利用、废旧汽车及电子电器回收利用、废弃塑料橡胶玻璃综合利用、废日光灯管处理、易拉罐再生、废纸再利用等。城市各类固体废物收集运输至园区后，由各相关企业分类进行资源化、减量化、无害化处理，形成完整的城市固体废物处理产业链，实现城市固体废物 100%无害化处理。垃圾渗滤液转化成中水，用于园区绿化灌溉及道路降尘或者作为垃圾焚烧发电厂循环冷却水。因此，北京市朝阳循环经济产业园以“建在垃圾场上的绿色环保生态园区”著称，园区除固体废物处理设施外还开放 2600 亩（1 亩≈666.67m^2）林地提供各种免费体育设施，以前因脏臭频频引发“邻避效应”的垃圾填埋厂成为“首都环境建设样板单位”并荣获“中国人居环境范例奖”。

经过近十多年的科技研发和工程实践，尤其是“十二五”期间，我国先后启动了“废物资源化科技工程”和“生物质燃气科技工程”，在城市固体废物资源化回收、能源化利用和无害化处理等关键技术、设备及产品上取得了重大的阶段性成果。根据国家资源环境技术预测专家组评估，我国整体科技水平仍然比国际先进国家落后 15～20 年。针对当前我国城市固体废物面临的重大挑战，我国未来城市资源代谢系统发展和研究的重要方向为打破资源综合利用率长期徘徊不前的瓶颈，解决未来城市固体废物问题的科技新突破在于构建系统解决方案及其推广应用，打通单元节点或局部领域的关键技术路线，加强区域性、多产业的协同治理，推进科技成果与管理政策、商业模式一体化。

“十三五”期间，结合我国当前固体废物管理存在的主要突出问题，为贯彻党中央《关于加快推进生态文明建设的意见》精神和中国共产党第十九次全国代表大会（党的十九大）关于“加强固体废弃物和垃圾处置”“推进资源全面节约和循环利用”的部署，按照国务院《关于深化中央财政科技计划（专项、基金等）管理改革的方案》要求，科技部会同有关部门、地方及相关行业组织制定了国家重点研发计划“固废资源化”重点专项实施方案。该方案面向生态文明建设与保障资源安全供给的国家重大战略需求，以“减量化、资源化、无害化”为核心原则，围绕源头减量—智能分类—高效转化—清洁利用—精深加工—精准管控全技术链，研究适应我国固体废物特征的循环利用和污染协同控制理论体系，攻克整装成套的固体废物资源化利用技术，形成固体废物问题系统性综合解决方案与推广模式，建立系列集成示范基地，全面引领提升我国固体废物资源化科技支撑与保障能力，促进壮大资源循环利用产业规模，为大幅度提高我国资源利用效率，支撑生态文明建设提供科技保障。

2018 年及 2019 年“固废资源化”重点专项指南共部署 67 个研究方向，国拨经费概算约 15.5 亿元。重点针对固体废物源头减量、智能分类回收、清洁增值利用、高效安全转化、智能精深拆解、精准管控决策，以及综合集成示范等内容部署相关基础研究、共性关键技术、应用示范类研究任务。结合 2018 年及 2019 年两年“固废资源化”重点专项指南方向分析，我国未来资源代谢领域研究将围绕以下几个方面进行。

一是针对不同种类的城市固体废物部署若干关键单项技术研发。按照全产业创新链条设计，部署城市固体废物智能化分离技术，实现源头精细解离和有机/无机组分的高效分选；城市有机固体废物高效能源化利用技术，实现固体废物二次减量及高阶热转化；城市无机固体废物清洁再生利用技术，实现低阶无机固体废物向高值化再生产品的清洁转化；城市废旧复合材料综合回收与精深利用技术，实现多组分协同回收与高端再造；城市存量垃圾及危险残余物协同处置技术，建立残余废物多元化安全处置技术体系；城市固体废物全过程管理决策及大数据技术，初步构建循环型社会管理体系。

二是单项关键技术集成与成套化装备研发将进一步加强，形成适合我国城市发展阶段和固体废物特点的系统解决技术方案。重点针对城市生活垃圾、城乡生物质废物、废弃电器电子产品、废旧复合材料、大宗工业固体废物等若干典型城市固体废物，实现源头减量化、智能分质收运、资源化利用、残余物无害化处理等全过程技术集成突破，统筹不同技术路线特点，构建有机固体废物分布式能源化、城市矿产资源提质升级、生物质废物协同处理处置、无机固体废物高值化清洁回收、存量垃圾利用及生态修复等重大集成技术的产业化应用，形成“基础科学-技术创新-工程示范-政策管理”系统化技术解决方案。

三是围绕若干城市或地方实验区，结合城市固体废物问题系统解决方案，探索国家 2030 年可持续发展议程创新示范区模式。在珠三角、闽三角、长江经济带、京津冀及周边地区和“一带一路”沿线地区，按照“整体规划设计、技术集成创新、政策管理配套、区域综合示范”的总体思路，由地方政府组织，结合当地资源环境特征，推进政策先行先试，开展适合不同固体废物特性、满足不同区域需求的城市固体废物系统解决方案实验，建立一批资源循环利用产业基地，初步形成区域资源循环利用体系，支撑 2030 年可持续发展议程创新示范区创建和国家循环发展引领计划实施。

1.3.3　城市资源代谢系统性解决方案

当前城市资源代谢系统主要采取单一技术解决方案,固体废物综合利用率低、二次污染或副产物问题突出，处置设施“邻避效应”显著，在大多数城市中成为发展的瓶颈。针对我国当前城市资源代谢存在的主要问题，已有研究及实践主要着眼于单一技术的参数提升或装备改进，解决城市资源代谢综合管理问题的潜力愈发有限，未能突破园区化协同处置技术和集成应用，需要系统性解决方案才能实现城市资源高效回收利用。

当前,国际上针对城市资源代谢和固体废物综合管理的系统性技术解决方案,一是立足于各类单一固体废物处理处置技术和装备等效率的提升和新工艺的开发；二是利用已有市政基础设施，推进工业炉窑资源利用、混合垃圾掺烧发电、有机垃圾联合厌氧消化等多源固体废物协同处理处置；三是着眼于构建从源头分类减量到末端处理处置、设施协同共生的园区化工程技术体系，打通源头分类—多源废物协同处置—二次污染控制的全过程技术链条(图 1-16)。园区化协同处理处置和全过程系统集成技术是未来的发展趋势和研发重点。

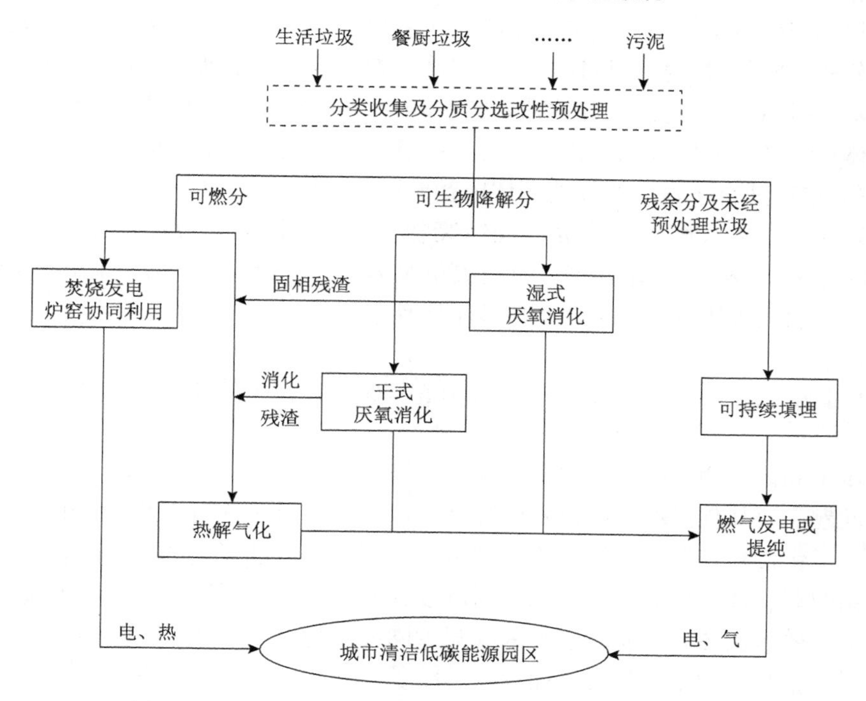

图 1-16　城市固体废物协同处置及资源化技术链条示意图

城市资源代谢系统解决方案应以“链条设计、协同增效、区域统筹、系统优化”为指导思想，以产业集约生产、物质有序循环、能量梯级利用、基础设施共享为技术手段，以城市固体废物高效分离提取、清洁规模消纳和整体稳定运行为整体目标。一是在产业链条创新上，应按照源头分质及减量化—收集运输及预处理—资源化加工利用—残余物无害化处理等全过程系统设计和技术集成；二是在多产业协同控制上，应统筹城市固体废物种类、特性和各单一技术优势，构建全过程减量化、多产业协同共生和多种技术互补优化的工程技术体系；三是在区域协同治理上，应开展区域整体规划、关键技术突破、基础设施共享和配套管理政策等一体化的集成创新，建立基础科学—技术创新—工程示范—设施运营—政策管理的技术模式。

具体来说，城市资源代谢系统性解决方案应基于固体废物分类收集—智能监控收运—清洁能源化—协同处理处置综合示范的总体目标，围绕下列几点进行构建。

(1) 系统性解决方案的核心和基础是建立联合运营的固体废物综合处置园区。园区应包含生活垃圾、餐厨垃圾、市政污泥等多源典型城市固体废物，能够实现多类混合垃圾协同处理处置，形成关键技术和集成应用，搭建协同处置工程在线监控及固体废物-水-能耦合共生的优化平台，实现园区化协同共生系统的稳定运行。

(2) 建立固体废物分类收集—智能监控收运—清洁能源化—园区化协同处理处置的系统性技术链条，应包括智能化城乡垃圾分类收集收运技术，园区化固体废物分质协同处置与耦合调控技术，固体废物处置设施难处置残余污染物集中控制技术，打通源头分类—园区协同处置—二次污染控制全过程的技术创新链条，各单体工程产生的废弃副产物应具备可持续利用或最终处置渠道。

(3) 形成适合于城市特征的固体废物园区化协同处置的综合性、系统性解决方案，除关键技术装备外，应完成固体废物协同处置园区建设规划方法、固体废物-水-能系统耦合的优化调控、投资决策及运营管理新模式、市场化推广模式和配套支撑政策等研究，在综合示范城市实现推广应用。

1.4 “无废城市”：城市固体废物可持续管理实践

城市固体废物问题的根源在于社会经济的发展模式和居民生活、消费模式，解决问题需要从促进城市绿色发展转型、探索城市固体废物的系统性解决方案入手[89]。“无废城市”是一种先进的城市管理理念，通过深化城市固体废物综合管理体系改革，探索构建并不断完善固体废物源头减量、资源化利用和末端无害化处置的长效机制体制，实现最大限度减少固体废物产生量和排放量的目标。本节介绍了“无废”的基本理念，梳理、总结了当前国际典型“无废城市”案例的实践策略，并提出了我国“无废城市”试点建设的主要目的，探索了城市固废系统性解决方案及长效机制。

1.4.1 “无废”理念与国际“无废”战略实施

随着垃圾填埋、焚烧、堆肥、回收利用等固体废物处理处置的工程技术体系得到实施，如何实现真正意义上的可持续废弃物管理成为当前可持续发展面临的挑战之一。在此情景下，“无废”(zero waste)或“零废弃”概念自 20 世纪 90 年代后期开始得到越来越多的研究机构、城市和国家的关注[90]。

1. 定义“无废”理念

关于“无废”理念是什么，包含哪些目标及衡量标准，学界一直没有统一的定义；与“无废”相关的国家或区域政策、城市规划方案等文件中也根据实施区域的具体需求给出了不同的解释。其中最被广为传播并引用的是无废国际联盟(Zero Waste International Alliance，ZWIA)对“无废”的定义[91]：

> “无废：通过负责任地生产、消费、再利用和回收产品、包装及材料的方法来保护所有资源；不焚烧，不排放到土壤、水或大气中，不威胁环境及人类健康。”
>
> ——ZWIA，2018 年对“无废”定义的修订
>
> “无废是一个符合伦理、经济、高效和富有远见的目标，它引导人们改变生活方式和行为模式，以模拟可持续的自然循环模式，将所有废弃物都成为可供循环再利用的资源。‘无废’的实现需要通过设计和管理产品及其生产工艺，系统性地避免和减少废弃物的产生量及毒性、保存和回收所有资源，而不是通过燃烧或填埋(来处置)它们。‘无废’的实现将消除废弃物排放对地球、人类、动物或植物健康构成威胁。”
>
> ——ZWIA，2009 年对“无废”定义的修订

ZWIA 对“无废”的定义被众多有意实现可持续废弃物管理目标的组织或政府机构所接受并应用。基于“无废”定义，ZWIA 还开发了“无废商业认证”(Zero Waste Business Certification)和“无废社团认证”(Zero Waste Community Certification)，为符合“无废”定义并实现至少减废 90%以上目标的商业或社会机构及其设施提供认证。一些城市或区域的“无废”方案或政策中引用了 ZWIA 的定义。例如，《无废波士顿计划》就采纳了 ZWIA 的定义来明确波士顿无废城市建设的目标[92]，旧金山市环境局同样明确定义“无废”是“没有废弃物填埋或焚烧”(nothing going to landfill or incineration)[93]，西雅图在其城市无废研究的报告中也直接采纳了 ZWIA 的定义作为其城市“无废”策略的指导原则[94]。

随着“无废”理念作为指导原则不断地在城市固体废物管理策略、区域或国家的循环经济政策中得到应用，学界对“无废”理念的构建仍然在不断完善的过程中[95,96]。但基本的概念框架主要包括以下方面。

(1)“无废”核心理念：废弃物是潜在的资源，这是对于废弃物价值的重新

定义。

(2)“无废”核心目标：全方位削减废物，做好废物管理中的风险控制，实现包括填埋、焚烧及直接排放等途径在内的最终废弃量的最小化或近零。

(3)“无废”方法论：通过系统整体性的策略设计，实现线性的资源代谢模式向循环型“闭合”代谢模式转变，系统性策略不仅有已产生的废弃物的管理与处置，还应涵盖通过产品、工艺等设计实现废物源头到供应链下游的物流、消费等环节的废物削减，最终在末端实现废物填埋和焚烧量的实质性减少[97]。

(4)促进“无废”转型的策略：包括可持续的工业技术、100%回收再利用、系统思维规划新设施、通过教育与研究增强公民意识、可持续消费及行为模式、立法与政策推进等[98]。

2. 国际“无废”战略推进

虽说“无废”概念在学界还没有达成共识，但是将“无废”作为发展愿景和努力方向已成为国际区域、国家及城市规划发展的大趋势。“无废”战略作为可持续发展战略的重要一环，在区域性战略和部分发达国家的固体废物管理政策中得到体现；以“无废城市”为代表的实践活动也在越来越多的国家或城市中展开。

(1)“无废”实践在全球的推进。2002 年，ZWIA 成立，这是第一个致力于推进无废标准、政策落地及实践案例传播的国际组织[99]。2011 年，“无废欧洲组织”(Zero Waste European)开始成型，并逐渐构建起包含多个欧洲城市和公共机构在内的“欧洲无废网络”，意在共同探讨欧洲未来“无废”社区及城市的战略和规划方案[100]。2015 年的美国市长会议通过了题为“支持城市无废原则和材料管理等级制度”的决议，呼吁各城市采纳“无废”原则推进城市固体废物可持续管理[101]。2018 年，C40 城市集团中有 23 个城市共同签署了《迈向零废物宣言》，指出未来可持续、繁荣、宜居的城市必将是无废物的城市(zero-waste cities)，并承诺到 2030 年实现垃圾减量 8700 万 t 的目标[102]。同年，联合国人居署将 2018 年世界人居日的主题定为“智慧减废城市”(waste wise cities)，并发布《城市智慧减废运动倡议》，呼吁各城市因地制宜地处理废物管理问题，加入“城市智慧减废运动”[103]。

(2)“无废”战略在区域及国家政策中的体现。进入 21 世纪，越来越多的发达国家和地区纷纷提出了“无废”或者“零废弃”的社会发展愿景，给出了通过全价值链深化变革、源头减量和资源化利用进行固体废物治理的思路，展开了积极并富有成效的探索。日本于 2000 年公布《循环型社会形成促进基本法》，目前正处于第三个《建设循环经济社会基本规划》(2013～2020 年)的实施阶段，并于 2019 年提出了《第四次循环型社会形成促进基本计划》①。英国于 2011 年明确了实现“绿

① 文件介绍参见 The 4th Foundamental Plan for Establishing a Sound Material-cycle Society. https://www.env.go.jp/recycle/recycle/circul/keikaku/pam4_E.pdf .

色、无废经济”的长期目标，以及实现无废经济的行动、规划与政策[104]，随后威尔士、苏格兰也分别出台了各自的“无废”战略规划方案；欧盟在 2014 年也提出了“迈向循环经济：欧洲零废物计划”及“循环经济一揽子计划”，旨在通过实现产品生命周期的“封闭循环”，促进欧洲向循环经济转型，从而增强国际竞争力；新加坡在 2015 年首次提出了建设“零废物”的愿景，并于 2019 年正式出台了《新加坡无废总体规划》①。

1.4.2　“无废城市”典型案例与实施策略

固体废物管理是城市资源代谢的重要环节，也是城市应该提供的最基本功能之一。1995 年，澳大利亚首都堪培拉成为第一个通过法案提出“无废”目标的城市[105]；进入 21 世纪以后，“无废城市”成为越来越多城市开展可持续废物管理的规划目标。国际上位于不同区域、具有不同发展特点和废弃物处置需求的城市，通过积极探索和实践推动“无废城市”建设形成了丰富的经验，可以为我国“无废城市”建设提供借鉴。表 1-1 是对典型“无废城市”案例的简要梳理。本节选择美国旧金山、意大利卡潘诺里及新加坡三个案例，介绍其“无废城市”的具体措施和典型做法。

表 1-1　国际部分典型“无废城市”案例简介

区域	国家	城市	启动时间及文件	“无废”目标	涉及固体废物类型
欧洲	意大利	卡潘诺里	2007 年，成为欧洲第一个签署了“无废战略”的城市	2020 年实现零填埋	生活垃圾
	英国	布里斯托	2016 年颁布《迈向无废布里斯托的废物和资源管理策略》[a]	2025 年人均年生活垃圾产生量低于 150kg；2035 年固体废弃物填埋比例低于 5%；固体废物回收再利用（包括堆肥）的比例到 2020 年达到 50%，2025 年达到 70%	市政固体废物
北美	加拿大	温哥华	2011 年提出“无废”目标；2016 年出台 Zero Waste 2040 战略规划方案[b]	到 2040 年实现零填埋、零焚烧的“无废”目标	生活垃圾、商业废弃物、建筑垃圾（含土方）
	美国	旧金山	2002 年在美国首次作出“无废”承诺；2003 年提出到“2020 年实现无废”（Zero Waste by 2020）的目标	到 2020 年填埋和焚烧的废弃物较 2008 年减少 50%，到 2040 年填埋和焚烧的废弃物为零	市政固体废物（含建筑垃圾）
		伯克利	2005 年市议会通过“无废计划”	到 2010 年实现固体废物资源 75%回收，到 2020 年实现零废弃	市政固体废物
		西雅图	2007 年公布了“西雅图无废决议”，随后通过 2010 年的“西雅图无废战略”和 2011 年修订的固体废物计划逐渐完善无废策略和工具框架	2022 年回收 70%的城市固体废物，到 2020 年回收 70%的建筑和拆除垃圾	市政固体废物、建筑垃圾

① 详见 Zero Waste Masterplan Singapore. https://www.towardszerowaste.sg/zero-waste-masterplan/.

续表

区域	国家	城市	启动时间及文件	“无废”目标	涉及固体废物类型
北美	美国	洛杉矶	2007年公布“城市固体废物综合资源计划”，该计划也被认为是洛杉矶的城市无废计划	到2025年实现垃圾零填埋；到2030年，实现固体废物整体回收利用率达93%	市政固体废物
		波士顿	2014年波士顿气候行动计划中提出“向无垃圾城市迈进”的战略；2018年波士顿宣布开始实施“无废波士顿计划”(Boston’s Zero Waste Plan)[c]	到2035年达到回收率从25%提高到80%的目标，到2050年回收率达到90%	市政固体废物
		圣迭戈	2015年圣迭戈无废计划[d]	到2020年实现75%的回收率，2035年实现90%，2040年实现100%	市政固体废物
亚洲	新加坡	新加坡	2015年的《新加坡可持续蓝图2015》提出建设零废物国家；2019年《新加坡无废总体规划》出台[e]	延长Semakau垃圾填埋场的使用寿命到2035年；到2030年实现人均生活垃圾产量降低30%；到2030年固体废物总回收率到达70%	市政垃圾：重点关注餐厨废弃物、电子垃圾和塑料包装废弃物
	阿联酋	马斯达尔城	该城自2007年开始规划新建，计划于2025年完工。这是一个从规划开始就通过太阳能和智能建筑来实现“零废弃、零碳”目标的新城	尽量减少堆填区的废物，并通过废物回收再利用、焚烧发电来尽量发挥资源潜力	市政垃圾
	日本	北九州市	从1990年开始以减少废弃物、实现循环型社会为主要内容的生态城市建设；目前已是国际上公认的环境与绿色发展模范城市		生活垃圾与工业垃圾
大洋洲	澳大利亚	悉尼	2017年发布《不浪费的悉尼资源管理：2017—2030年废物战略和行动计划》[f]	2030年实现城市废弃物(包括生活废弃物、建筑废弃物、商业废弃物等)填埋率低于10%的目标；争取到2050年实现废弃物零填埋的目标	城市废弃物(包括生活废弃物、建筑废弃物、商业废弃物等)

a. 资料来源：Bristol City Council. Towards a Zero Waste Bristol: Waste and Resource Management Strategy. https://www.bristol.gov.uk/documents/20182/33395/Towards+a+Zero+Waste+Bristol+-+Waste+and+Resource+Management+Strategy/102e90cb-f503-48c2-9c54-689683df6903.

b. 资料来源：City of Vancouver. Zero Waste 2040: the City of Vancouver’s Zero Waste Strategic Plan. https://vancouver.ca/files/cov/zero-waste-2040-workshop-consultation-summary.pdf.

c. 资料来源：City of Boston. Zero Waste Boston: Recommendations of Boston’s Zero Waste Advisory Committee. https://www.boston.gov/sites/default/files/embed/file/2019-06/zero_waste_bos_recs_final.pdf.

d. 资料来源：CITY OF SAN DIEGO. CITY OF SAN DIEGO ZERO WASTE PLAN. https://www.sandiego.gov/sites/default/files/legacy/mayor/pdf/2015/ZeroWastePlan.pdf

e. 资料来源：Zero Waste Masterplan Singapore. https://www.towardszerowaste.sg/zero- waste-masterplan/

f. 资料来源：City of Sydney. Leave nothing to waste: waste strategy and action plan 2017-2030. https://www.cityofsydney.nsw.gov.au/__data/assets/pdf_file/0011/308846/Leave-nothing-to-waste-strategy-and-action-plan-20172030.pdf.

1. 美国旧金山

旧金山是美国第三大城市(陆地面积 $120km^2$，2017 年年底常住人口约 88 万人)，也是国际上最早做出“无废”承诺、推进“无废城市”计划实施的城市之一。

(1)旧金山“无废城市”推进过程。旧金山自 1940 年起逐渐构建起完善的废弃物处置管理体系，并在 2000 年提前实现了加利福尼亚州政府规定的“50%废弃物填埋率”的目标。为了进一步减少废弃物，旧金山于 2002 年作出“无废”承诺，更是于 2003 年提出了“2020 年实现无废弃物(包括填埋与焚烧)”的目标；旧金山市于 2012 年的废弃物填埋率低至 20%，为全美国主要城市中减少废弃物填埋工作成效最好的城市。随着“无废城市”的推进及相关规划支撑政策的不断完善(表 1-2)，该市的“无废”目标修订为：“到 2020 年填埋和焚烧的废弃物较 2008 年减少 50%，到 2040 年填埋和焚烧的废弃物为零。”

表 1-2　旧金山市“无废城市”支撑措施[a]

序号	年份	具体措施或法律法规
1	—	(垃圾分类措施)定制化分类垃圾桶：采用蓝色、绿色、黑色三色垃圾桶区分不同废弃物。蓝色垃圾桶投放可回收垃圾，绿色垃圾桶投放可堆肥废弃物，黑色垃圾桶投放填埋处置的一般废弃物
2	2003	《无废纺织品措施》：鼓励居民和企业回收不需要的服装、鞋类和其他纺织品
3	2006	《餐饮服务业减废条例》：禁止聚苯乙烯及其他不可循环、不可堆肥的材料被应用于餐饮服务业中
4	2006	《建筑及拆迁垃圾循环利用条例》：要求修建公共建筑需使用经过处理可以循环利用的建筑废弃物
5	2008	《无废气候行动计划》(Zero Waste Climate Action Planning)：设定了新的“无废”目标；通过材料管理和生产者延伸责任制从源头减少废弃物
6	2009	《强制回收和堆肥条例》：强制要求家庭和商业机构分类投放生活废弃物；举办大型活动在申请活动许可时必须提交废弃物回收计划
7	2009	《香烟废弃物条例》：香烟销售每包收取 0.85 元用以弥补在城市街道等公共场所清理烟头的支出
8	2012	《一次性塑料购物袋禁令》：城市法律禁止所有一次性塑料购物袋，并强制性收取购物袋费用

a. 作者根据旧金山环境局公开信息汇总，资料来源：https://sfenvironment.org/zero-waste-legislation.

(2)建设“无废城市”的主要措施。旧金山市的城市固体废物以生活垃圾和建筑垃圾为主。为减少废弃物的最终处置量，旧金山市逐渐构建并完善了实现“无废城市”的政策措施及法律法规(表 1-2)。

旧金山市实现“无废城市”的核心措施有四点。

第一是完善废弃物分类收集及回收体系。旧金山市与 Recology 公司就废弃物收集、运输、处理签订了长期合作协议，公司协助市政相关部门制定废弃物回收方案及选择处理技术。在生活垃圾分类回收上，旧金山立法要求所有住宅及商业设施配置三色垃圾桶，对生活垃圾进行分类投放；针对大件废弃物、有害垃圾、衣物或电子产品等还设置了专门的回收站点或者预约上门回收模式。

第二是开展废物回收和堆肥来减少废弃物填埋和焚烧的处置量。旧金山市制定了《强制回收和堆肥条例》，将城市生活垃圾分为可回收废弃物、可堆肥废弃物和填埋废弃物三类进行处置。通过回收和堆肥这两种资源化利用方法，在当前废弃物管理机制中最大限度地获取废弃物资源化利用价值，从而尽可能减少通过填埋、焚烧等方式进行最终处置的废弃物的量。

第三是重视生产和服务企业的环境责任，积极推动生产者责任制。这是在产品设计和商业服务模式设计的前端下功夫，以降低后端环节废弃物产生的可能性。例如，立法禁止一次性塑料袋的使用，禁止在餐饮行业中使用聚苯乙烯等不可循环的包装材料，与部分生产者合作回收和处理相关产品，在加州推动生产企业对产品的全生命周期负责的立法等。

第四是注重引导整个社会层面意识和公众行为的转变。公众作为废弃物的产生者应该承担责任，公众意识及行为方式的整体转变才能支撑“无废城市”的持续实施。旧金山市政相关部门组织了面向公众及商业企业的多语言、“门到门”的废弃物管理培训，开发了废弃物回收公开数据库 RecycleWhere 供公众查询。另外还采纳了一些奖惩措施，例如，对垃圾分类执行得好的家庭或企业，可降低其垃圾费的缴纳金额；做不好分类的则会被罚款或者警告。

2. 意大利卡潘诺里

卡潘诺里市人口仅 4.67 万人，其作为一个小镇型城市却成为欧洲“无废城市”的先行者和领军者。官方报告中该市垃圾回收率已达到了惊人的 82%，2017 年的人均废弃物产生量已较 2004 年降低 40%。卡潘诺里尽管是一个农业城市，其“无废城市”实施仍是以生活垃圾的处理处置为主。

(1) 卡潘诺里“无废城市”推进过程。2007 年，卡潘诺里市签署了“无废战略”协议，承诺在 2020 年实现“零填埋”，成为在欧洲第一个开展“无废城市”建设的城市。

(2)“无废城市”的具体措施。卡潘诺里在欧洲城市中最高的固体废物回收率的实现依靠的是强有力地推行垃圾分类和广泛的社区参与。意大利执行了严格的生活垃圾六分类制度(生活垃圾分为纸类、塑料、玻璃、厨余、园林和不可回收干垃圾)，不同类型的垃圾投放到各自对应的垃圾箱里。2010 年以来“门到门”的垃圾回收模式在卡潘诺里实施，广泛的群众参与度又让该垃圾回收策略取得了巨大的成功，并成功降低了垃圾回收和后续处置的成本。据统计，卡潘诺里有 98.6%的居民都参与了“门到门”的垃圾分类收集，46%的居民积极参加分类收集的培训会，91%的居民有向专业机构咨询废物收集信息的经历。

此外，卡潘诺里市还积极搭建“无废城市”知识和理念交流的平台。2010 年，卡潘诺里建起了欧洲首个无废研究中心，组织起民间机构和公众社团共同推动无废城市的实践探索和理论研究；2011 年，市政府开放了再利用中心，为市民提供进行二手物品或闲置物品交易的平台；2011 年，卡潘诺里加入了“无废欧洲组织”并积极宣传本市的成功案例。

3. 新加坡

新加坡是个城市国家，截至 2019 年 6 月国土面积 724.4km^2，总人口约 570 万人。从 1970 年的“花园城市”，到 1990 年的“与自然和谐共生”，再到 21 世纪的“永续城市”“韧性城市”，生态城市和可持续发展理念一直贯穿在新加坡城市概念规划的历程中。

(1)新加坡“无废城市”推进过程。《新加坡可持续蓝图 2015》中首次提出了“迈向无废国家”的愿景，计划投入 15 亿新加坡元，将新加坡打造成为一个智能、环保、拥有无废文化和绿色经济蓬勃发展的城市。2019 年是新加坡的“迈向无废之年”，在这一年，《新加坡无废总体规划》正式出台，详细阐述了未来几年政府将实施的主要“无废”政策和战略。

(2)“无废城市”的具体措施。与前两个案例不同的是，由于新加坡土地资源的缺乏，废弃物消纳是其“无废城市”建设的第一要务，因此垃圾焚烧发电在新加坡仍然被定义为废弃物资源化利用(waste to energy)的一项重要措施，而“无废”的进展主要以废弃物填埋量来衡量。整体上，新加坡采纳了循环经济思路，通过可持续的废弃物管理和资源管理实现资源闭环(图 1-17)，以实现 2030 年废物回收率达到 70%、生活垃圾回收率达到 30%、非生活垃圾回收率达到 81%的目标。

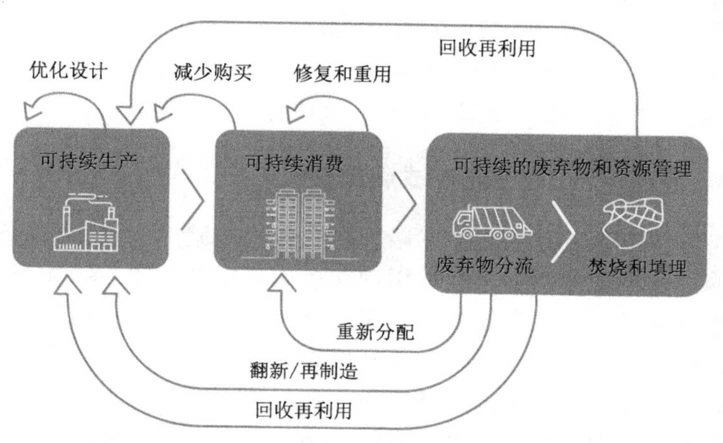

图 1-17　《新加坡无废总体规划》的具体实施方法——循环经济[106]

具体的措施包括但不限于以下几点：①从基础设施建设及规划开始做好废弃物可循环可回收的设计，促进废弃物循环再造；②在组屋建造中引入自动化气动废弃物输送系统，以优化废弃物收集、运输和处置效率；③计划于2020年强制实施包装废弃物数据报告及减废计划报告制度；④计划于2021年推行针对电子产品的生产者延伸责任制；⑤计划于2024年强制实施餐厨废弃物分类收运处置；⑥计划于2025年以前推行针对包装产品及塑料制品的生产者延伸责任制。

《新加坡无废总体规划》中优先明确了餐厨废弃物、电子废弃物和包装废弃物（含塑料垃圾）三类固体废物的减废措施及相关政策。

(1)餐厨废弃物。所有餐厨废弃物产生端（食品生产企业、餐饮服务企业等）的餐厨废弃物都要分为“就地处置”及“场外处置”两类。这一分类处置方案将于2021年从公共部门和新开楼盘开始实施，并将于2024年覆盖到其他行业的设施里。这项措施很重要，因为餐厨废弃物在转化为动物饲料或用于堆肥之前需要进行正确的分类预处理。就地处置的餐厨废弃物可以减少交通运输及拥堵中产生的碳排放，因此新加坡鼓励增加餐厨废弃物的就地处置，尽可能减少将废物运到场外设施进行处置。

(2)电子废弃物。处理不当的电子垃圾不仅会产生有毒有害物质、污染环境、影响人体健康，而且会导致原本可回收材料的浪费。2021年起将实施针对电子产品的生产者延伸责任制，通过制度设计，鼓励或驱使电器和电子设备的供应商加入“全国自愿回收电子垃圾伙伴关系计划”，资助负责回收、处理电子垃圾的生产者责任组织，提高人们对电子产品回收重要性的认识，并提供回收产品的便利设施和交通运输工具。

(3)包装废弃物及塑料垃圾。包装废弃物约占新加坡垃圾总量的30%，因此提升公众减少包装废弃物的意识，并动员企业采纳减少包装垃圾的设计及制定回收措施，最终能产生积极的减废效果。即将全面推行的强制制度要求年营业额超过1000万新加坡元的包装企业需要向国家环境局报告有关包装材料及用量的数据，还必须提交关于企业计划如何减少包装废弃物的报告。

1.4.3 我国“无废城市”试点建设

随着我国城镇化进程的飞速发展，国内各主要城市的固体废物治理体系日益构建完善，源头减量和资源化利用理念也逐步贯彻落实，固体废物处置和再生资源产业更发展到了一定规模。时至今日，我国众多城市面临着经济发展模式和产业结构转型的拐点，处于需要提供更多优质生态产品以满足人民日益增长的对优美生态环境的需求的发展阶段，在经济上和技术上已经有条件有能力来支撑城市固体废物系统性解决方案的实施。因此，“无废城市”建设标志着我国城市固体废物污染防治进入了探索和构建系统性解决方案及长效机制的新阶段。

1. “无废城市”试点建设布局

党的十九大报告提出了“加强固体废弃物和垃圾处置”改革任务，2018 年起，我国开始布局“无废城市”建设工作。中国共产党中央全面深化改革委员会(中央深改委)将“无废城市”建设试点列入 2018 年改革工作重点，中共中央、国务院在《中共中央 国务院关于全面加强生态环境保护 坚决打好污染防治攻坚战的意见》(2018 年 6 月)中明确“开展‘无废城市’试点，推动固体废物资源化利用”是推进净土保卫战、强化固体废物污染防治的一项重要工作内容。随后于 2018 年 12 月底，生态环境部制定、国务院办公厅印发《“无废城市”建设试点工作方案》(以下简称《工作方案》)；2019 年公布了“11+5”个(11 个地级市和 5 个特例地区，图 1-18)“无废城市”建设试点名单；为了支持和指导这些城市开展试点建设工作，生态环境部印发了《“无废城市”建设试点实施方案编制指南》和《“无废城市”建设指标体系(试行)》；2019 年 9 月，“11+5”个试点城市的建设实施方案都已通过国家评审论证。试点建设工作开展实施期限约两年，预计将于 2021 年 3 月，由生态环境部牵头，对试点单位的“无废城市”建设实施情况开展评估和经验总结。

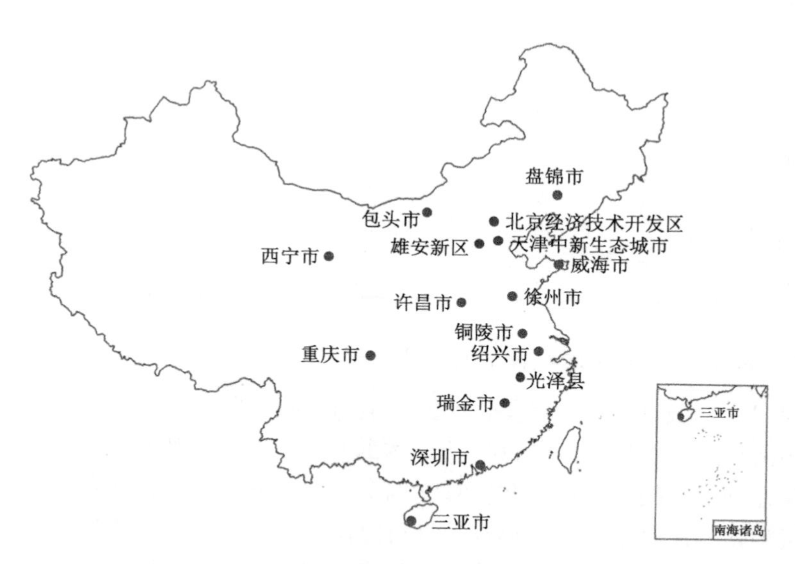

图 1-18　我国“11+5”个“无废城市”建设试点

5 个特例地区包括河北雄安新区、天津中新生态城、北京经济技术开发区、福建省光泽县和江西省瑞金市。入选的 11 个试点城市是我国地级市中的典型代表，分布于不同的区域和省份。既有生态脆弱、经济欠发达地区的城市代表青海省西宁市，也有代表资源枯竭、老工业基地转型城市的内蒙古自治区包头市、辽宁省盘锦市、安徽省铜陵市和江苏省徐州市，还有中部农业主产区城市代表河南省许昌市，分别位于长江上游和下游的重庆市（主城区）、浙江省绍兴市，科技创新城市代表广东省深圳市，以及滨海与国际旅游城市代表山东省威海市和海南省三亚市。试点城市从数百万人口的大城市、超 500 万人的特大城市到过千万人口的超级大城市，城市规模及城市发展水平不均衡；试点城市均已具备基本的固体废物处置设施和管理体系，但与“无废城市”相关的前期工作基础也有差异（表 1-3）。本书将在第 8 章对试点城市特点及规划方案进行详细阐述，在此不作过多赘述。

表 1-3 国家“无废城市”试点的前期相关工作梳理（国家级相关试点）

序号	试点城市	垃圾分类 46 个重点城市（住建部）	国家餐厨垃圾资源化利用试点（国家发改委）	国家“城市矿产”示范基地（国家发改委）	国家资源循环利用基地（国家发改委、住建部）	国家大宗固体废物综合利用基地（国家发改委、工信部）
1	包头			√		
2	威海					
3	盘锦					
4	西宁	√	√		√	
5	铜陵	√	√			
6	重庆	√	√	√	√	√
7	徐州		√	√	√	√
8	许昌					
9	绍兴		√			
10	深圳	√	√			
11	三亚		√			

2.“无废城市”试点建设目标与特点

我国“无废城市”建设需要长期的探索与实践。此次“11+5”试点建设目标是期望用两年的试点探索，到 2020 年，系统构建一套“无废城市”建设评价指标体系，构建制度、技术、市场和监管这四个“无废城市”支撑体系，扶植一批固体废物资源化利用骨干企业，形成一批可复制、可推广的“无废城市”建设示范模式。按照《工作方案》，试点建设任务将重点围绕完善顶层设计、工业绿色生产、农业绿色生产、绿色生活方式、危险废物安全管控、激发市场主体活力这六项任务进行工作部署。

国际上开展“无废城市”建设的多为发达国家和地区的发达城市，这些城市的经济发展水平与人均固体废物产生量多已到达峰值，因此在明确“无废城市”的总体量化目标时，大多发达城市制定了“减少废弃物焚烧和填埋”或“减少人均固体废物产生量”的目标。例如，美国旧金山和加拿大温哥华都提出“到 2040 年实现填埋和焚烧的废弃物为零”的目标，新加坡及英国布里斯托制定了“减少人均生活垃圾产生量”的目标及时间表(表 1-1)。从《工作方案》对“无废”理念的阐述及对“无废城市”建设目标的设置来看，我国“无废城市”试点建设区别于其他国际“无废城市”案例的最大特点，是我国的“无废城市”试点均处于城市化发展过程中，在未来 5～10 年内仍可预见这些试点城市的常住人口规模、城区面积、人均消费水平等国民经济和社会发展统计指标的增长。基于我国城市发展的实际情况明确“无废城市”试点的建设目标，并不是实现字面意义上的“无废”，而是将“无废”作为一种先进的城市管理理念和创新发展模式，通过推动形成绿色发展方式和生活方式，持续推进固体废物源头减量和资源化利用，最终实现整个城市固体废物产生量最小、资源化利用充分、处置安全的目标，将固体废物环境影响降至最低[107]。

此外，从《工作方案》中明确的重点任务开展领域来看，我国“无废城市”实践中的“城市”是指城市的行政区域概念，有别于其他国际案例中仅采纳“城市”的功能性概念。国际案例城市中大多针对生活垃圾、建筑垃圾、商业垃圾等常见的城市废弃物采取措施，部分城市的无废方案目标甚至仅考虑生活垃圾，极少有城市的方案会纳入工业废弃物的处理处置，基本没有城市考虑农业废弃物。但根据《工作方案》，我国的“无废城市”基本纳入了所有固体废弃物类别，工作内容涵盖了顶层体制机制、工业绿色生产、农业绿色生产、绿色生活方式、危废风险防控、绿色市场等全方面内容，重点任务串起了资源开采、产品设计与生产、消费使用、废弃处置、再生循环利用的全生命周期过程，关联起了生产者、消费者、回收者、市政管理部门等诸多利益相关者。

因此，我国推进“无废城市”建设，对推动固体废物源头减量、资源化利用和无害化处理，提升城市固体废物管理水平，促进城市绿色发展转型具有重要意义[108]。只有从全生命周期的角度来设计系统性的固体废物综合治理方案，探索政府、企业、公众三方协同共治的绿色行动体制及机制，才能根本扼制废弃物产生的根源，实现固体废物环境影响降至最低的目标。从工作思路上来讲，推进“无废城市”建设，就是将固体废物综合整治与城市规划管理和公共服务供给统筹考虑、有机融合，探索实现固体废物全领域、全生命周期管理的机制和路径。

第 2 章　城市资源能源回收利用潜力评估

资源代谢是构建城市循环利用体系和建设“无废城市”的关键，通过固体废物源头分类、资源回收利用和能源替代生产，可以有效提高城市的资源代谢效率并降低污染物排放。主要金属资源代谢和生活垃圾、工业源、农业源等生物质废物的能源化是“无废城市”建设的重点领域，开展城市资源、能源的回收利用潜力评估和预测，可以支撑“无废城市”建设的科学规划、合理布局和绿色发展。

2.1　金属资源回收潜力评估

2.1.1　回收潜力评估模型构建

1. 主要资源的选取

本书选取回收利用价值较高的代表性大宗金属资源：铜、铝、铁、铅。这些矿产资源是国民经济中的基础性资源，不仅需求量大，一次资源生产的能耗高、环境污染大，而且资源循环利用的环境效益高。有些资源在国内稀缺，对外依赖性强，是经济社会发展的战略性资源。

铜资源在电子电气工业、能源石化、交通运输、机械冶金等行业有着广泛的应用，是国民经济发展的基础性资源。近年来，经济社会的高速发展和基础建筑的大量投入导致对铜资源的需求不断加大，尤其自 2000 年以后，精炼铜消费的年均增长率达到了 13.7%。然而，国内铜矿产资源已远远不能满足国民经济社会的发展需求。基于我国铜资源稀缺和大量依靠国际市场的现实，虽然 1990～2010 年期间我国铜资源消费量增加了 8.3 倍，但原生铜产量只增加了 2.9 倍，远远小于消费增长速度，导致国内原生铜资源供应占总消费比例由 40%降低至 17%，铜资源供给无法保障。

钢铁是国民经济社会发展最重要的金属资源之一，近年来，中国钢铁消费量和产量大幅增长。2006～2010 年，我国粗钢产量达到 26.39 亿 t，比 2001 年～2005 年增长了 1.2 倍。2018 年，中国生铁、粗钢和钢材累计产量分别为 7.71 亿 t、9.28 亿 t 和 11.06 亿 t，同比分别增长 3%、6.6%和 8.5%[109]。与此同时，我国铁矿石进口量也不断增加，2010 年，我国进口铁矿石 6.2 亿 t，是 2000 年进口铁矿石的

8.9 倍；2018 年，中国铁矿砂及其精矿进口量已经超过了 10 亿吨[110]。

铝是人类社会除铁之外消费量最大的金属元素。近年来我国的铝资源消费量快速增长，2010 年铝消费量 1650 万 t，相比于 2000 年增加了 3.8 倍 [111]。2005～2012 年中国铝消费量年均增幅为 16.7%，2020 年消费量可达 4300 万 t。

铅是常用的有色金属，在经济社会发展中有广泛应用，我国铅消费量近年来增长迅速。全国原生铅产量从 1985 年的 23 万 t 增加到 2015 年的 305 万 t，增加了 12 倍。然而，我国再生铅产量只占到全国铅产量的 30%，而欧美发达国家和地区这个比例可达 90%，我国与之仍然存在较大差距。

2. 资源代谢预测的模型方法

常见资源代谢预测的方法学主要有三类：第一类是物质流分析和投入产出分析，是基于对资源流动性的过程描述来研究资源代谢的特性；第二类是系统动力学、回归分析，通过影响因素分析揭示资源代谢的内部机理，掌握影响资源循环利用全过程的因果关系；第三类是时间序列分析与 Logistic 模型，用时间变量来综合其他因素对资源代谢模型的影响，通过分析一维随机过程的演变规律对目标资源的代谢过程进行模拟预测。

本节综合运用上述方法学构建城市金属资源代谢模型(图 2-1)，将金属资源在经济社会中的流动进行细致划分，建立一个资源“开采—加工—制造—使用—报废回收—再生利用”的全生命周期的资源流动核算框架，结合存量分析模型、寿命分布模型及动态情景分析，模拟金属资源代谢趋势，预测未来金属资源的需求量、报废量及再生利用量，分析资源替代效益，比较采取源头减少资源使用量、强化“城市矿产”资源开采及调整资源消费结构这三种措施对整体资源代谢的影响。

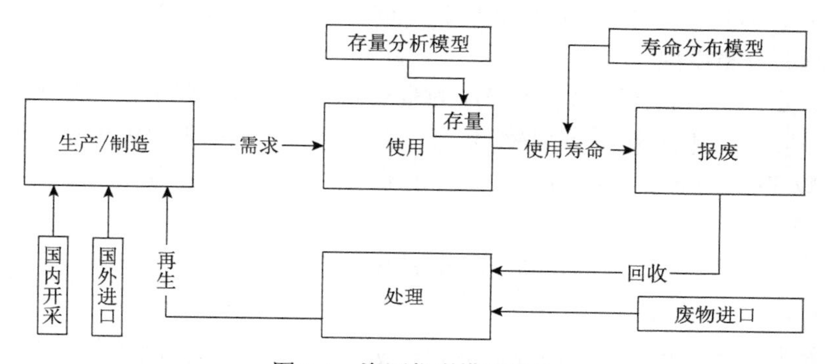

图 2-1　资源代谢模型结构

本节构建的资源代谢模型包括存量分析模型、寿命分布模型、物质流核算模型及国内资源开采模型 4 个子模块。模型中各种资源及其主要消费行业的核算框架相互独立，这一框架可以拓展用于其他类似资源代谢的核算。

1）存量分析模型

存量分析模型基本假设：含有矿产资源的最终产品人均拥有量不会随经济社会增长而无限增加，会受到环境、资源等各方面因素的约束和政策性因素的驱动。Logistic 模型是存量分析的常用模型，已被广泛应用于汽车、电脑、家用电器及其他矿产资源的预测。本节应用 Logistic 模型对各行业人均资源拥有量进行预测：

$$\mathrm{d}p_i / \mathrm{d}t = r_i \times p_i (1 - p_i / K_i) \tag{2-1}$$

式中，$\mathrm{d}p_i / \mathrm{d}t$ 为 i 行业人均资源拥有量的增长率；p_i 为 i 行业资源的人均拥有量；t 为预测的时间序列；i 为资源的主要消费行业；r_i 为 i 行业固有增长率参数；K_i 为 i 行业资源容量，代表人均拥有量能达到的最大值。

式（2-1）的解析式为

$$P_{t,i} = \frac{K_i}{1 + \mathrm{e}^{-(r_i \times t + c_i)}} \tag{2-2}$$

式中，$c_i = \ln\left[p_{0,i} / (K_i - p_{0,i}) \right]$；$p_{0,i}$ 为 i 行业起始年资源拥有量；K_i 通过发达国家行业消费结构与社会存量计算获得；$P_{t,i}$ 为分行业人均资源拥有量，其历史数据依据我国历史消费数据、资源报废寿命分布及资源消费结构计算获得。本节通过历史数据拟合参数 r_i 和 c_i，模拟未来分行业人均资源拥有量 $P_{t,i}$。

目标年的资源社会存量为

$$\mathrm{St}_{t,i} = p_{t,i} \times Q_t \tag{2-3}$$

式中，$\mathrm{St}_{t,i}$ 为 t 年 i 行业矿产资源的社会存量；Q_t 为 t 年国内人口数。

2）寿命分布模型

寿命分布模型表征资源使用寿命的概率分布。国内外学者对于资源使用寿命的表征一般有三种方法：产品平均寿命、正态分布、韦布尔（Weibull）分布。本节采用 Weibull 分布表征产品的寿命分布函数，其密度函数为

$$f(j) = \frac{\beta}{\eta} \left(\frac{j - j_0}{\eta}\right)^{\beta - 1} \times \mathrm{e}^{-\left(\frac{j - j_0}{\eta}\right)^{\beta}}, j \geqslant j_0 \tag{2-4}$$

式中，β 为形状参数，决定函数的形状；η 为尺度参数，反映函数随自变量变化的快慢程度；j_0 为位置参数，反映函数的起始位置，可以解释为初始报废年；上述参数共同决定了寿命函数的形态。要确定寿命分布模型中的形状参数和尺度参数，需要根据每种资源的实际寿命进行拟合得到，由于数据可得性，本节在此做

简化处理。

对式(2-4)求导可得

$$\frac{\mathrm{d}f(j)}{\mathrm{d}j}=\frac{1}{j-j_0}\cdot\frac{\beta}{\eta}(\frac{j-j_0}{\eta})^{\beta-1}\cdot \mathrm{e}^{-(\frac{j-j_0}{\eta})^{\beta}}\cdot[(\beta-1)-\beta(\frac{j-j_0}{\eta})^{\beta}] \tag{2-5}$$

假设资源的统计平均寿命$\overline{T}$对应寿命分布曲线的中值，也是密度最大值，此时可得

$$\eta\cdot(1-\frac{1}{\beta})^{\frac{1}{\beta}}+j_0=\overline{T} \tag{2-6}$$

假设资源的统计最大报废年限T_{O}对应的累计报废率为95%，由此可得

$$\eta\cdot(-\ln 0.01)^{\frac{1}{\beta}}+j_0=T_{\mathrm{O}} \tag{2-7}$$

因此，确定报废起始年j_0、平均寿命$\overline{T}$及最大报废年限T_{O}，就可以联立式(2-6)和式(2-7)确定寿命分布函数。其中，寿命分布模型结合物料守恒公式[式(2-8)和式(2-9)]，可以逐年计算各行业的资源需求量和报废量(图2-2)。

$$\mathrm{St}_{i,t}=\mathrm{St}_{i,t-1}+S_{i,t}-O_{i,t} \tag{2-8}$$

$$O_{i,t}=\sum_{j=1}^{h}S_{i,t-j}\times L_{i,j} \tag{2-9}$$

式中，$\mathrm{St}_{i,t}$为t年i行业铜的消费量或需求量；$O_{i,t}$为t年i行业中铜的理论报废量；L_i为i行业产品的寿命分布函数；h为产品最大的使用寿命；j为产品使用年数。

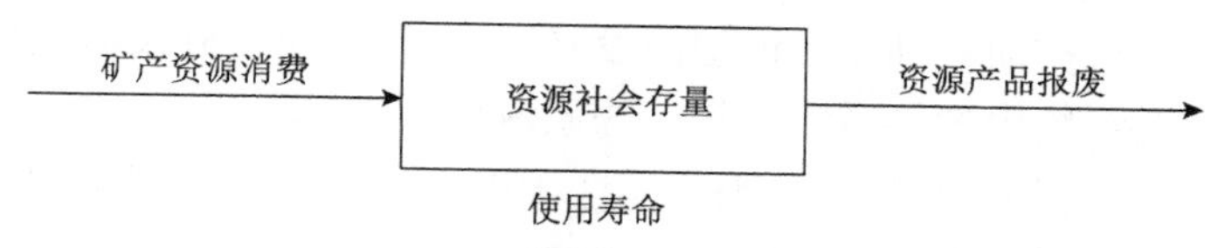

图2-2　资源消耗的物料平衡示意图

3)物质流核算模型

各行业的资源需求量及报废量被分类汇总后，结合经济社会资源流动核算边界，以生产、处理环节的技术参数为基础，根据现行政策或规划对未来各部门的资源回收率进行合理判断，即可建立我国矿产资源代谢的动态物质流核算。通过对我国主要资源“开采—冶炼—加工制造—使用—回收—处理处置”全生命周期过程的定量核算(图2-3)，模拟我国经济社会发展的资源代谢趋势。为表达方便，

下述用数字表示不同的资源代谢阶段，例如，以 $X_{a\text{-}b}$ 表示从阶段 a 流入阶段 b 的资源流量，以 S_a 表示阶段 a 的资源存量。

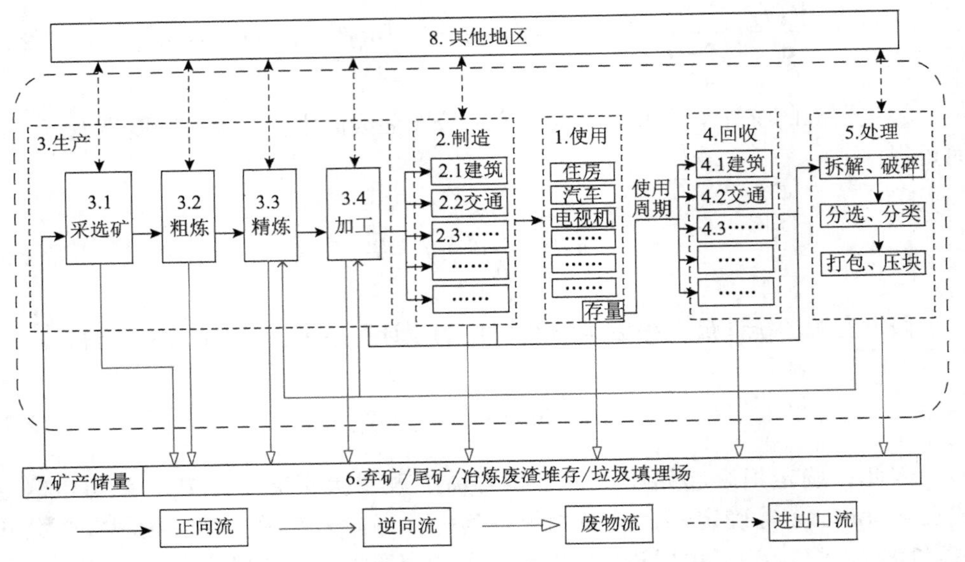

图 2-3　经济社会系统中的资源代谢核算框架

模型将矿产资源来源分为三类：国内开采 $X_{7\text{-}3}$、国外进口 $X_{8\text{-}3}$ 及资源再生利用 $X_{5\text{-}3}$。国外进口资源包括原生矿石的进口 $X_{8\text{-}3.1}$，加工材料进口 $X_{8\text{-}3.2}$、$X_{8\text{-}3.3}$、$X_{8\text{-}3.4}$，产品进口 $X_{8\text{-}2}$，还有资源废料的进口 $X_{8\text{-}5}$。资源再生利用分为两个部分：资源化 $X_{5\text{-}3.3}$ 和再利用 $X_{5\text{-}3.4}$。废弃物资源回收分为两类：新废料（指生产制造过程中产生的废边角料）$X_{3\text{-}5}$、$X_{2\text{-}5}$ 及旧废料（指产品使用后报废回收的资源）$X_{4\text{-}5}$。对于产品制造行业，根据选定的金属资源可以反向筛选主要消费部门，在回收阶段按照不同的行业分类回收利用。模型假设除了 S_7、S_6 和 S_1 外没有其他存量数据，这假定经济社会系统中的物质流入等于物质流出。

上文说明了分行业存量 $S_{1,i}$（i 为主要资源消耗行业）、分行业资源需求量 $X_{2.i\text{-}1}$ 及报废量 $X_{1\text{-}4.i}$ 可由存量模型和寿命分布模型计算得到，因此，由阶段 2 和阶段 4 开始进行物质流核算，主要方法如下。

针对制造阶段：

$$X_{3\text{-}2}+X_{8\text{-}2}=\sum_{i=1}^{n}X_{2.i\text{-}1}+X_{2\text{-}5}+X_{2\text{-}7} \tag{2-10}$$

式中，n 为主要行业数量。

生产阶段：

$$X_{7\text{-}3.1}+X_{8\text{-}3.1}=X_{3.1\text{-}6}+X_{3.1\text{-}3.2} \tag{2-11}$$

$$X_{3.1\text{-}3.2}+X_{8\text{-}3.2}=X_{3.2\text{-}6}+X_{3.2\text{-}3.3} \tag{2-12}$$

$$X_{3.2\text{-}3.3}+X_{8\text{-}3.3}+X_{5\text{-}3.3}=X_{3.3\text{-}3.4}+X_{3.3\text{-}6} \tag{2-13}$$

$$X_{3.3\text{-}3.4}+X_{8\text{-}3.4}+X_{5\text{-}3.4}=X_{3.4\text{-}6}+X_{3.4\text{-}5}+X_{3\text{-}2} \tag{2-14}$$

针对生产阶段，总物质平衡式为

$$X_{7\text{-}3}+\sum_{y=1}^{4}X_{8\text{-}3.y}+X_{5\text{-}3}=X_{3\text{-}2}+\sum_{y=1}^{4}X_{3.y\text{-}6}+X_{3.4\text{-}5} \tag{2-15}$$

针对回收阶段，可以假设分行业回收率为 R_i，物质流平衡式为

$$\sum_{i=1}^{n}(X_{1\text{-}4.i}\times R_i)=X_{4\text{-}6}+X_{4\text{-}5} \tag{2-16}$$

针对处理阶段：

$$X_{4\text{-}5}+X_{3\text{-}5}+X_{8\text{-}5}=X_{5\text{-}6}+X_{5\text{-}3} \tag{2-17}$$

通过以上各个阶段的物质流公式，可以计算基准年生产环节和处理环节的技术参数，并以此为基础核算未来我国主要矿产资源的回收潜力。

4）国内资源开采模型

针对我国目前面临大部分矿产资源储量不足的事实，假设经过多年大量开采后，未来铜矿国内开采会逐年下降。联立公式即可计算未来我国每年的矿产资源开采量。

$$X_t=X_{t_0}\times(\mathrm{e}^{\frac{t-t_0}{T}})^{-1} \tag{2-18}$$

$$\sum_{t}^{T}X_t\leqslant S_{t_0} \tag{2-19}$$

式中，X_t 为 t 年国内资源开采量；T 为开采年数；S_{t_0} 为基准年国内矿产资源的基础储量。

3. 情景设定

对于物质流核算模型而言，结合情景分析是对未来发展趋势及其影响进行量

化研究的常用方法。对于我国资源代谢趋势，首先需要根据已有研究成果和历史数据，掌握国家矿产资源代谢的普遍趋势；然后结合我国目前的发展阶段，设置“城市矿产”资源开采措施，体现不同具体措施的若干减量化政策情景；最后应用资源代谢分析模型提供的核算框架，评估我国“城市矿产”资源开发潜力及其对于缓解资源环境压力及降低资源对外依存度的效果。

目前，国家为应对资源消耗面临的压力，提出了转变经济发展方式、提高资源产出率、推进再生资源发展等政策，并制定了许多专项行动和具体措施。本节将国家应对资源压力的减量化措施归纳为源头减量、消费结构调整及强化资源回收利用三类。结合三类措施与模型全生命周期的结构特征，以分行业人均资源容量 K_i 作为生产过程的主要参数、资源消费结构 C_i 作为消费过程的主要参数、报废产品回收率 R_i 作为回收利用主要参数，分析不同政策措施对“城市矿产”资源开采效果的影响。

分行业人均资源容量 K_i 是行业人均资源拥有量所能达到的最大值。根据目前世界的资源储量测算，即使资源使用效率达到目前发达国家最高水平（K_i 取现有发达国家中的最低值），铜、铁、铅等主要战略资源的储量也不能满足发展的需求。未来我国人均资源拥有量将处于世界人均水平与现有发达国家人均拥有量的阈值之间，因此本节以资源的世界人均水平与发达国家的阈值水平作为 K_i 的参数设置依据，分析资源消费强度对我国资源代谢的影响。

资源消费结构 C_i 是国家资源消费的重要影响因素。通过经济社会发展方式的转变，我国资源消费的比重逐渐调整，本节以我国目前消费结构与发达国家资源的平均消费结构作为参数，系统分析消费结构对我国矿产资源代谢的影响。

报废产品回收率 R_i 是资源回收利用的主要关键参数，提高回收率也是我国资源循环利用的重点和难点。根据国务院《循环经济发展战略及近期行动计划》和国家发改委《循环发展引领行动》，可以参照矿产资源总回收率等设定报废产品回收率 R_i 等参数，研究提高资源循环利用率对资源代谢的影响。本节综合了 3 种不同减量化措施及相关具体政策措施，设置了 5 种不同发展情景（表 2-1），每一类资源的具体情景参数设置见本书各节的资源回收潜力评估。

表 2-1　资源代谢模型的情景设定

情景名称	情景代码	基本假设	参数设置
基准情景	BAU	随着社会经济快速发展，资源人均拥有量持续增长；严峻的资源压力迫使提高资源利用率，减少资源消费；消费结构随着经济发展逐渐变化；国家再生资源回收体系和“城市矿产”示范基地建设初见成效	假设人均行业资源容量 K_i 在不超过现有技术条件下达到发达国家生活标准的阈值；消费结构 C_i 最终达到发达国家平均水平；回收率 R_i 逐渐提高，达到“十二五”资源回收率规划目标

续表

情景名称	情景代码	基本假设	参数设置
低资源消耗情景	LR	深入构建资源节约型社会，引导合理消费，寻找和使用替代材料，提高资源使用率，减少源头资源使用量	行业人均资源容量 K_i 随经济发展持续增长，但最终不超过世界资源的人均消费水平
强化回收情景	SR	持续完善再生资源回收体系建设，“城市矿产”示范基地建设效果显著	资源整体回收率 R_i 在达到规划目标后继续提高
结构不变情景	SA	消费结构调整未能实现，资源社会存量结构始终保持不变	各行业消费结构 C_i 同基准年相同
措施组合情景	CM	结构调整、提升资源利用率、强化回收等措施均实现理想效果	参照结构调整情景，低资源消耗情景和强化回收情景设定相关参数

4. 数据来源

构建模型的参数和开展情景分析，需要以大量的基础数据作为模型支撑，本节建模的主要数据来源见表 2-2。

表 2-2 资源代谢模型的数据来源

数据类型	数据来源
资源产量、消费量、再生量	《中国有色金属工业年鉴》《中国钢铁工业年鉴》
资源消费结构	再生资源产业年度报告、有色金属行业年度报废及相关文献
资源分行业使用年限	相关文献[75]、《固定资产分类折旧年限》
人口数据及预测	《中国统计年鉴》、联合国 2010 年人口预测数据
资源生产、处理环节的技术参数	《中国有色金属工业年鉴》《中国钢铁工业年鉴》及相关资源的物质流核算文献
资源进出口数据	《中国矿业年鉴》《中国有色金属工业年鉴》《中国钢铁工业年鉴》
原生资源储量数据	《中国统计年鉴》
再生资源能源环境效益系数	《再生有色金属产业发展推进计划》《废钢铁产业“十二五”发展规划建议》及相关文献

2.1.2 铜资源代谢趋势及回收潜力评估

1. 铜资源代谢现状模拟

根据数据可得性，本节以 2010 年为基准，分析我国铜资源代谢特征。首先根据 2010 年过去 5 年的历史数据，可以确定我国铜资源的主要消费行业包括电力、家用电器、交通运输、电子设备、建筑和其他行业共 6 个，它们分别消费 41%、18%、11%、8%、8%、14%的铜资源。根据《中国统计年鉴》《中国有色金属工业年鉴》《中国有色金属工业发展研究报告》及相关文献，结合物料守恒公式和铜资源消费结构，可以确定生产和处理过程技术参数和资源进出口数据，得出 2010 年我国铜资源代谢情况(图 2-4)。

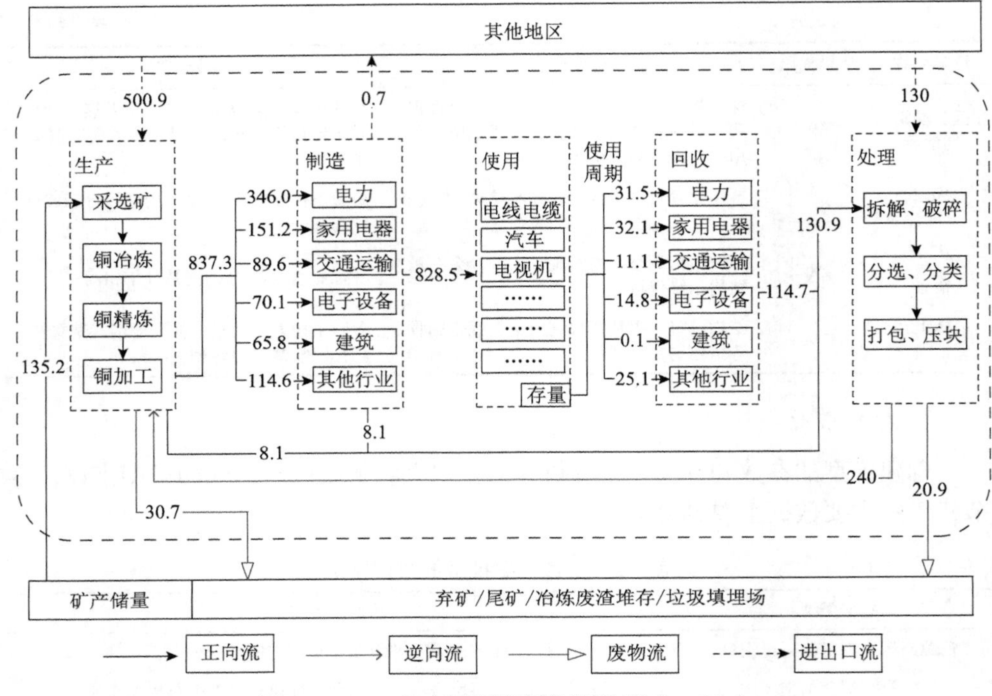

图 2-4　2010 年中国铜资源代谢图(单位：万 t)

如图 2-4 所示，2010 年我国铜资源的三个渠道来源分别为：铜资源进口 500.9 万 t、国内原生铜开采 135.2 万 t 及铜资源再生利用 240 万 t(其中国内铜资源回收利用 130.9 万 t、国外进口废杂铜 130 万 t)。由此可知，国内铜资源的供应率约为 29.7%，其中原生铜资源供应占 15.1%，国内废铜再生占 14.6%；铜资源对外依存度为 70.3%左右。

2. 情景及参数设定

对行业的人均铜资源社会容量、铜资源行业消费结构及资源回收率设定 5 个情景，以研究不同减量化措施对未来中国铜资源代谢的定量影响。

1) 基准情景(BAU)

由于严峻的资源压力，人均铜资源拥有量最大值不超过现有技术条件下达到发达国家生活水平的阈值(现状下的最优值)；消费结构逐渐由以电力等基础设施为主导的行业结构调整为以生活服务为主导的结构，最终达到发达国家的平均水平；此时各行业的人均社会容量阈值分别为电力 44kg，家用电器 10kg，交通运输 10kg，电子设备 20kg，建筑 100kg，其他行业 16kg；国家再生资源回收体系和城市矿产示范基地建设初见成效，各行业回收率在 2010 年的基础上每年提升 1%，达到《循环经济发展战略及近期行动计划》和《循环发展引领行动》中“十二五”

“十三五”期间的再生资源回收利用率目标。

2)结构不变情景(SA)

结构调整未能实现，资源社会存量结构与基准年相比保持不变，人均资源拥有量与资源回收率的相关设置与基准情景相同，此时各行业的人均社会容量分别为电力 82kg，家用电器 36kg，交通运输 22kg，电子设备 16kg，建筑 16g，其他行业 26kg。

3)低资源消耗情景(LR)

在深入构建资源节约型社会的同时，引导合理消费，加强开发和引进先进再生铜技术，寻找和使用铜替代材料，提高资源使用率，人均铜资源拥有量随经济发展持续增长，但最终不超过世界铜资源人均消费水平。此时铜资源各行业人均社会容量限值分别为电力 37.8kg，家用电器 8.6kg，交通运输 8.6kg，电子设备 17.2kg，建筑 85.6kg，其他行业 13.7kg。

4)强化回收情景(SR)

国家持续完善再生资源回收体系建设，城市矿产示范基地建设效果显著。《循环经济发展战略及近期行动计划》《“十二五”国家战略性新兴产业发展规划》《“十二五”资源综合利用指导意见》及《再生资源回收体系建设中长期规划(2015—2020 年)》等规划中的资源回收目标圆满实现并持续发挥着重要作用，此时各行业回收率以基准年起每年提高 1%直至总回收率提高 20%，“十三五”期间《循环发展引领行动》进展顺利，其他参数与基准情景相同。

5)措施组合情景(CM)

结构调整、提升资源利用率、强化回收等措施均实现理想效果。参照结构调整情景、低资源消耗情景和强化回收情景设定相关参数。

3. 资源回收潜力及减量化评估

采用 Weibull 分布表征资源的寿命分布函数，依据模型公式及表 2-3 中的参数计算各行业铜资源的寿命分布概率。

表 2-3　资源寿命分布参数

行业	服务年限	平均预期年限
电力	10～25	15.5
家用电器	6～15	10.0
交通运输	10～16	12.2
电子设备	5～15	8.6
建筑	23～40	29.3
其他行业	5～15	8.6

基准情景的模拟结果如图 2-5* 所示，图 2-5 中分别显示了 6 个行业对铜资源的需求量、报废量、累计量及不同来源铜资源的消费变化趋势。

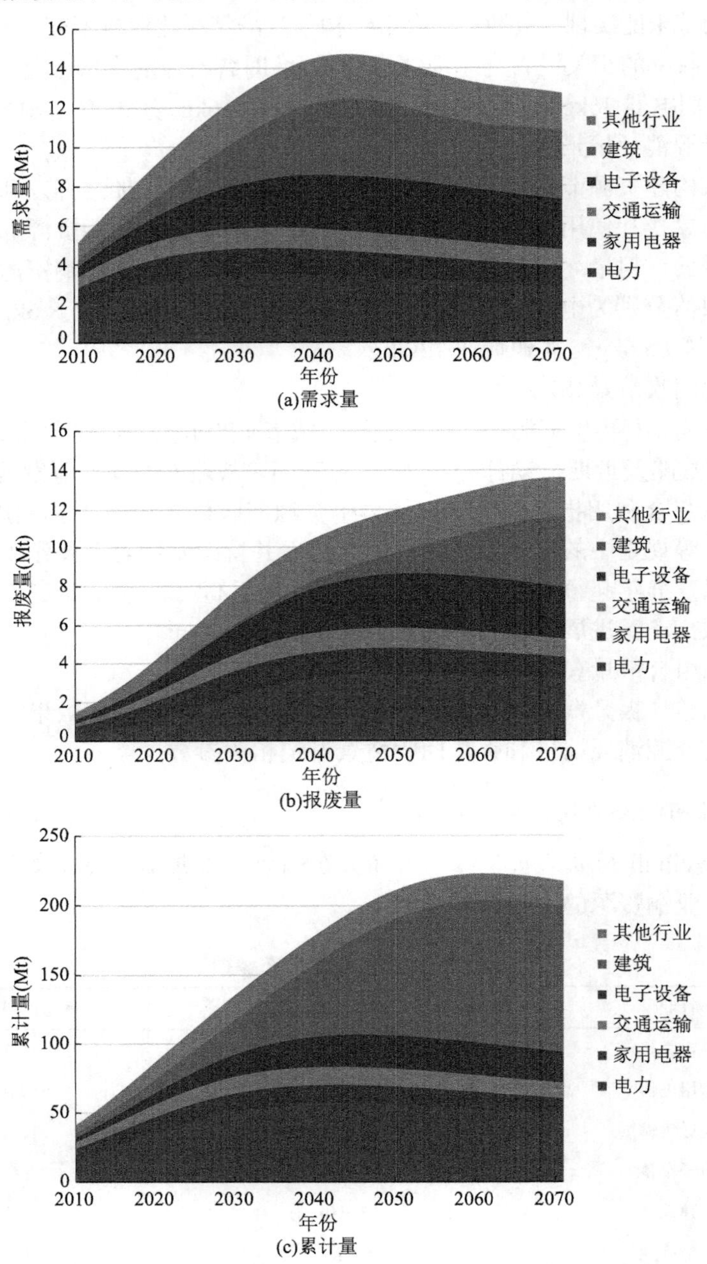

(a)需求量

(b)报废量

(c)累计量

* 扫封底二维码可见本书彩图。

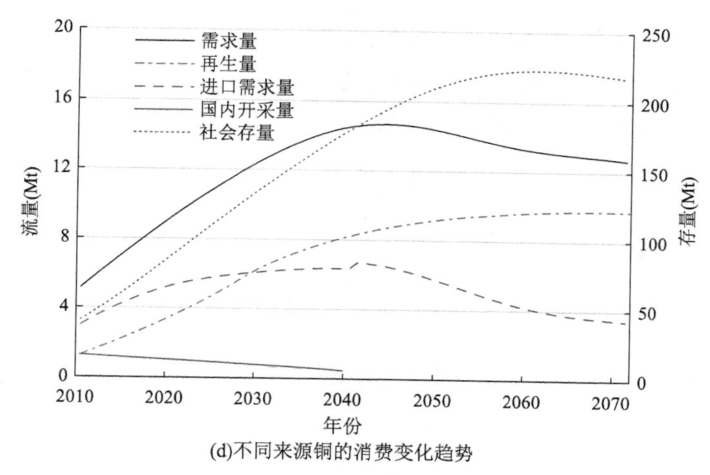

(d)不同来源铜的消费变化趋势

图 2-5　基准情景下铜资源流量存量的代谢预测结果

分行业结果显示：电力行业的铜资源累计量在 2010 年的基础上不断增加，在 2020 年以后增速放缓，并在 2040 年前后存量达到峰值并基本维持稳定；家用电器、交通运输及其他行业的铜资源累计量基本保持动态平衡；电子设备行业的累计量将会略有增加；2030 年以后建筑行业相关的铜资源累计量将极大地提高，并最终成为我国铜资源储量最多的行业。

铜资源储量的增加意味着消费量的增加。电力行业和电子设备行业的铜资源需求量将逐渐增加并在 2030 年达到动态平衡，建筑行业的增幅最大，将在 2040 年左右达到平衡。

对于国内废杂铜的主要来源，2010～2020 年电力和家用电器行业的废铜资源是主要的报废来源。2020 年以后电力和电子设备成为报废量最大的两个行业，2050 年以后建筑废铜将后来居上，替代电力行业成为我国废铜的主要来源。

结合不同的减量化措施分析我国铜资源代谢整体趋势：2010～2040 年是我国铜社会存量的快速积累期，之后随着中国人口数量回落及人均拥有量增速的放缓，铜资源社会存量增速放缓，并在 2060 年前后达到峰值，介于 190Mt（LR）～220Mt（BAU）之间。与 2010 年相比，社会存量将增加 4～5 倍，将会成为未来中国最可靠的“铜矿石”资源（是目前中国铜矿基础储量的 6.7～7.8 倍）。中国铜消费需求将于 2040 年达到峰值（12.7～14.6Mt）。进口需求量在 2020 年以后趋于稳定，2030 年以后会随着再生铜产量的提高而逐渐下降。未来废杂铜的报废量和再生铜产量在 2010～2030 年处于快速增长阶段，2030 年以后增速放缓。

我国铜资源的三个来源渠道：国内铜矿开采、废铜再生和铜资源进口。2011 年，我国铜矿基础储量只有 28.1Mt，如果以 2010 年的开采量计算，铜矿 20 年就会被消耗殆尽，因此不能成为资源可持续供给的可靠来源。社会存量低、含铜资源使用寿命较长、再生资源回收率较低等现状导致目前再生铜产量偏低，以进口铜为主的消费结构还将延续10～15年。2025～2030年，再生铜将超过进口铜成为中国铜资源供给的主要渠道(图2-6)。

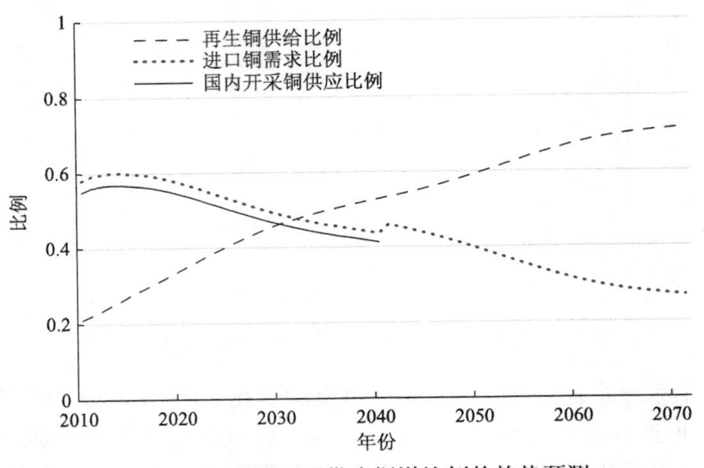

图2-6　铜资源不同供应渠道比例的趋势预测

比较不同措施对我国铜资源代谢趋势的影响(图2-7)，相对于BAU，LR的资源需求峰值和进口需求峰值有所下降(峰值时分别下降了13.2%和14.5%)，但资源供给结构和趋势没有发生变化。SR相较于BAU，由于2025年以前废杂铜产量不高，所以其对于整个铜资源代谢整体影响很小，但随着社会存量不断积累和理论报废量的不断增加，再生铜产量有明显的提高(2030～2040年，再生铜产量提高15.4%；2040～2050年，再生铜产量提高16.9%)，资源替代比例也显著提高(2030年，进口铜需求量减少12%，再生铜供应比例提高5.9%；2040年，进口铜需求量减少20.5%；再生铜供应比例提高16%)。

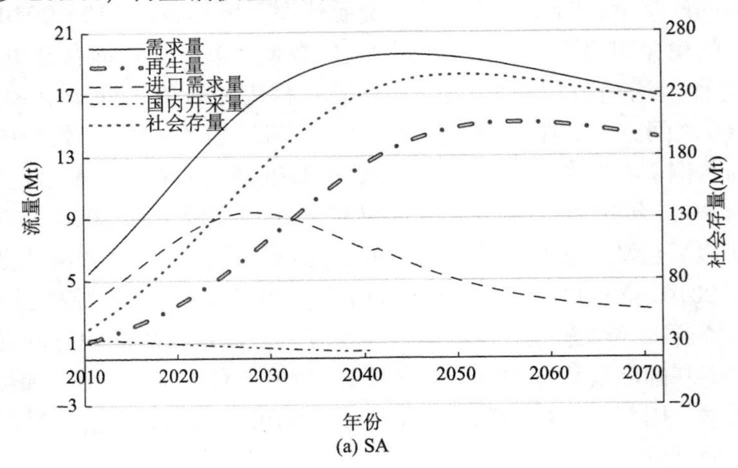

(a) SA

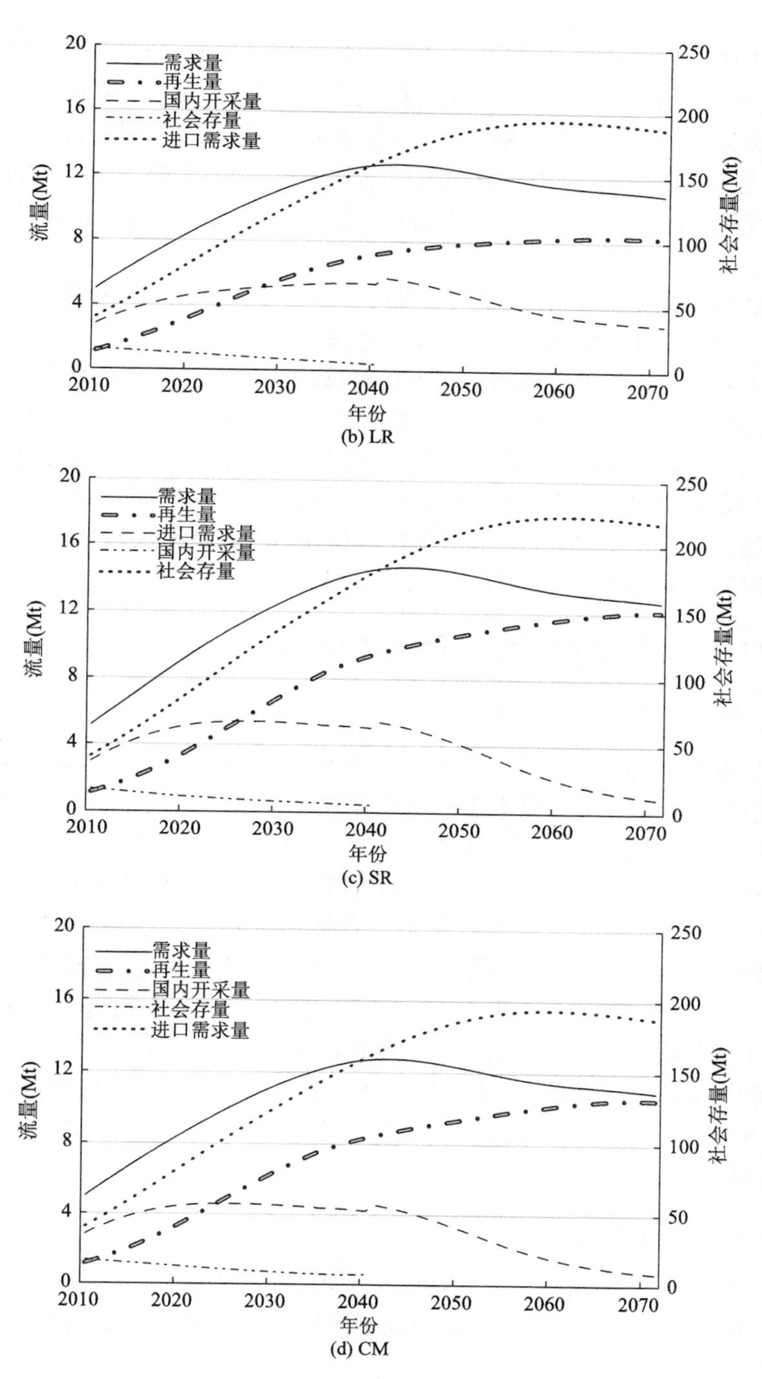

图 2-7　不同措施对铜资源代谢的存量影响

不同的行业消费结构导致了不同的社会存量结构，因此可通过社会存量的结构变化来分析消费结构对代谢特征的影响。相对于发达国家，维持我国的社会存量结构需要更多的资源投入(SA 情景峰值时资源需求量提高 34%)，并因此改变了进口铜的需求趋势。资源过度依赖进口(峰值提高 40%)不利于国家经济的持续稳定发展，进口量变化快(斜率大)也会给铜关联行业的健康持续发展带来冲击。

CM 情景的进口需求曲线相对平缓，对外依存度低；再生铜产量增速快，资源替代比例高，是 SR 和 LR 两种措施实施的理想效果。分别比较两者对 CM 的影响：LR 措施的效果主要通过减少资源总需求来降低资源对外依存度；SR 措施则通过提高再生铜的产量来增加资源供给，减少进口需求。LR 措施下，铜资源的总需求量 2020 年减少 7.8%，2050 年减少 14.2%；进口需求 2020 年减少 12.4%，2050 年减少 16.8%，长期效果比较稳定。SR 措施由于短期内废杂铜的供应不足而不理想，2020～2030 年对降低对外依存度的效果都不及 LR 明显，但未来潜力巨大(2050 年对进口资源的替代量是 LR 措施的 1.7 倍)。

2.1.3 钢铁资源代谢趋势及潜力评估

1. 钢铁资源代谢现状分析

以 2010 年为基准年分析我国钢铁资源代谢特征。首先，根据过去 5 年的历史数据确定我国钢铁资源主要消费行业包括建筑、交通、机械、耐用消费品和其他共 5 个行业，它们分别消费了 59%、13%、20%、5%、3%的钢铁资源。以此消费结构为基础，根据《中国统计年鉴》《中国钢铁工业年鉴》《中国矿业年鉴》、中国海关数据及相关文献，结合物料守恒公式确定生产和处理过程技术参数和资源进出口数据，得出 2010 年我国钢铁资源代谢分析图(图 2-8)。

如图 2-8 所示，2010 年，我国钢铁资源的三个来源渠道分别为：钢铁进口 3.3 亿 t、国内原生矿开采 3.2 亿 t 及废钢再生利用 8600 万 t(其中国内钢铁资源回收利用 9010 万 t、国外进口废钢铁 550 万 t)。由此可知，国内钢铁资源的供应率为 54.7%，其中原生资源供应占 43.1%，国内废钢铁再生占 11.6%；钢铁对外依存度为 45%。

2. 情景及参数设定

根据 2.1.1 节的情景设置原则，对行业的人均钢铁社会容量、钢铁行业消费结构及资源回收率设定 5 个情景以研究不同减量化措施对未来中国钢铁代谢的定量影响。

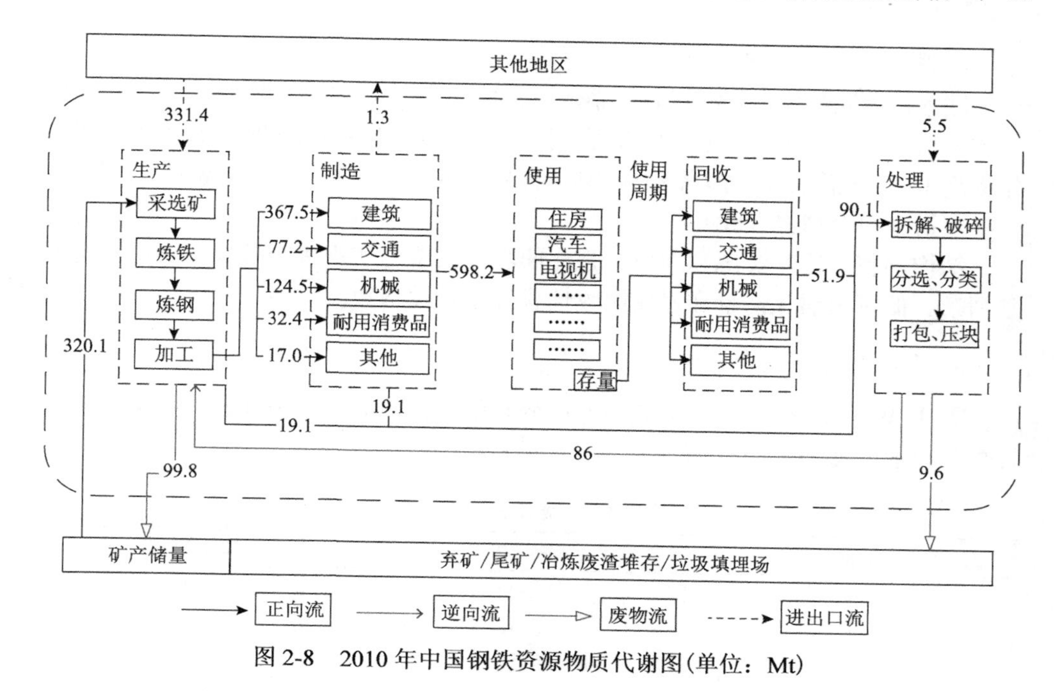

图 2-8　2010 年中国钢铁资源物质代谢图(单位：Mt)

1)基准情景(BUA)

由于国内铁矿石严重不足，假定人均钢铁拥有量最大值不超过现有技术条件下达到发达国家生活水平的阈值(现状下的最优值)；消费结构逐渐转变为发达国家的平均水平；此时各行业的人均社会容量限值分别为建筑 5.7t、交通 2.3t、机械 2.1t、耐用消费品 0.6t 与其他 0.8t；国家再生资源回收体系和城市矿产示范基地建设初见成效，各行业回收率在 2010 年的基础上每年提升 1%，共提升 5%，达到《循环经济发展战略及近期行动计划》中“十二五”矿产资源回收率比“十一五”提高 5%、主要再生资源回收率达到 70%的目标，以及国家《循环发展引领行动》有关再生资源回收和矿产资源综合利用的目标。

2)结构不变情景(SA)

结构调整未能实现，资源社会存量结构保持与基准年不变，人均资源拥有量与资源回收率的相关设置与基准情景相同，此时各行业的人均社会容量分别为建筑 6.8t、交通 1.4t、机械 2.3t、耐用消费品 0.6t 与其他 0.3t。

3)低资源消耗情景(LR)

在深入构建资源节约型社会的同时，引导合理消费，加强开发和引进先进废钢冶炼技术，寻找和使用替代材料，提高资源使用率，人均钢铁资源拥有量随经济发展持续增长，但最终不超过世界钢铁资源的人均消费水平。此时各行业人均社会容量限值分别为建筑 5.1t、交通 2.1t、机械 1.9t、耐用消费品 0.5t 与其他 0.7t。

4）强化回收情景（SR）

国家持续完善再生资源回收体系建设，城市矿产示范基地建设效果显著。实际回收率均高于国家相关规划目标并形成持续效果，此时各行业回收率以基准年起每年提高1%直至总回收率提高15%，到达世界先进水平。其他参数与基准情景相同。

5）措施组合情景（CM）

结构调整、提升资源利用率、强化回收等措施均实现理想效果。参照结构调整情景、低资源消耗情景和强化回收情景设定相关参数。

3. 资源潜力及减量化评估

采用 Weibull 分布表征资源的寿命分布函数，依据模型公式及表 2-4 的参数计算各行业的寿命分布概率。

表 2-4 资源寿命分布参数

行业	服务年限	平均预期年限
建筑	23～40	29.3
交通	10～16	12.2
机械	10～20	13.6
耐用消费品	5～15	8.6
其他	5～15	8.6

基准情景的模拟结果如图 2-9 所示，图 2-9 中分别显示了 5 个行业钢铁资源的需求量、报废量、累计量及 BAU 情景下钢铁资源的总体代谢趋势。分行业结果显示：我国钢铁资源社会存量主要累积于建筑中，占总社会存量的 50%左右；钢铁资源累计量在 2010 年的基础上不断增加，在 2020 年以后增速放缓，并在 2030 年前后存量达到峰值并基本维持稳定；其他行业的钢铁资源累计量随时间略有增加。

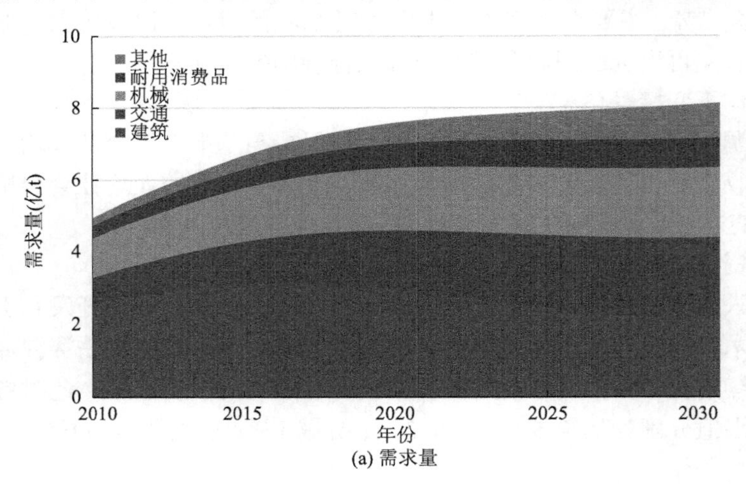

(a) 需求量

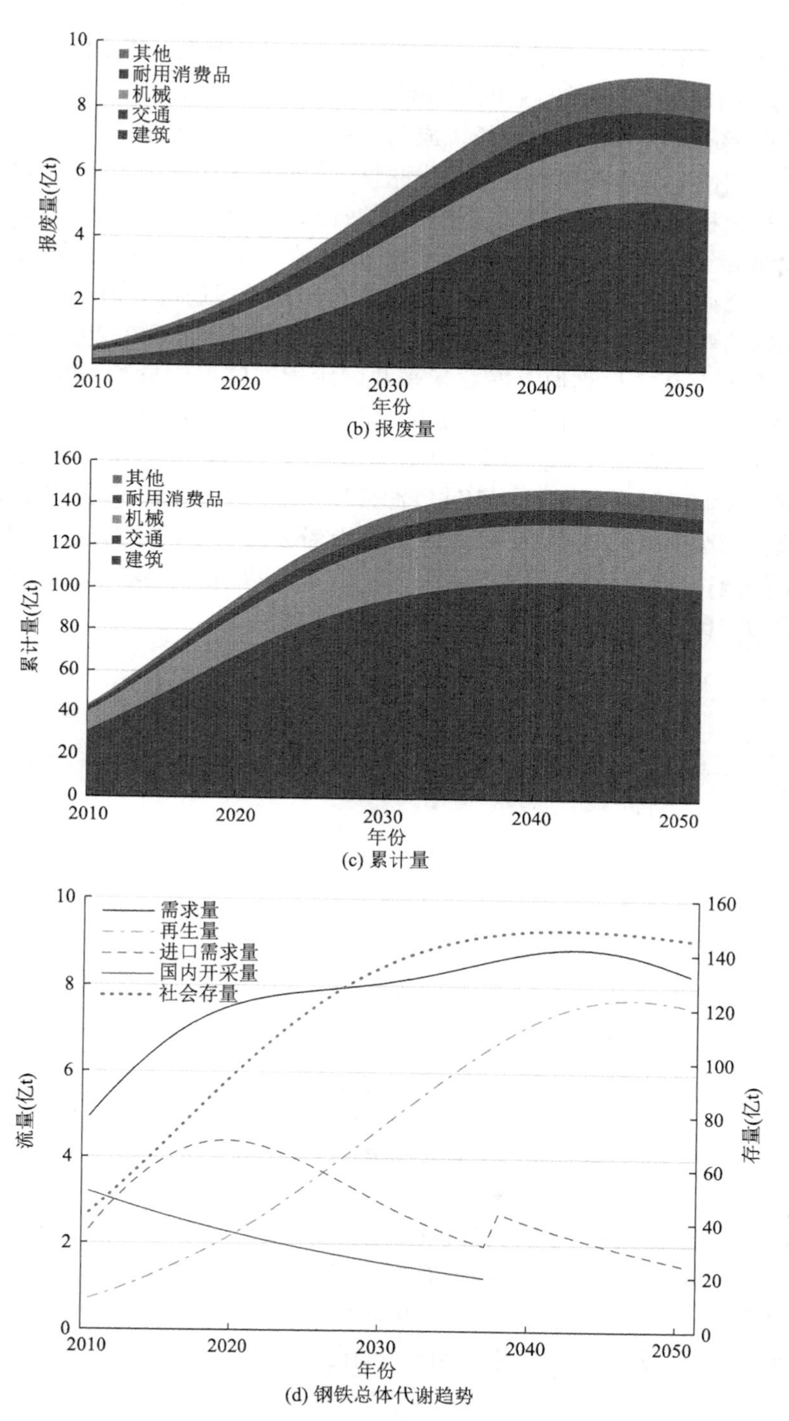

图 2-9　基准情景下钢铁资源流量存量趋势图

建筑行业对钢铁的需求量在2010年的基础上缓慢增加，于2015年左右达到峰值并逐渐下降。由于建筑行业的钢铁使用寿命较长，直至2030年以后，建筑行业的钢铁报废量才会开始迅速增长，成为废钢最大的主要来源。

结合不同情景分析我国钢铁资源代谢整体趋势：2010～2030年是我国钢铁社会存量的快速积累期，之后随着主要行业的资源接收容量趋于饱和，以及主要行业资源代谢的漫长周期导致社会存量增速放缓，在2035年前后达到峰值，与2010年相比，社会存量将增加2～2.5倍，将会成为未来中国稳定的钢铁资源来源。未来中国钢铁消费需求将于2020年以后趋于缓和。进口需求量在2015～2020年之间达到最大值并在之后迅速下降。未来我国废钢铁的报废量和回收利用量将于2020～2040年处于快速增长阶段，是我国发展废钢铁产业的机遇期。

我国铁矿基础储量远不能满足2010年以来的开采量，不可能成为资源可持续供给的可靠来源。社会存量低、钢铁资源使用寿命较长、再生资源回收率较低等现状导致目前废钢铁回收利用量低，不足以弥补发展带来的资源缺口。以进口铁矿石为主的消费结构还将延续10年左右。2025年以后，废钢铁再生利用将超过进口量成为中国钢铁行业供给的主要渠道(图2-10)。

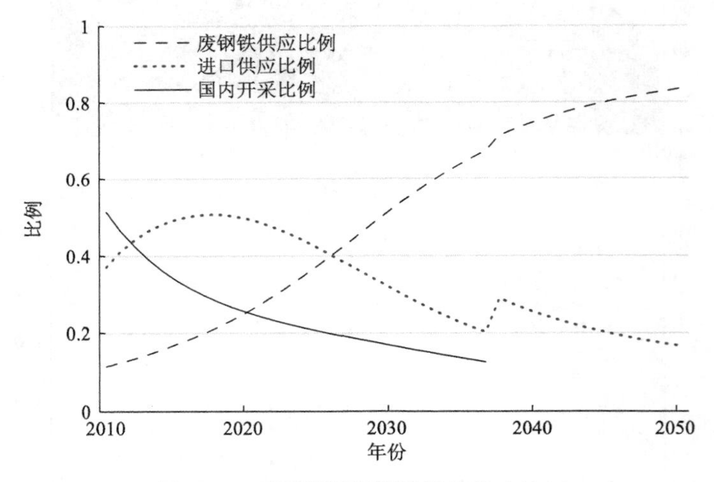

图2-10　不同渠道的钢铁资源供应比例

比较不同措施对我国钢铁资源代谢趋势的影响。如图2-11所示，相对BAU，LR的资源需求峰值和进口需求峰值有所下降(峰值时分别下降了9%和13%)，但资源供给结构和趋势没有发生变化。SR相较于BAU，提高10%的废钢铁回收率能减少8%的对外依存度，废钢铁供应比例提高7%。

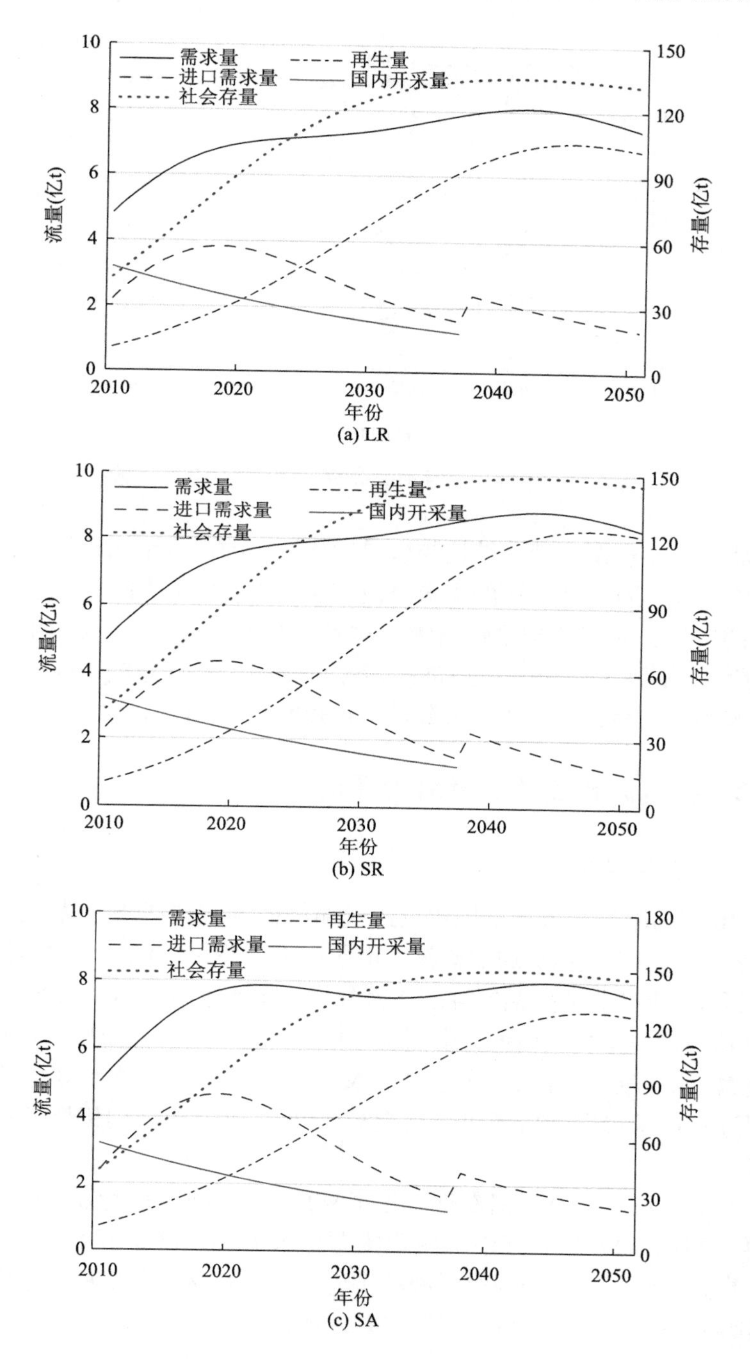

需求量
再生量
进口需求量
国内开采量
社会存量
流量(亿t)
存量(亿t)
年份
(a) LR
需求量
再生量
进口需求量
国内开采量
社会存量
流量(亿t)
存量(亿t)
年份
(b) SR
需求量
再生量
进口需求量
国内开采量
社会存量
流量(亿t)
存量(亿t)
年份
(c) SA

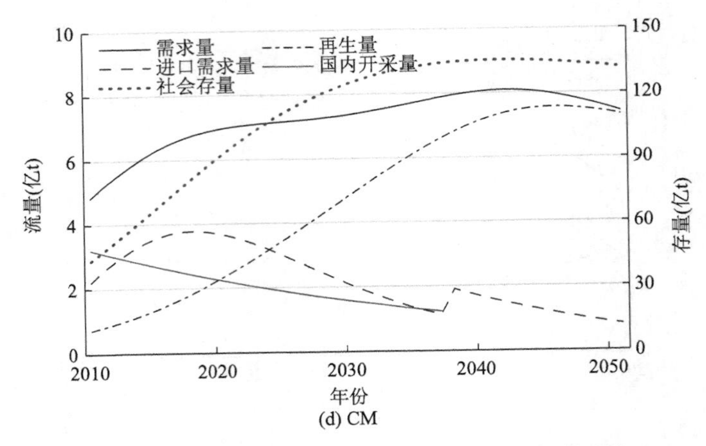

(d) CM

图 2-11 不同措施对钢铁资源存量流量的代谢影响

目前我国钢铁资源的消费结构与世界发达国家的消费结构相类似，结构调整带来的影响体现在对钢铁资源的需求峰值有所增加。CM 情景中，通过 SR 和 LR 两种措施的实施，使得我国钢铁资源的对外依存度由 2015～2020 年之间最高的 60%，有望快速下降至 2030 年的 30%以下，随废钢铁报废量的不断增加进一步提高原生资源的替代率，最终能将资源进口量控制在 10%以下。

2.1.4 铝资源代谢趋势及潜力评估

1. 铝资源代谢现状分析

以 2010 年为基准年分析我国铝资源代谢特征。首先根据历史数据确定我国铝资源主要消费结构，包括交通、机械、电子电力、建筑、包装、耐用消费品和其他共 7 个行业，年平均消费铝资源的比例分别为 17%、7%、16%、39%、4%、14%、3%。基于这种消费结构，根据《中国统计年鉴》《中国有色金属工业年鉴》《中国有色金属工业发展研究报告》及相关文献的数据，结合物料守恒公式确定生产和处理过程技术参数和资源进出口数据，得出 2010 年我国铝资源代谢分析图（图 2-12）。

如图 2-12 所示，2010 年铝资源共进口 940.2 万 t、国内原生铝开采 1121.1 万 t、铝资源再生利用 400 万 t(其中国内铝资源回收利用 215.6 万 t、国外进口废铝 239.6 万 t)。由此可知，国内铝资源的供应率为 53.1%，其中原生铝资源供应占 44.5%，国内废铝再生占 8.5%；铝资源对外依存度为 46.8%。

2. 情景及参数设定

根据 2.1.1 节的情景设置原则，对行业的人均铝资源社会容量、行业消费结构及资源回收率设定5个情景，研究不同减量化措施下我国铝资源代谢特征。

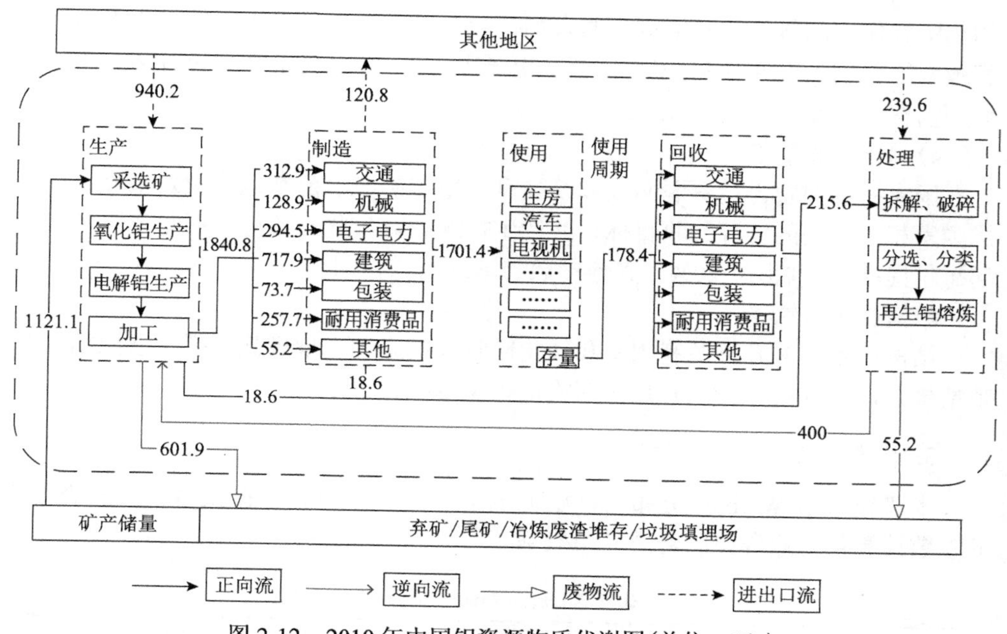

图2-12　2010年中国铝资源物质代谢图(单位：万t)

1)基准情景

与其他大宗矿产资源相比，我国铝土矿资源较为丰富，设人均铝资源拥有量最大值不超过现有技术条件下达到发达国家生活水平的平均值；消费结构逐渐调整至发达国家的平均水平；此时各行业的人均社会容量限值分别为交通123.2kg、机械30.8kg、电子电力79.2kg、建筑110kg、包装57.2kg、耐用消费品22kg、其他17.6kg；国家再生资源回收体系和城市矿产示范基地建设初见成效，各行业回收率在2010年的基础上每年提升1%，共提升5%，达到《循环经济发展战略及近期行动计划》中“十二五”矿产资源回收率比“十一五”提高5%，以及国家《循环发展引领行动》有关再生资源回收和矿产资源综合利用的目标。

2)结构不变情景

结构调整未能实现，资源社会存量结构保持与基准年不变，人均资源拥有量与资源回收率的相关设置与基准情景相同，此时各行业的人均社会容量分别为交通74.8kg、机械30.8kg、电子电力70.4kg、建筑171.6kg、包装17.6kg、耐用消费品61.6kg、其他13.2kg。

3) 低资源消耗情景

人均铝资源拥有量随经济发展持续增长，但最终不超过现状水平下发达国家的铝资源使用阈值。此时铝资源的人均社会容量限值为 343kg，各行业人均社会容量限值分别为交通 96kg、机械 24kg、电子电力 61.8kg、建筑 85.8kg、包装 44.6kg、耐用消费品 17kg、其他 13.8kg。

4) 强化回收情景

国家持续完善再生资源回收体系建设，城市矿产示范基地建设效果显著。完成国家相关规划的资源回收目标，并产生持续影响。此时各行业回收率以基准年起每年提高 1%共提高 20%。其他参数与基准情景相同。

5) 措施组合情景

结构调整、提升资源利用率和强化回收等措施均实现理想效果。参照结构调整情景、低资源消耗情景和强化回收情景设定相关参数。

3. 资源潜力及减量化评估

本研究采用 Weibull 分布表征资源的寿命分布函数，依据模型公式及表 2-5 的参数计算各行业资源的寿命分布概率。

表 2-5 资源寿命分布参数

行业	服务年限	平均预期年限
交通	10～16	12.2
机械	10～20	13.6
电子电力	10～25	15.5
建筑	23～40	29.3
包装	1	1.0
耐用消费品	5～15	8.6
其他	5～15	8.6

基准情景的模拟结果如图 2-13 所示，图中分别显示了 7 个行业铝资源的需求量、报废量、累计量及基准情景下铝资源的总体代谢趋势。分行业结果显示：我国铝资源社会存量主要累积在交通与建筑中，各行业的铝资源存量将在 2030 年之前不断累积，之后将保持动态稳定。

包装行业是我国对铝资源需求量增长最快的行业，2010～2040 年间包装对铝资源的需求量，将由中国铝资源需求总量的 20%提高至 70%。包装物的寿命周期短，导致包装行业废铝产生量随之不断增加，这是我国发展再生铝的主要供应渠道。

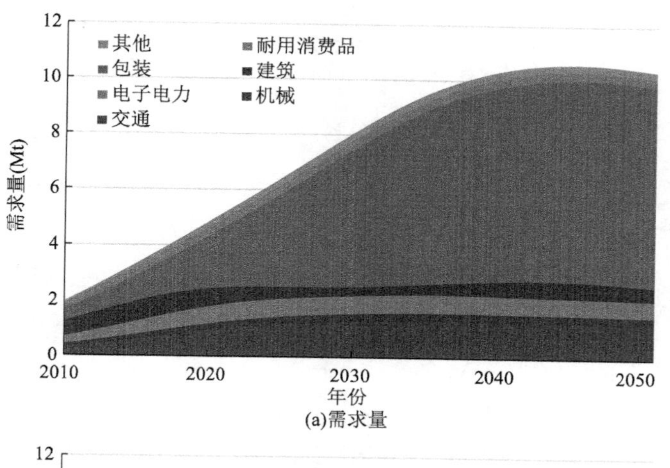

(a)需求量

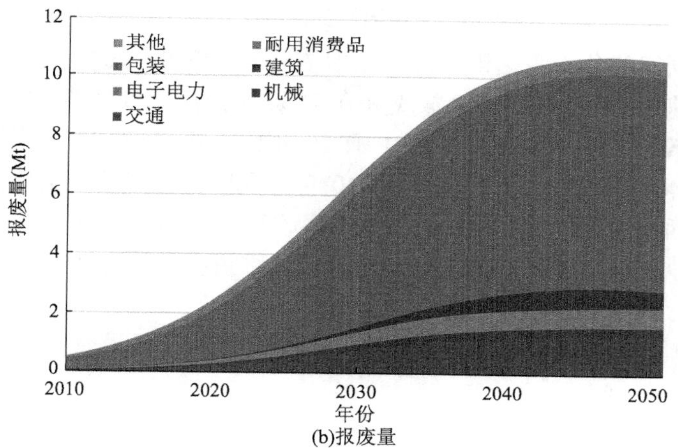

(b)报废量

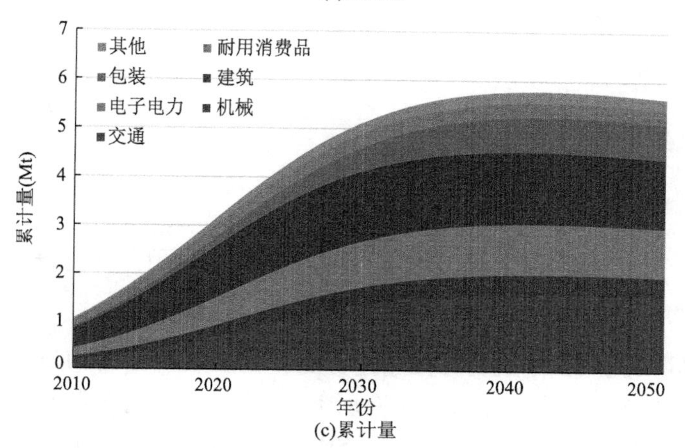

(c)累计量

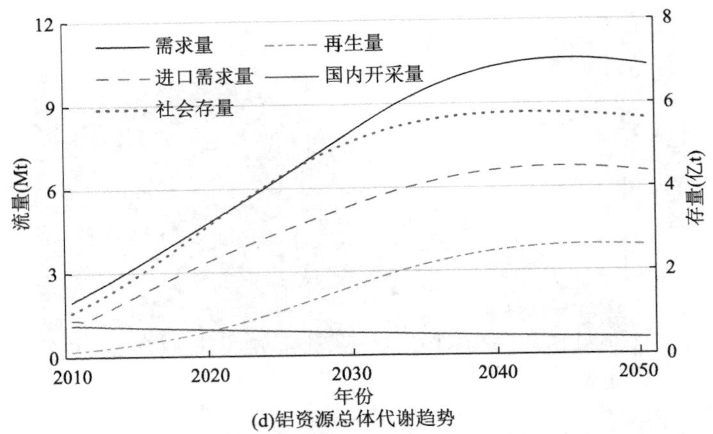

图 2-13 基准情景下中国铝资源存量流量的代谢趋势图

结合不同情景分析我国铝资源代谢整体趋势：2010～2020 年是我国铝资源社会存量的快速积累期，随后增速放缓并在 2030 年前后达到峰值，与 2010 年相比，社会存量将增加 3.3～4.5 倍。未来中国 20 年内铝资源消费需求将保持快速增长趋势，于 2040 年到达峰值。2020～2040 年，我国再生铝的产量也会不断增加，但由于废铝回收率低的现实(2010 年废铝回收率不到 30%)，再生铝替代原生铝的总量有限，导致未来对进口的需求量将会长期维持在高位(50%～60%，图 2-14)。

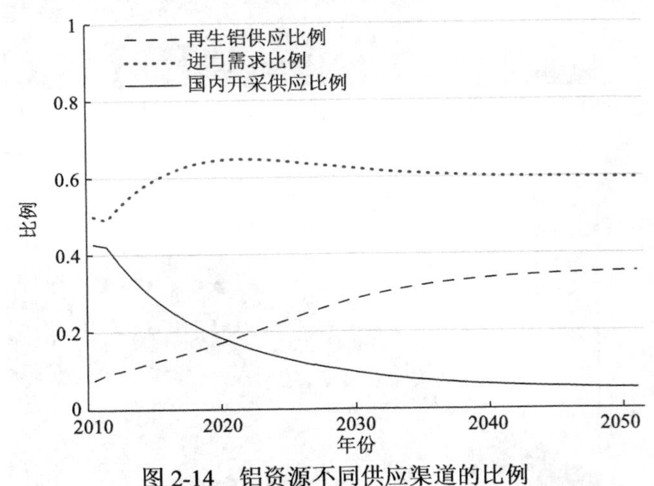

图 2-14 铝资源不同供应渠道的比例

比较不同措施对我国铝资源代谢趋势的影响。如图 2-15 所示，相对 BAU，LR 的资源需求峰值和进口需求峰值有所下降(峰值时分别下降了 21%和 23%)，但资源供给结构和趋势没有发生变化。SR 相较于 BAU，通过强化资源回收利用使得再生铝资源替代比例增加了 13.7%，对外依存度降低了 15.2%。SA 与 BAU 相比，包装行业存量的变化导致对未来铝资源需求量的强烈变化，我国铝资源的需求量将在 2020 年达到峰值并维持基本稳定。CM 情景是 SR 和 LR 两种措施效果的叠加，相比于 BAU，铝资源需求量和进口需求量都有大幅度的减少，资源替代比例也有显著提高。

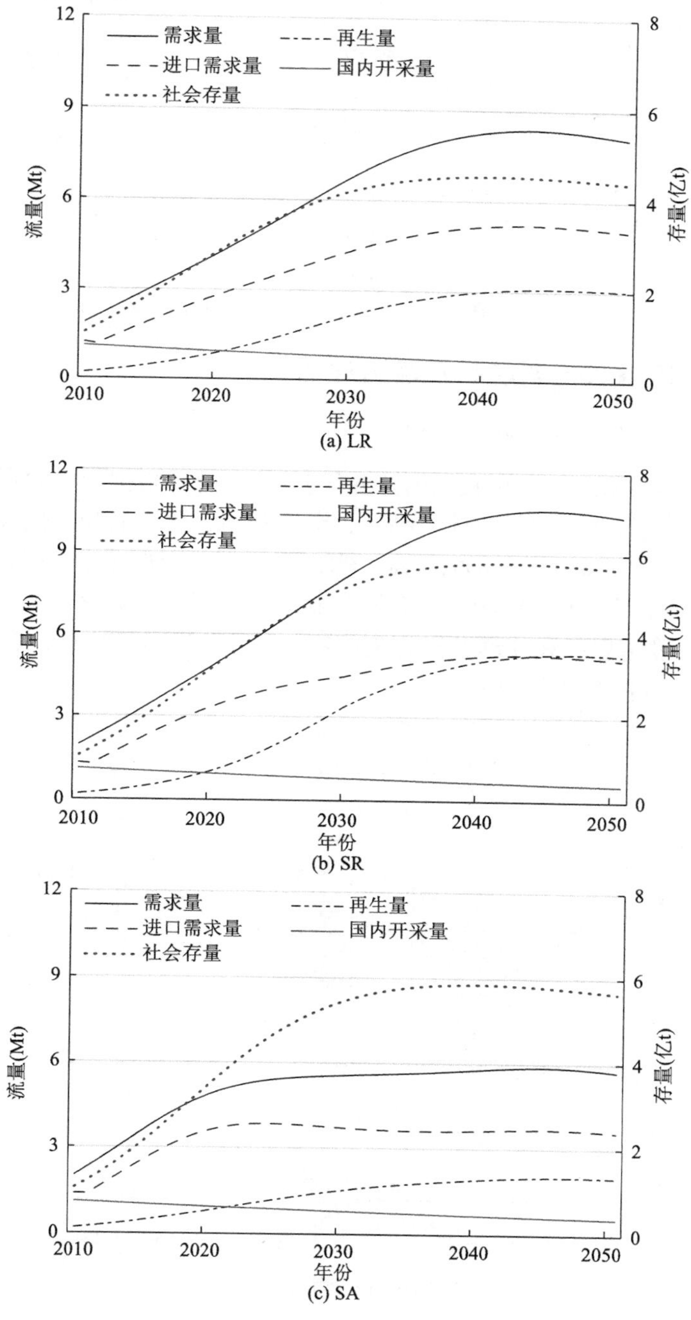

(a) LR

(b) SR

(c) SA

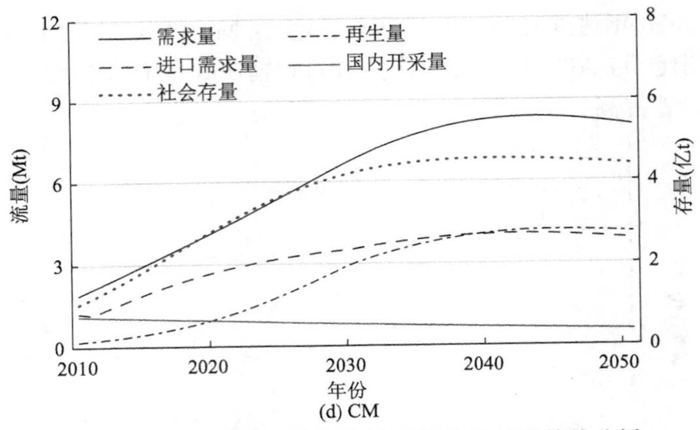

图 2-15　不同情景下铝资源存量流量的代谢趋势分析

2.1.5　铅资源代谢趋势及潜力评估

1. 铅资源代谢现状分析

以 2010 年为基准年分析我国铅资源代谢特征。首先根据历史数据确定我国铅资源的主要消费行业，包括电池、颜料、金属制品、化学品和其他共 5 个行业，它们分别消费了 78%、7%、8%、6%、1%的铅资源。根据《中国统计年鉴》《中国有色金属工业年鉴》《中国有色金属工业发展研究报告》及相关文献，结合物料守恒公式，确定生产和处理过程的技术参数和资源进出口数据，得出 2010 年我国铅资源代谢分析图(图 2-16)。

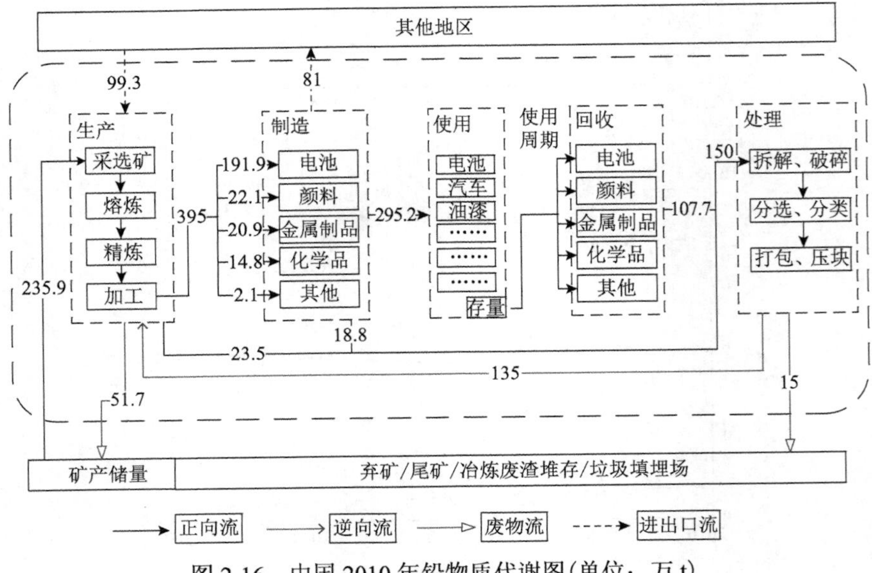

图 2-16　中国 2010 年铅物质代谢图(单位：万 t)

如图 2-16 所示，2010 年我国铅资源进口 99.3 万 t、国内原生铅开采 235.9 万 t、铅资源再生利用 135 万 t(国内铅资源回收利用 150 万 t)。由此可知，国内铅资源的供应率为 78.8%，其中原生铅资源供应占 50%，国内废铅再生量占 28.8%；铅资源对外依存度为 21%。

2. 情景及参数设定

对行业的人均铅资源社会容量、铅资源行业消费结构及资源回收率设定 4 个情景，研究不同减量化措施对未来中国铅资源代谢的定量影响。

1) 基准情景

由于严峻的资源压力，人均铅资源拥有量最大值不超过现有技术条件下发达国家生活水平的阈值；消费结构逐渐由以电力等基础设施为主导的行业结构调整为以生活服务为主导的行业结构，最终达到发达国家的平均水平；此时各行业的人均社会容量限值分别为电池 23.4kg、颜料 2.6kg、金属制品 1.8kg、化学品 1.0kg、其他 2.2kg。国家再生资源回收体系和城市矿产示范基地建设初见成效，各行业回收率在 2010 年的基础上每年提升 1%共提升 5%，达到《循环经济发展战略及近期行动计划》中“十二五”矿产资源回收率比“十一五”提高 5%，以及国家《循环发展引领行动》有关再生资源回收和矿产资源综合利用的目标。

2) 低资源消耗情景

在深入构建资源节约型社会的同时，引导合理消费，加强开发和引进先进再生铅技术，提高资源使用率，人均铅资源拥有量随经济发展持续增长，但最终不超过世界铅资源人均消费水平。此时铅资源的人均社会容量限值为 24.6kg，各行业人均社会容量限值分别为电池 18.6kg、颜料 2.1kg、金属制品 1.5kg、化学品 0.8kg、其他 1.6kg。

3) 强化回收情景

国家持续完善再生资源回收体系建设，城市矿产示范基地建设效果显著。《循环经济发展战略及近期行动计划》《“十二五”国家战略性新兴产业发展规划》《“十二五”资源综合利用指导意见》及再生资源回收体系建设试点工作等规划中的资源回收目标圆满实现并持续发挥重要作用，此时各行业回收率以基准年起每年提高 1%直至总回收率提高 20%，达到国家《循环发展引领行动》有关再生资源回收和矿产资源综合利用的目标。其他参数与基准情景相同。

4) 措施组合情景

结构调整、提升资源利用率和强化回收等措施均实现理想效果。参照结构调整情景、低资源消耗情景和强化回收情景设定相关参数。

3. 资源潜力及减量化评估

本研究采用 Weibull 分布表征资源的寿命分布函数，依据模型公式及表 2-6

的参数计算各行业铅资源的寿命分布概率。

表 2-6 资源寿命分布参数

行业	服务年限	平均预期年限
电池	1～3	2.0
颜料	5～15	8.6
金属制品	10～20	13.6
化学品	1	1.0
其他	5～15	8.6

基准情景的模拟结果如图 2-17 所示，图 2-17 中分别显示了 5 个行业铅资源的需求量、报废量、累计量及基准情景下铅资源的总体代谢趋势。分行业结果显示：我国铅资源社会存量主要累积在电池行业中，占总社会存量的 75%以上；电池行业铅资源累积量在 2010 年的基础上不断增加，在 2025 年以后增速放缓，并在 2030 年前后存量达到峰值并维持动态平衡。

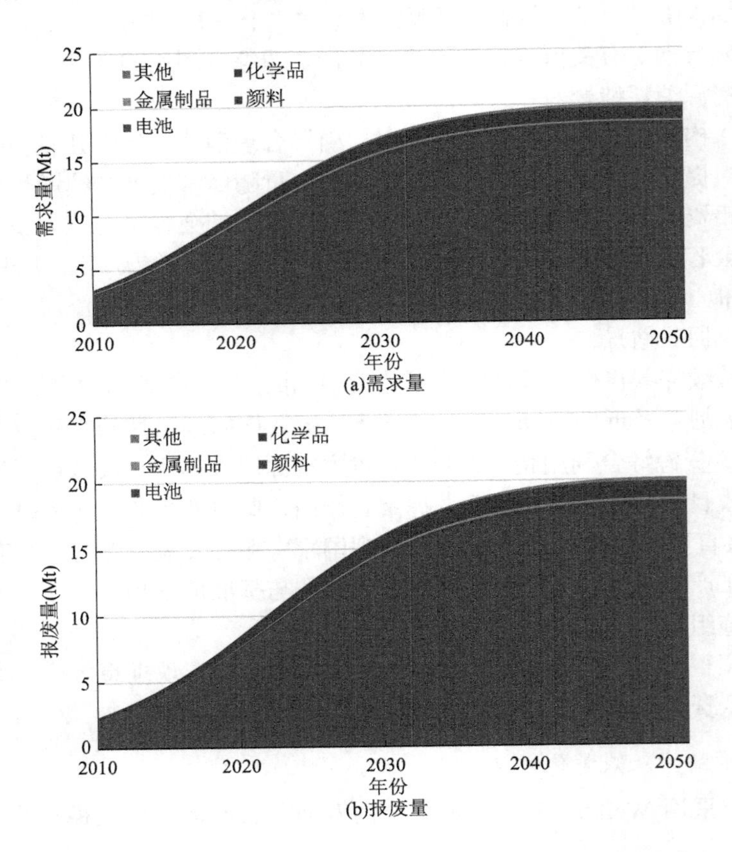

(a)需求量

(b)报废量

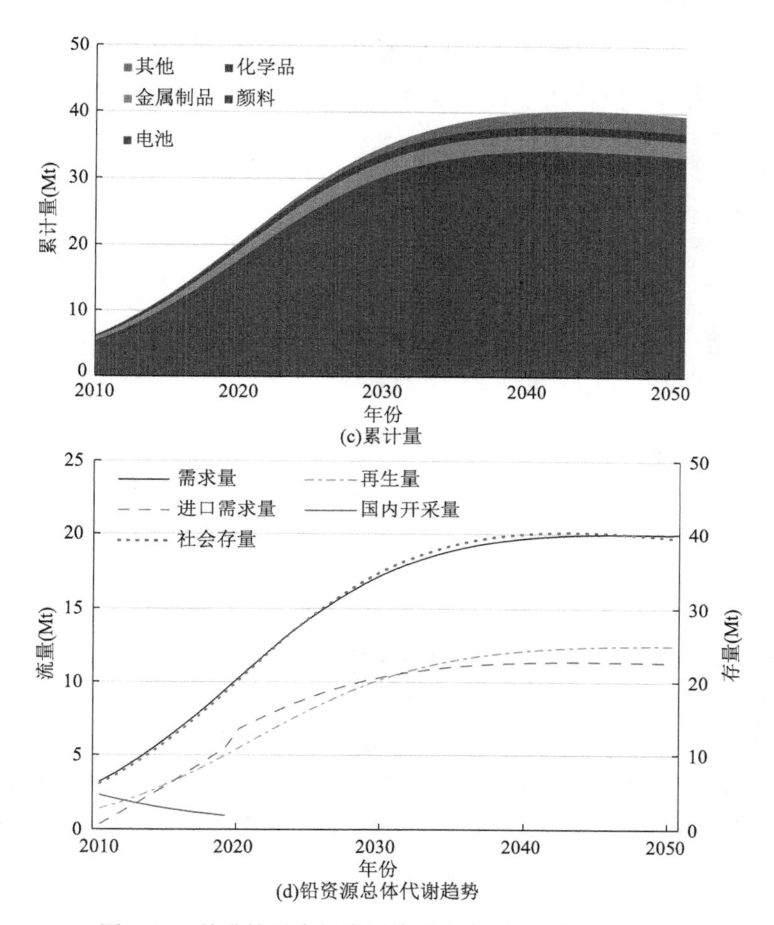

图 2-17　基准情景中铅资源流量与存量的代谢变化趋势

铅资源的报废量和需求量的趋势与存量特征相类似，因此电池行业的废铅回收利用是发展再生铅行业的关键所在。

结合不同的情景分析我国铅资源代谢整体趋势：2010～2030 年是我国铅资源社会存量的快速积累期，之后增速放缓，并在 2040 年前后达到峰值，介于 32Mt（LR）～40Mt（BAU）之间。与 2010 年相比，社会存量将增加 4.2～5.4 倍，将会成为未来中国最可靠的铅资源（是目前中国原生铅基础储量的 2.5～3.1 倍）。未来中国铅资源消费需求将于 2040 年达到峰值。进口需求量在 2030 年以后趋于稳定。废铅的报废量和再生铅产量在 2010～2030 年处于快速增长阶段，2030 年以后基本维持稳定状态。

2011 年，我国铅资源基础储量只有 1291.7 万 t，以目前开采速度计算，2020 年之前就将被消耗殆尽。因此，如图 2-18 所示，国内原生铅主导的资源产业结构将很快发生重大转变，2015 年以后，再生铅将成为我国铅资源消费的主要来源渠道，再生铅产量占我国铅资源的需求量将提高 20%左右。国内铅资源的停止开采将在短期内导致对外依赖性增加，2030 年以后将逐渐减少并趋于稳定。

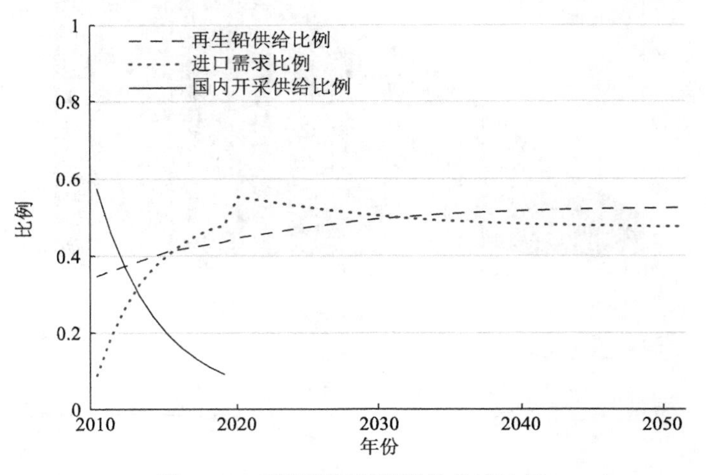

图 2-18 铅资源不同渠道的供应比例

比较不同情景下我国铅资源代谢变化趋势，如图 2-19 所示，相对于 BAU，LR 的资源需求峰值和进口需求峰值有所下降(峰值时均下降了 19.7%)，但资源供给结构和趋势没有发生变化。SR 相较于 BAU，再生铅产量增加了 271.5 万 t，再生利用率提高了 21.8%，资源对外依存度减少了 13%。CM 情景的进口需求曲线峰值最低，对外依存度低；再生铅资源替代比例最高，是 SR 和 LR 两种措施实施的理想效果。

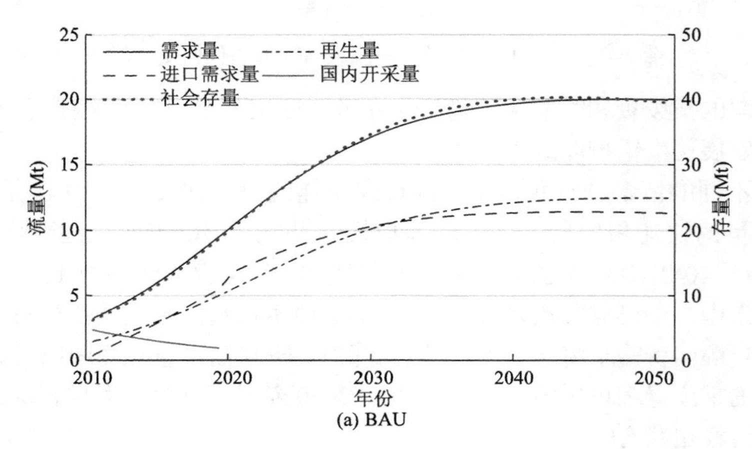

(a) BAU

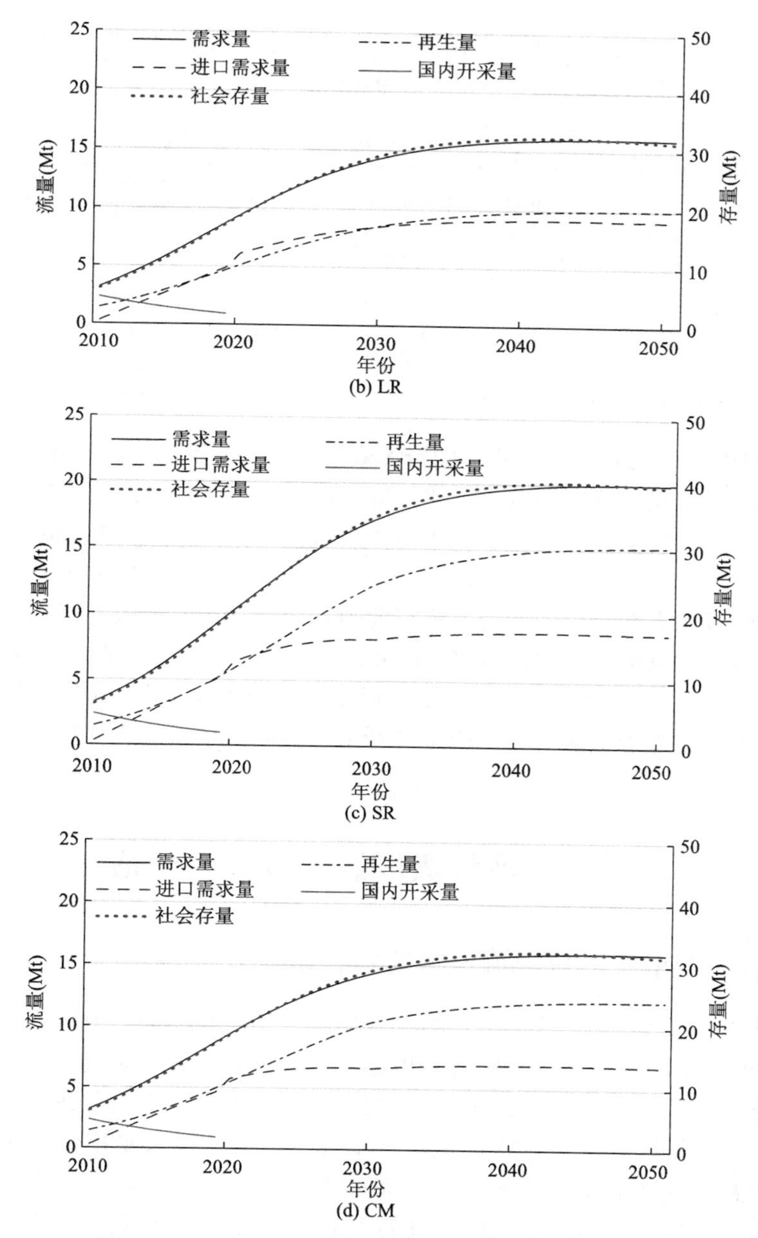

图 2-19　不同情景下铅资源流量存量的代谢趋势分析

根据物质流核算结果，2010 年 4 种典型矿产资源的代谢指标如表 2-7 所示。其中，以再生资源量与资源消费量之比作为再生资源替代比例；以进口的原生和废物资源量之和与资源消费量之比作为对外依存度。由表 2-7 可知，除铅以外，我国资源再生比例较低，3 种大宗金属资源替代比例均不到 30%，且对进口资源依赖性强，铜为 70.3%，铁为 45%，铝为 46.8%。

表 2-7 2010 年 4 种矿产资源主要代谢指标

资源名称	国内开采量	原生资源进口量	废物进口量	再生资源量	再生资源替代比例(%)	对外依存度(%)
铜(万 t)	135.2	500.9	130.0	240.0	27.4	70.3
钢铁(Mt)	320.1	331.4	5.5	86.0	11.6	45
铝(万 t)	1121.1	940.2	239.6	400.0	14.8	46.8
铅(万 t)	235.9	99.3	0.0	135.0	28.7	21

铜和钢铁的“城市矿产”开发的资源效果显著，再生铜与废钢将于 2025 年替代进口资源成为我国资源消费的主要供应渠道，逐步增加资源替代比例并最终能将铜和钢铁的对外依存度降低至 10%以下；我国铝资源供给面临挑战，由于铝资源回收率低的现实，提高 20%的资源利用率能将再生铝供应比例提升至 50%，但不足以摆脱资源大量进口的问题；铅行业消费结构简单，回收利用基础较强，只要大力围绕铅蓄电池开展资源开采，未来我国铅资源的供给就有基本保障。因此，“城市矿产”的开采与利用应该成为资源供给的重要来源，纳入国民经济社会发展的战略性资源统筹中，成为与国内矿产开采和国际市场采购同样重要的“第三供应渠道”。

2.2 生活垃圾能源回收潜力评估

2.2.1 城市生活垃圾填埋气能源利用潜力预测

我国城市生活垃圾产生量大，填埋处理量常年居高不下，2018 年已达到 2.14 亿 t。目前大量的垃圾处理仍旧依靠填埋，虽然资源回收、焚烧发电等处理方式的推广仍在继续，但是卫生填埋仍旧在可预见的未来是主要的处理方式之一。

卫生填埋处理中的垃圾在厌氧条件下降解，会产生大量甲烷，甲烷无组织排放成为温室气体的重要来源，是甲烷最大的人为排放源之一。在美国，填埋场排放的甲烷约占全国总甲烷排放量的 1/3。同时，由于垃圾中含有 50%～60%的有机组分，填埋场产生的填埋气(landfill gas，LFG)也是具有潜在利用价值的清洁能源。

1. 生活垃圾填埋处理量

垃圾填埋气产生是一个持续时间较长的过程，因此需要考虑垃圾的历史填埋量。基于《中国统计年鉴》可以收集到各省 1996～2016 年垃圾清运量和填埋量数据，部分省份(天津、辽宁、吉林、黑龙江、上海、江苏、安徽、广西、海南、贵州、青海、新疆)1996 年以前的清运量数据来自各省单独出版的统计年鉴。对于填埋量缺失的地区，采用线性外推法进行估计，得出我国 1990～2017 年垃圾清运量及填埋处理量数据如图 2-20 所示。可以看出，我国的城市垃圾填埋量基本保持上升的趋势，而填埋处理率自 2010 年起基本稳定在 60%左右。2016 年，我国城市垃圾清运量为 2.04 亿 t，填埋处理量为 1.19 亿 t，填埋处理率约为 58.3%。

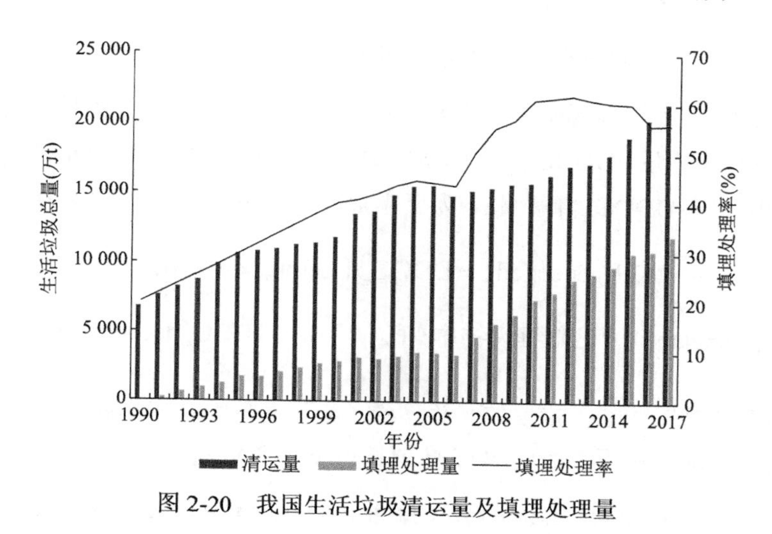

图 2-20　我国生活垃圾清运量及填埋处理量

2. 城市生活垃圾填埋气资源量

采用联合国政府间气候变化专门委员会(Intergovernmental Panel on Climate Change，IPCC)提出的一阶衰减(first order decay，FOD)模型，计算填埋气总产生量。模型方程及参数解释如下：

$$\mathrm{CH_4Potential} = \left[\sum_x \mathrm{CH_4generated}_{x,T} - R_T\right] \times (1 - \mathrm{OX}_T)$$

式中，$\mathrm{CH_4Potential}$ 为 CH_4 产生潜力；T 为填埋场运行时间；x 为固体废物类别；$\mathrm{CH_4generated}_{x,T}$ 为某类固体废物 T 年产生的 CH_4；R_T 为 T 年 CH_4 回收量，在计算潜力时设置为 0；OX_T 为 T 年的氧化系数(比例)。

$$\mathrm{DDOC}_m = W \times \mathrm{DOC} \times \mathrm{DOC}_f \times \mathrm{MCF}$$

式中，DOC 为可降解有机碳(比例)；DDOC_m 为 DOC 降解量；W 为固体废物处理量；DOC_f 为 DOC 可降解量(比例)；MCF 为 CH_4 修正系数(比例)。

$$L_0 = \mathrm{DDOC}_m \times F \times 16/12$$

式中，L_0 为 CH_4 产生潜力；F 为填埋气中 CH_4 占比(体积分数)；16/12 为 CH_4/C 分子量转换(比例)。

$$\mathrm{DDOC}_{ma_T} = \mathrm{DDOC}_{md_T} + (\mathrm{DDOC}_{ma_{T-1}} \times \mathrm{e}^{-k})$$

$$\mathrm{DDOC}_m\mathrm{decomp}_T = \mathrm{DDOC}ma_{T-1} \times (1 - \mathrm{e}^{-k})$$

式中，DDOC_{ma_T} 为填埋场中 T 年末 DDOC_m 累积量；$\mathrm{DDOC}_{ma_{T-1}}$ 为填埋场中(T–1)年末 DDOC_m 累积量；DDOC_{md_T} 为填埋场中 T 年 DDOC_m 存放量；$\mathrm{DDOC}_m\mathrm{decomp}_T$ 为填埋场中 T 年 DDOC_m 降解量；k 为反应常数，$k = \ln 2/t_{1/2}$ (a^{-1})；$t_{1/2}$ 为半衰期(a)。

$$\mathrm{CH_4generated}_T = \mathrm{DDOC}_m\mathrm{decomp}_T \times F \times 16/12$$

式中，$\mathrm{CH_4generated}_T$ 为已降解废物中 CH_4 产生量；$\mathrm{DDOC}_m\mathrm{decomp}_T$ 为 T 年 DDOC_m 降解量。

模型参数基于 IPCC 建议值，并且参考相关文献中基于实地监测获得的适用于中国实际情况的校正参数。DOC 数值选取见表 2-8～表 2-11。

表 2-8　1981～2014 年各区域城市生活垃圾(MSW)主要成分(%)

年份	区域[a]	纸类	竹木	织物	厨余垃圾	其他[b]
1981～1990	NC	9.6	0.6	3.8	23.0	63.0
	NE	5.2	0.0	0.9	30.7	63.2
	EC	3.6	0.0	1.0	50.7	44.6
	CC	1.8	0.5	0.6	20.5	76.6
	SC	1.8	0.0	0.9	45.5	51.8
	SW	5.6	1.3	1.6	30.9	60.7
	NW	5.6	1.3	1.6	30.9	60.7
1991～2000	NC	6.7	0.8	2.1	47.9	42.5
	NE	5.5	3.1	1.8	59.5	30.2
	EC	6.0	1.6	2.2	54.4	35.7
	CC	6.0	1.2	1.1	46.5	45.1
	SC	6.4	2.4	4.1	50.7	36.3
	SW	4.2	1.9	1.6	56.3	36.0
	NW	5.7	2.5	1.4	40.2	50.2

续表

年份	区域[a]	纸类	竹木	织物	厨余垃圾	其他[b]
2001～2010	NC	8.0	2.3	1.3	46.9	41.5
	NE	4.2	3.8	1.0	61.8	29.2
	EC	6.6	0.9	1.8	54.9	35.8
	CC	6.7	3.2	2.1	51.0	37.1
	SC	6.1	1.1	2.4	51.7	38.6
	SW	10.0	2.0	2.6	51.6	33.8
	NW	5.7	2.5	1.4	40.2	50.2
2011～2015[c]	NC	7	2	1	45	45
	NE	5	4	1	63	27
	EC	7	1	2	56	34
	CC	7	3	2	55	33
	SC	7	2	3	53	35
	SW	10	2	3	51	34
	NW	6	2	2	40	50

a 区域：NC(North China，华北)：北京、天津、河北、山西、内蒙古；NE(North East，东北)：吉林、辽宁、黑龙江；EC(East China，华东)：山东、安徽、上海、江西、江苏、浙江、福建；CC(Central China，华中)：湖南、湖北、河南；SC(South China，华南)：广东、广西、海南；SW(South West，西南)：重庆、四川、贵州、云南、西藏；NW(North West，西北)：陕西、宁夏、青海、甘肃、新疆。

b 其他：主要是惰性组分，不可生物降解。

c1981～2010 年数据来自文献，2011～2015 年数据根据趋势外推。

表 2-9　填埋场类别对应的甲烷修正系数参考值

填埋场类别	甲烷修正系数(methane correction factor，MCF)缺省值
管理良好-厌氧消化环境(managed-anaerobic)	1.0
管理良好-半厌氧环境(managed-semi-anaerobic)	0.5
管理较差-深层填埋场(unmanaged-deep，填埋高度>5m 或渗滤液水头较高)	0.8
管理较差-浅层填埋(unmanaged-shallow，<5m 水头)	0.4
未分类填埋场	0.6

表 2-10　中国生活垃圾填埋场 MCF 取值(%)

分类	1981～1990 年	1991～2000 年	2001～2010 年	2011～2015 年
MCF=1.0	—	25	60	70
MCF=0.8	50	50	—	—
MCF=0.4	50	25	40	30

注：1981～2010 年数据来自文献，2011～2015 年数据来自专家咨询。

表 2-11 生活垃圾填埋场降解速率（k）取值

废物种类		气候分区			
		温带（MAT≤20℃）		热带（MAT>20℃）	
		干燥（MAP/PET<1）	潮湿（MAP/PET>1）	干燥（MAP<1000mm）	潮湿（MAP≥1000mm）
缓慢降解废物	纸类/织物	0.04	0.06	0.045	0.07
	竹木	0.02	0.03	0.025	0.035
中速降解废物	其他非食品类有机物、园林垃圾	0.05	0.1	0.065	0.17
快速降解废物	厨余垃圾、污水污泥	0.06	0.185	0.085	0.4

注：k 的取值与废物种类和气候条件有关。MAT 表示 mean annual temperature，年平均气温；MAP 表示 mean annual precipitation，年平均降水量；PET 表示 potential evapotranspiration，潜在蒸散量。根据 IPCC 模型解释，可以确定各省区气候类别：温带干燥气候（MAT≤20℃，MAP/PET<1）：华北、东北、西北、河南、湖北、西藏、贵州；温带潮湿气候（MAT≤20℃，MAP/PET>1）：华东、重庆、四川、云南、湖南；热带干燥气候（MAT>20℃，MAP<1000mm）：我国无该类气候省份；热带潮湿气候（MAT>20℃，MAP≥1000mm）：华南。

计算得到的城市生活垃圾填埋气甲烷产生量如图 2-21 所示，各省填埋气甲烷历史产生量如图 2-22 所示。可以看出，我国城市生活垃圾填埋气产生量呈逐年递增趋势，2015 年填埋气甲烷总资源量约为 30.2 亿 m^3。同时，2010～2020 年我国填埋气产生量整体上增加显著，同时空间分布发生了显著变化。2010 年，填埋气产量超过 2 亿 m^3 的只有东部沿海的山东、江苏和广东，超过 1 亿 m^3 的省区，除四川外均分布在东部；2013～2016 年，产量超过 2 亿 m^3 的仍只有上述 3 个东部沿海省份，但东北地区的辽宁省和中部地区的河南、湖南、广西填埋气产量已超过 1 亿 m^3，同时其他中部、东北和西部地区的省份产量也有显著增加。

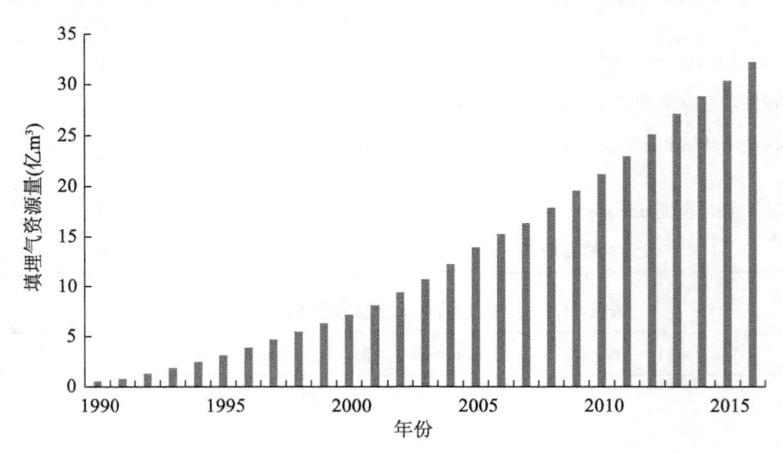

图 2-21 我国城市生活垃圾填埋气甲烷产生量

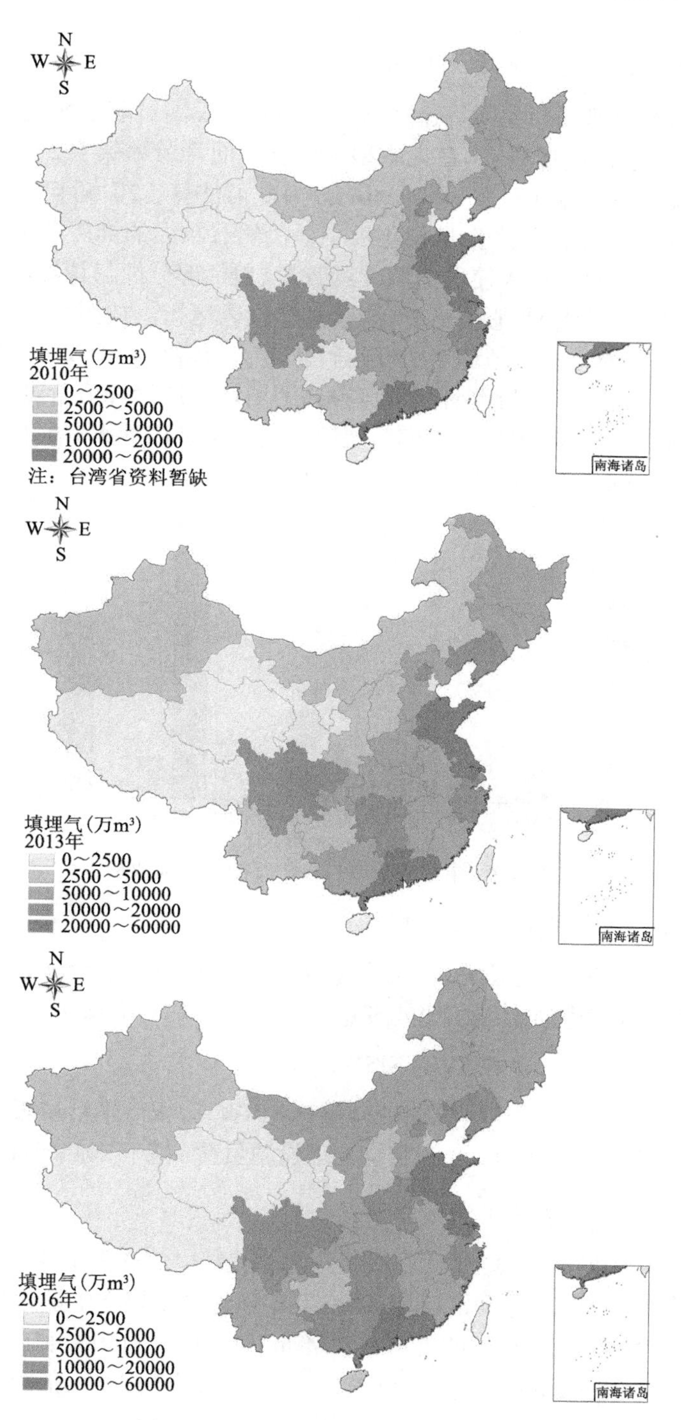

图 2-22 各省区填埋气产生量(万 m^3)

3. 城市生活垃圾填埋气利用现状

基于 CDM 填埋气相关项目梳理与文献调研，我国目前填埋气发电项目约有 50 个，而填埋气提纯利用技术在大中型填埋场中的普及率低于 5%。同时，我国填埋气收集效率普遍偏低，为 30%～40%。由此可估算，2015 年我国填埋气提纯利用量仅约为 1 亿 m^3，与产生量相比极小，仍然有较大的推广利用空间。

从中国在不同阶段投入使用的填埋场数量(包括部分简易填埋场和堆放点)分布上看(图 2-23)，大量填埋场于 2006 年开始投入运行。按照填埋场平均运行时间为 15 年估算，绝大多数填埋场仍在运行阶段，但将有近 1500 座填埋场在未来 5～15 年进入封场阶段，与本研究估算得到的填埋气产量峰值阶段比较符合，因此可以认为 2020～2030 年是大规模开展填埋气收集利用的大好时机。

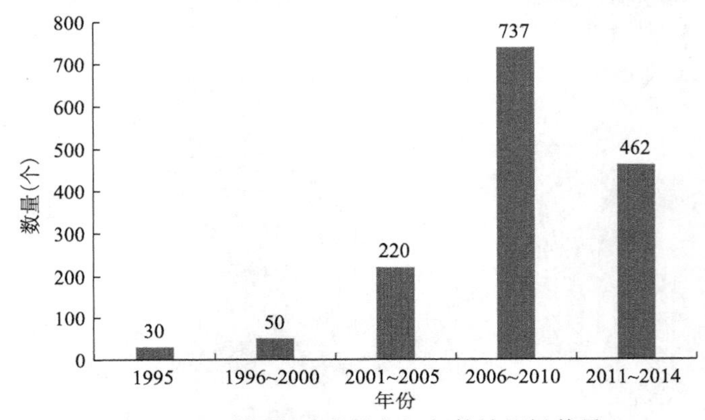

图 2-23 中国各阶段投入运行的填埋场数量

4. 城市生活垃圾填埋处理量预测

根据《“十三五”全国城镇生活垃圾无害化处理设施建设规划》，可以估算出 2020 年我国城市生活垃圾填埋处理量(图 2-24)。估算方法为

$$\mathrm{MSW_L}=\mathrm{MSW_T}-I_c\times365\times I_{lr}$$

式中，$\mathrm{MSW_L}$ 为城市生活垃圾填埋处理量；$\mathrm{MSW_T}$ 为城市生活垃圾产生量；I_c 为城市生活垃圾焚烧处理能力；I_{lr} 为焚烧处理设施负荷，基于 2015 年数据，约为 0.8。

5. 城市生活垃圾填埋气产生量预测

采用与前文相同的计算方法，可以计算出填埋气甲烷产生量(图 2-25)和填埋气潜力的区域分布(图 2-26)。可以看出，2020 年填埋气甲烷产生量约为 34.7 亿 m^3，对应填埋气量为 63.1 亿 m^3。产生量在 2 亿 m^3 以上的只有山东和广东，但将有分布在东北、东部和中部的 10 个省区的产生量突破 1 亿 m^3，大部分省区都将达到 0.5 亿 m^3 以上。

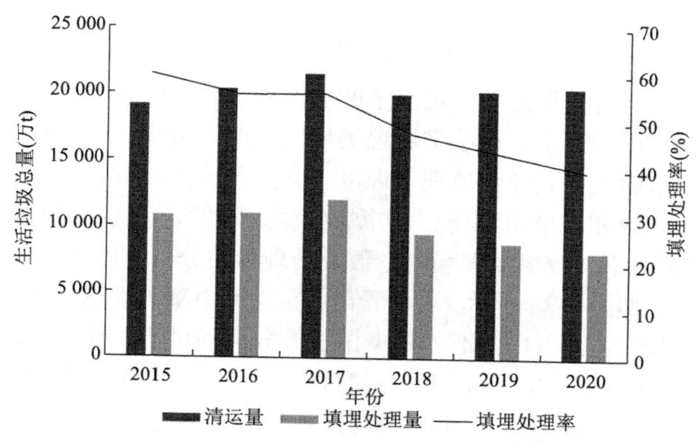

图 2-24　我国城市生活垃圾清运量及填埋处理量预测

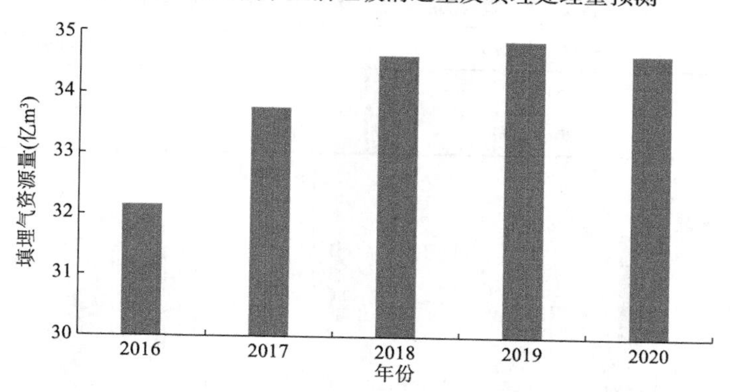

图 2-25　我国城市生活垃圾填埋气甲烷产生量预测

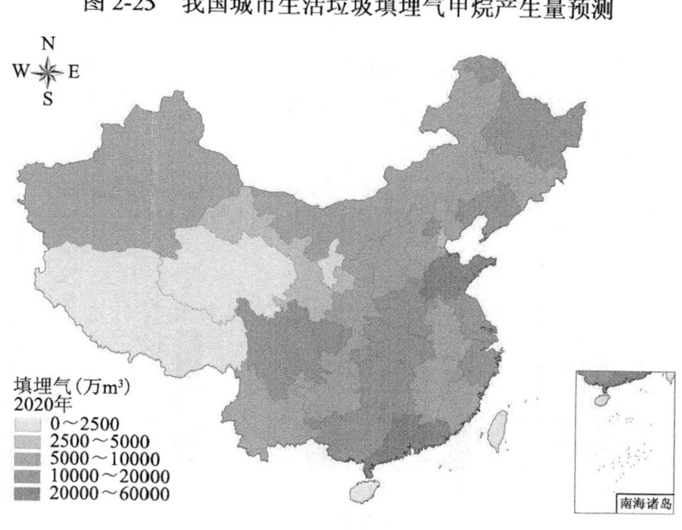

图 2-26　各省区填埋气甲烷产生量预测(万 m^3)

6. 城市生活垃圾填埋气可利用量预测

通常而言，只有规模达到一定水平的填埋场才具有建设填埋气提纯利用设备或者填埋气发电厂的需求，而小型填埋场填埋气产生量少，提纯利用经济性差，通常采用火炬直燃的方式处理填埋气即可。参考我国垃圾卫生填埋场等级划分标准(表 2-12)，Ⅰ级和Ⅱ级填埋场(大中型填埋场)具有填埋气提纯利用的潜力。基于 2015 年数据，不同等级填埋场的个数及处理量的分布如图 2-27 所示，其中大中型填埋场占比如图 2-28 所示。可以看出，我国大中型填埋场的处理量占比约为 61%。由于填埋处理在占用土地、污染排放等方面的劣势，我国生活垃圾处理中填埋的占比已经开始出现下降趋势，同时将在“十三五”期间关停大量小型填埋场。因此，预测至 2020 年大中型填埋场处理量占比将达到 70%。

表 2-12　我国垃圾卫生填埋场等级划分标准

等级	处理能力(t/d)	等级	处理能力(t/d)
Ⅰ级	>1200	Ⅲ级	200～500
Ⅱ级	500～1200	Ⅳ级	<200

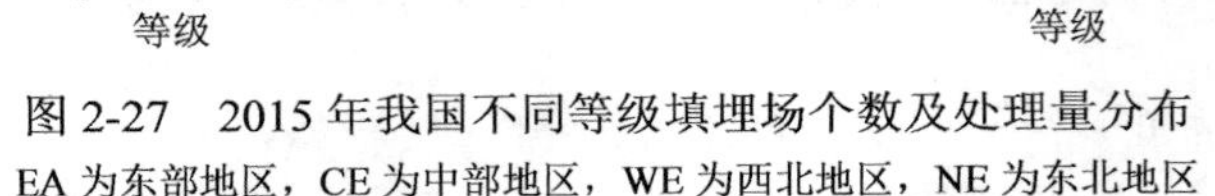

图 2-27　2015 年我国不同等级填埋场个数及处理量分布

EA 为东部地区，CE 为中部地区，WE 为西北地区，NE 为东北地区

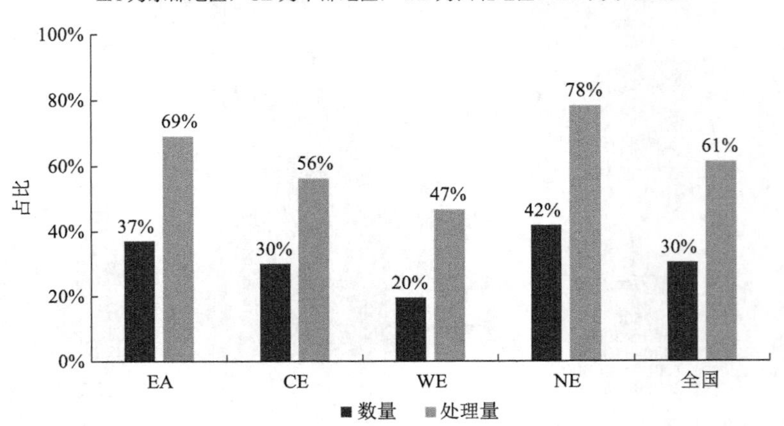

图 2-28　2015 年我国大中型填埋场占全部填埋场的比例

除填埋场规模外，另一个影响填埋气利用的因素是填埋气收集率。目前填埋气收集主要采用竖向集气技术或水平集气技术，也有填埋气收集项目采用竖向和水平结合的集气系统。填埋气竖井收集系统由于成本较低，是最为常用的填埋气收集方法，可适用于所有填埋场。水平收集系统比竖井收集系统有更高的气体收集效率，但建设费用相对比较昂贵，对填埋场管理水平要求较高，只适用于Ⅰ级和Ⅱ级填埋场，实际应用案例较少。

采用不同集气技术的填埋场气体收集效率有明显差别，且运行中和封场后的填埋场填埋气收集效率也有明显差距。对运行中的填埋场来说，中国 MSW 含水量高，填埋气产生迅速，同时填埋场渗滤液水位高，因此早期填埋气收集系统收集效率较低，仅有 30%～40%，甚至低于 20%。近年来新建项目的气体收集率不断提高，已经能够达到 60%，与国际先进水平基本持平，个别先进试点项目收集率可以达到 80%～90%。封场后的填埋场气体收集效率较高，通常可以达到 80%～90%的水平。因此，综合考虑运行中和封场后的填埋气收集率，预计 2020 年技术收集率最高可达 70%。

结合填埋场规模和技术收集率，预测 2020 年填埋气收集量最高可达 33 亿 m^3。基于文献中填埋气提纯利用效率，1m^3 填埋气可产生 0.517m^3 生物质燃气，故 2020 年总燃气潜力为 17 亿 m^3，相当于 22.1 万 t 标准煤。

根据城市生活垃圾产生量趋势外推，并考虑先进回收利用技术的推广情况，预测 2020 年和 2030 年填埋气回收利用潜力分别约为 22 亿 m^3 和 29 亿 m^3，如表 2-13 所示。

表 2-13　我国城市生活垃圾填埋气利用潜力预测

项目	2020 年	2030 年
填埋气总产量(亿 m^3)	69.30	60
规模以上填埋场处理量占比(%)	70	80
考虑先进技术推广情况的利用率(%)	50	60
预测填埋气利用潜力(亿 m^3)	22	29
生物质燃气(亿 m^3)	11	15

2.2.2　厨余垃圾燃气化利用潜力预测

随着对垃圾源头分类的推广，将厨余垃圾单独分离出来并采用燃气化技术进行处理的方式得到了越来越多的关注。然而，由于源头分类效果的限制，目前此类项目还没有得到大范围推广，仅有个别试点工程的实施。

厨余垃圾来自生活垃圾的源头分类，由于源头分类常难以分类完全，厨余垃圾中易混入不可生物降解的组分。同时，某些纤维素类物质难以被微生物破坏，因此直接采用厌氧消化处理厨余垃圾时，产气性能差，系统稳定性差。因此，很多技术采用物理机械法作为厌氧消化前段预处理，从而提高物料的可生化性，这类技术被统称为机械生物处理技术。常用的机械预处理手段包括挤压、超声、破碎、堆放、搅拌和淋滤等。图 2-29 和图 2-30 中列出了采用淋滤和挤压预处理的厨余垃圾机械生物处理工艺全过程的物质代谢。

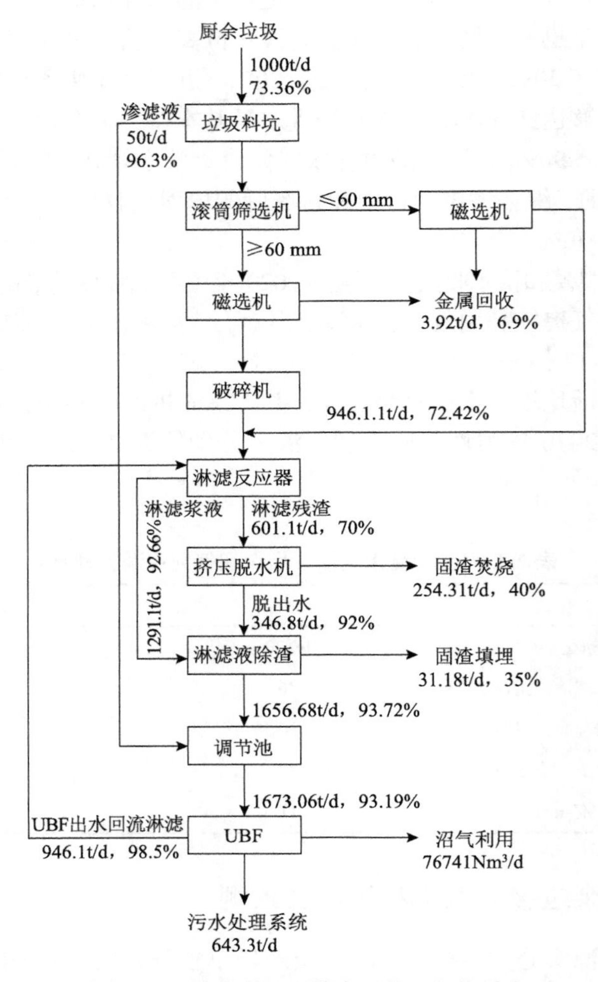

图 2-29 淋滤预处理技术示范工程物质流

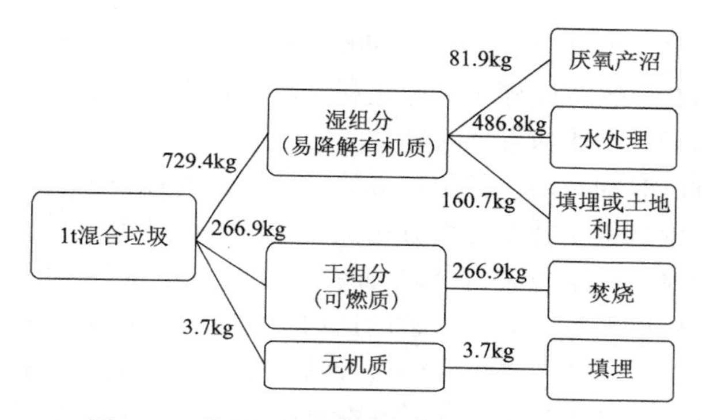

图 2-30 挤压预处理技术示范项目的物质流

资料来源：孔鑫. 零价铁对生活垃圾有机质高负荷厌氧消化的调控效应研究. 北京：清华大学, 2017.

经过计算，淋滤预处理技术示范项目单吨垃圾产沼气量为 76.74Nm^3，挤压预处理技术示范项目单吨垃圾产沼气量为 60.64Nm^3，平均吨垃圾产沼气量为 68.69Nm^3。

2015 年，我国城市生活垃圾清运量为 1.91 亿 t，厨余垃圾占比约为 50%，即 0.955 亿 t。若全部采用上述机械生物技术进行处理，可产沼气量约为 65.6 亿 m^3。然而，目前我国实际单独收集的厨余垃圾的案例非常少，而采用此类方法进行单独处理处置的工程更是极少，实际产气量可忽略不计。

参考图 2-20 中对我国城市生活垃圾清运量进行预测，2020 年我国城市生活垃圾清运量为 2.05 亿 t，2030 年将达到 2.41 亿 t。根据我国垃圾分类相关政策及规划，2020 年垃圾分类收集率目标为 35%。由于目前垃圾分类的重点为再生资源的分类收集及利用，对厨余垃圾(湿垃圾)的分类仅在试点阶段，因此 2020 年估计厨余垃圾分类收集率为 15%，预测 2030 年将提升到 30%。在生活垃圾中厨余垃圾占比为 50%的情况下，预计 2020 年和 2030 年对应的厨余垃圾分类收集量分别为 0.154 亿 t 和 0.361 亿 t。采用与 2.2.1 节中相同的产气系数进行估算，即 68.69Nm^3/t，则产沼气量分别为 10.6 亿 m^3 和 24.8 亿 m^3(表 2-14)。

表 2-14 我国城市厨余垃圾燃气化利用潜力预测

项目	2020 年	2030 年
城市生活垃圾清运量(亿 t)	2.05	2.41
厨余垃圾占比(%)	50	50
厨余垃圾分类收集率(%)	15	30
厨余垃圾分类收集量(亿 t)	0.154	0.361
产沼气潜力(亿 m^3)	10.6	24.8

2.2.3 餐厨垃圾能源回收潜力评估

餐厨垃圾的集中收集和无害化处理，是我国“十二五”以来市政固体废物相关的重点工作，预计也是“十四五”期间的重点发展领域。2011～2015 年，我国支持了五批共 100 个餐厨废弃物资源化利用和无害化处理试点城市，相关技术及示范工程都经历了一个快速发展时期。

由于试点推广时间有限，餐厨垃圾处理处置的管理决策研究仍较为薄弱，尤其是餐厨垃圾产生量的统计和计算方法仍不完善。在城市层面，餐厨垃圾产生量通常由主管部门对产生单位调研获得，而在宏观行业层面多采用系数法进行计算。例如，采用人均产生系数计算，系数的选取通常与城市的经济发展水平、所处区域及产业结构相关。本研究采用生活垃圾清运量的 10%进行估算，这也是当前一种使用范围较为广泛的方法。估算可得餐厨垃圾历年产生量如图 2-31 所示，2015 年产生量约为 1910 万 t。

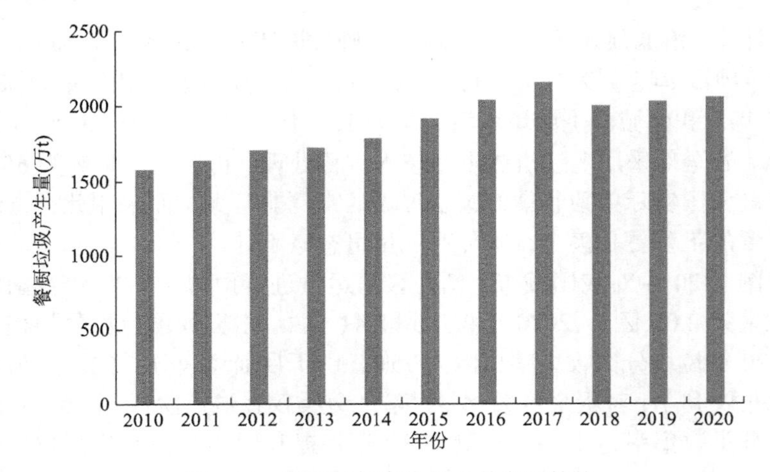

图 2-31　餐厨垃圾产生量及其发展趋势

根据对试点城市的数据调研，可以获得各项目的单位餐厨垃圾产气率（表 2-15）——厌氧消化技术单位餐厨垃圾产沼气率为 40～90Nm^3/t，平均值为 57.9Nm^3/t。根据产气率平均值可以计算得出 2015 年我国餐厨垃圾产气潜力为 11.05 亿 m^3。根据 2014 年年底的统计，我国实际餐厨垃圾处理能力为 1.31 万 t/d，若所有项目均满负荷运行，产气量可达 2.77 亿 m^3。然而，由于很多项目并不能满负荷运行，且项目运行存在故障停工，实际产气量并未达到这一规模。

表 2-15　部分餐厨垃圾厌氧消化示范项目产气率

试点城市	处理能力(t/d)	沼气产生量(m^3/d)	产气率(Nm^3/t)
南宁	200	18000	90.0
常州	200	13377	66.9
深圳	150	10000	66.7
宁波	400	26000	65.0

续表

试点城市	处理能力(t/d)	沼气产生量(m^3/d)	产气率(m^3/t)
衡阳	260	16900	65.0
苏州	350	16000	45.7
海南	283	11758	41.5
长沙	750	30000	40.0
西宁	200	8000	40.0
平均	—	—	57.9

产生量预测方面，若餐厨垃圾产生量仍按照生活垃圾清运量的10%进行估算，则可得 2020 年和 2030 年餐厨垃圾产生量分别为 2035 万 t 和 2497 万 t。根据《“十三五”全国城镇生活垃圾无害化处理设施建设规划》，“十三五”期间新增餐厨垃圾处理设施能力为 2.7 万 t/d，2020 年我国将力争达到餐厨垃圾处理能力 4 万 t/d，处理率 71%。按照这一处置规划，结合前述中的产气系数，可估算出 2020 年和 2030 年的沼气利用潜力分别为 8.36 亿 m^3 和 11.5 亿 m^3(表 2-16)。

表 2-16　我国餐厨垃圾燃气化利用潜力预测

项目	2020 年	2030 年
餐厨垃圾产生量(万 t)	2035	2497
餐厨垃圾处理率(%)	71	80
预测回收潜力(亿 m^3)	8.36	11.5

2.2.4　市政污泥能源回收潜力评估

我国历年城市污水排放量及进入污水处理厂的处理量如图 2-32 所示。

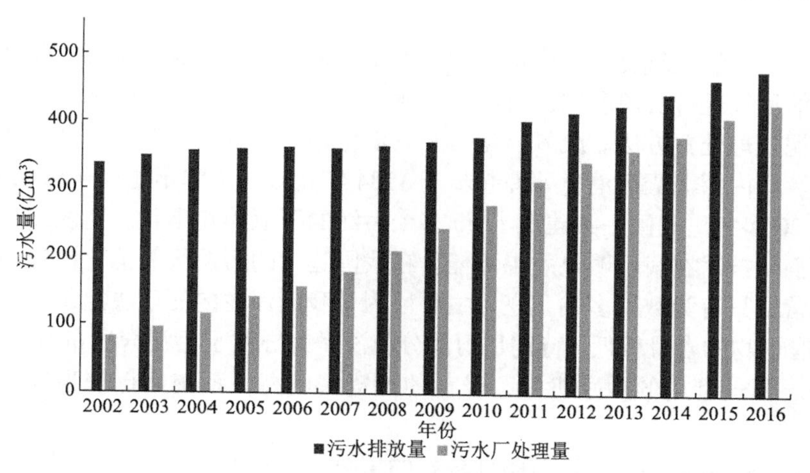

图 2-32　城市市政污水产生量及处理量

我国历年市政污泥产生量及处置量如图 2-33 所示。通过对产泥系数的分析可以看出，由于污水处理技术的改进，2011 年之后产泥系数基本稳定在 1.8～1.9 之间。

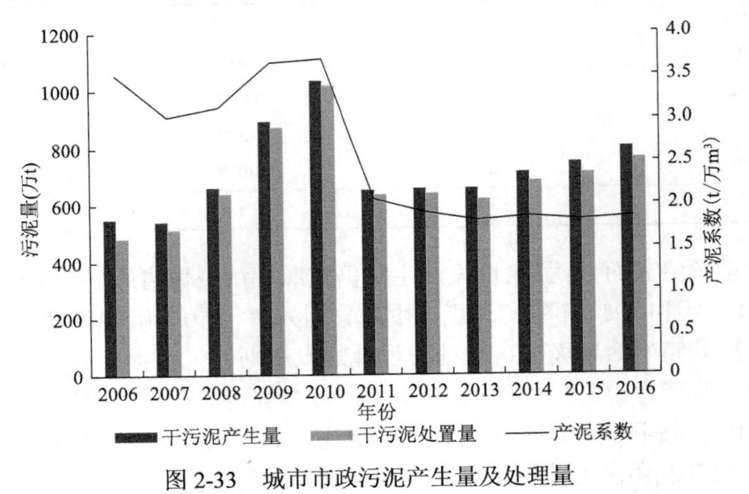

图 2-33 城市市政污泥产生量及处理量

受经济条件的制约，我国污泥处理处置整体发展滞后。一直以来存在着“重水轻泥”的现象，污水处理厂的污泥通常在污水厂内简单脱水后就被外运。随着生态环境的持续恶化，污泥的处理处置也逐渐受到重视，一些发达地区纷纷建设了污泥的治理项目。根据《“十三五”全国城镇污水处理及再生利用设施建设规划》，我国 2015 年城市市政污泥无害化处置率为 53%。目前污泥的处置方式和比例情况分别是：约 2/3 土地填埋，1/5 被外运和随意堆放，焚烧和资源化利用的比例较少。而由于我国这方面的制度不完善，监管不到位，大部分的填埋和外运堆放基本属于无人管状态，所以严格意义上的减量化、无害化和稳定化处置还不到 1/5。

因为污泥经厌氧反应后稳定化和无害化效果好，运行成本较低，并且可以通过产生的沼气进行资源利用，所以对污泥进行厌氧消化是目前国际上一种比较主流的污泥处理处置方法。厌氧消化与好氧消化相比具有成本低、不良气体排放少等优势。国内污泥厌氧消化处理起步于 1984 年建成的天津市纪庄子污水处理厂，随后的 20 多年里我国一共建设了 60 多个污泥的厌氧消化项目。遗憾的是，污泥的厌氧消化技术在我国明显效果不佳。在我国建设的污泥厌氧消化设施中，可以稳定运营的只有为数不多的几座。主要原因是我国污泥的泥质决定了污泥可生化性差，有机物的含量较低，特别是雨污分流没做好导致了污泥含砂量过高。此外，我国缺乏沼气利用的激励机制，设备的投资费用高，系统运行较为复杂，不易掌握。

根据文献数据测算，运行条件较好的情况下，污泥厌氧消化产沼气系数约为

$65m^3/t$，因此以 2016 年污泥产生量 799 万 t 计算，总产沼气潜力约为 5.2 亿 m^3。而由于目前采用厌氧消化进行污泥处理且能稳定运行的项目数量少，产气率低，实际产沼气量极少，可忽略不计。

市政污泥产生量预测方面，由于我国市政污泥的产生量统计数据波动较大，难以直接预测，因此采用市政污水产生量进行预测。由图 2-34 可以看出，我国市政污水产生量增加趋势较为平缓，而随着污水处理要求的提升，污水厂处理量增加迅速；在 2020 年前后，我国城市污水将基本能够全部进入污水处理厂进行处理，因此，2020 年的污水处理量以污水厂处理量的发展趋势为依据进行预测，而 2030 年的污水处理量由污水排放量发展趋势为依据进行预测。由此可计算出 2020 年和 2030 年的污水处理量分别为 542 亿 m^3 和 593 亿 m^3。

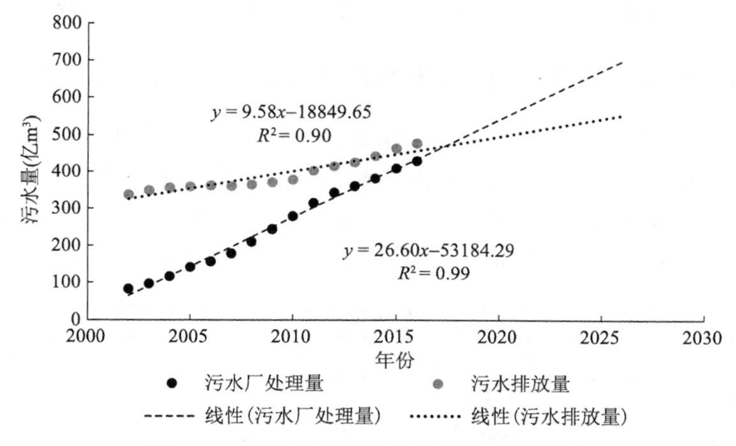

图 2-34　我国市政污水产生及处理量预测

我国目前污水处理产泥系数约为 1.85t/万 t 污水，由此估算得 2020 年和 2030 年市政污泥产生量分别为 1003 万 t 和 1097 万 t。根据《“十三五”全国城镇污水处理及再生利用设施建设规划》，至 2020 年，我国城市新增或改造污泥无害化处置能力将达到 4.56 万 t/d，能够完全满足市政污泥的处理需求。

由于该规划并未提出对各类污泥处置技术普及率的要求，因此本研究基于行业专家意见，对市政污泥燃气化利用的占比情况进行了预测，并结合污泥厌氧消化产沼气系数预测了燃气资源量（表 2-17）。

表 2-17　我国市政污泥燃气化利用潜力预测

项目	2020 年	2030 年
市政污泥产生量(万 t)	1003	1097
燃气化处理率(%)	30	50
预测回收潜力(亿 m^3)	1.96	3.57

2.3 工业源生物质废物能源回收潜力评估

工业生物质废物可分为轻工业生物质废物和非轻工业生物质废物，轻工业指以提供生活消费品为主的工业，主要包含食品、造纸、纺织、皮革等工业。计算生物质废物产生量时，可取轻工业中生物质废物产量较大且产气率较大的几个行业，如酒精、制糖、啤酒、葡萄酒等。非轻工业行业中排放生物质废物的行业主要有：制药、屠宰、石化、天然橡胶和糠醛等 10 多个行业，其中皮革、石化等行业排放的废弃物具有一定毒性和危险性，利用以厌氧消化为代表的燃气化处理路径可能会造成残余物难以处置和二次污染的问题，而其他几个行业的生物质废物产生量较少，潜力空间有限。因此，本研究主要关注食品生产链上相关的轻工业生物质废物。

2.3.1 轻工业高浓度有机废水产生量及能源替代潜力预测

根据中宏数据库及《中国食品工业年鉴》的统计，可知酒精、制糖、啤酒、葡萄酒等行业的主要产品产量，且由已经得到的产品产量及相应的排污系数可以得到 2015 年的废水排放量(表 2-18)，总量约为 18 亿 t/a，其中排污系数取值来源于清华大学环境学院研究成果《中国沼气产业发展现状报告(2011)》。

表 2-18 2015 年轻工业有机废水可转化为沼气资源汇统表

行业	产品年产量	有机废弃物种类	废水(万 t/a)
酒精	984ML	废水	10757
制糖	1660 万 t	废水	11620
啤酒	4922ML	废水	98440
黄酒	148.59ML	废水	2229
淀粉	2159.31 万 t	废水	43186
柠檬酸	134 万 t	废水	1835
酵母	31.8 万 t	废水	3952
酵制剂	120 万 t	废水	300
葡萄酒	116ML	废水	603
果汁及果蔬饮料	2386.54t	废水	1
液体奶	2521 万 t	废水	15408
总计	—	废水	183333

注：根据《中国沼气产业发展现状报告(2011)》计算出的不同产品产量与废水之间的关系。

根据各行业生物质废物产生量及能转化为沼气的比例，可以得到该类产品的产气量，2015 年轻工业生物质废水可转化为沼气的资源量如表 2-19 所示，2015 年轻工业生物质废水能转化为沼气约 449 亿 m^3/a。

表 2-19　2015 年轻工业生物质废物可转化为沼气的资源量

行业	有机废弃物种类	沼气量(万 m^3/a)
酒精	废水	3442534
制糖	废水	31955
啤酒	废水	25594
黄酒	废水	11145
淀粉	废水	863724
柠檬酸	废水	36704
酵母	废水	47419
酵制剂	废水	1800
葡萄酒	废水	15080
果汁及果蔬饮料	废水	1
液体奶	废水	13303
总计	废水	4489259

注：表中不同的行业废水产气率来源于《中国沼气产业发展现状报告(2011)》。

目前中国工业生物质废物燃气化主要是农村地区的工业废弃物燃气化工程。2015 年年末全国共有工程 258 处，总池容 67.79 万 m^3，年产气量约为 2.7 亿 m^3，供气户数达到 11 万户。据《中国沼气产业发展现状报告(2011)》统计，2009 年工业沼气工程约产沼气 50 亿 m^3，占总资源量的 17.8%。根据专家判断，目前沼气利用率接近 20%，可推算出实际利用量约为 3.5 亿 t，实际产沼气量约为 80 亿 m^3。

轻工业生物质废物排放量的发展趋势与轻工业的发展趋势相关，根据《轻工业发展规划(2016—2020 年)》，“十三五”期间，轻工业增加值年均增长 6%～7%。可以根据工业增加值来预测轻工业总产品产量的增长趋势，从而预测轻工业生物质废物产生量的增长趋势。

此外，随着工业行业节能减排工作的深入推进，单位产品生产排放的污染物将会减少，也就是排污系数会减少。根据《工业绿色发展规划(2016—2020 年)》，至 2020 年，全国工业削减废水 4 亿 t/a、化学需氧量 50 万 t/a、氨氮 5 万 t/a，其中轻工行业废水平均减少约 0.4 亿 t/a。因此，相对于 2015 年，2020 年污染排放系数减少 20%。考虑技术发展，预测至 2030 年以后污染排放系数减少 30%。

由此可得 2020 年、2030 年可产生高浓度有机废水量分别为 197 亿 t、231 亿 t。根据 2.2.2 节中的分析可以得到 2009 年和 2015 年轻工行业高浓度有机废水燃气化利用的比例，结合专家意见和《“十三五”生态环境保护规划》，预测 2020 年和 2030 年燃气化利用比例分别可以提升至 22%和 25%，由此预测至 2020 年和 2030 年沼气回收潜力将分别为 106 亿 m^3 和 142 亿 m^3(表 2-20)。

表 2-20　有机废水沼气利用率

项目	2009 年	2015 年	2020 年	2030 年
利用率(%)	17	19	22	25
沼气预测回收潜力(亿 m^3/a)	50	85	106	142

2.3.2　轻工业生物质固体废物产生量及能源替代潜力预测

根据中宏数据库及《中国食品工业年鉴》的统计，可知制糖、白酒、淀粉糖等行业的产品产量，且由已经得到的产品产量及相应的排污系数可以得到 2015 年的废渣排放量(表 2-21)，总量约为 0.54 亿 t/a，其中排污系数主要来源于《中国沼气产业发展现状报告(2011)》。

表 2-21　2015 年轻工业有机废渣可转化为沼气资源汇统表

行业	产品年产量(年)	有机废弃物种类	废渣量(万 t/a)
制糖	1660 万 t	废渣	1660
白酒(折 65° 商品量)	1257ML	废渣	3914
淀粉糖	1200 万 t	废渣	356
总计	—	废渣	5390

注：根据《中国沼气产业发展现状报告(2011)》计算出不同产品产量与废水之间的关系。

与轻工业高浓度有机废水产气量的计算方式相同，2015 年轻工业生物质固体废物可转化为沼气的资源量如表 2-22 所示，2015 年轻工业生物质固体废物能转化为沼气约 8.7 亿 m^3/a。

表 2-22　2015 年轻工业生物质固体废物可转化为沼气的资源量

行业	有机废弃物种类	沼气量(万 m^3/a)
制糖	废渣	1660
白酒(折 65°商品量)	废渣	78271
淀粉糖	废渣	7128
总和	废渣	87059

注：表中不同的行业废水产气率来源于《中国沼气产业发展现状报告(2011)》。

可以看出，相较于轻工业高浓度有机废水的产气潜力，生物质固体废物的产气潜力很低。同时，相关行业的生物质固体废物相对于其他类型生物质废物(如餐厨垃圾、畜禽粪便等)的含水量低、纤维素含量高，可生物降解性较差，因此在目前的实际应用中，轻工业生物质固体废物的燃气化利用程度并不高，通常会与其他类型生物质废物协同处理，且处理量较少，实际产气量可忽略不计。

根据前面的计算方法，可得2020年、2030年轻工业生物质废渣产生量分别约为0.6亿t、0.7亿t，由于规划中并未提出对工业生物质废物中生物质废渣处理的要求，因此本研究基于行业专家意见，对生物质废渣燃气化利用的占比情况进行了预测，并结合生物质废渣厌氧消化产沼气系数预测燃气资源量(表2-23)，由表2-23可以看出轻工业废渣产生的沼气潜力相对较小。

表2-23　有机废渣沼气利用率

项目	2009年	2015年	2020年	2030年
利用率(%)	17	19	30	50
沼气预测回收潜力(亿 m^3/a)	0.84	1.7	3	5

2.4　农业源生物质废物能源回收潜力评估

2.4.1　畜禽养殖粪便产生量及能源替代潜力预测

畜禽养殖业的快速发展为改善人民群众的生活、丰富副食品市场起到了极大的积极作用，但每年也给环境带来大量禽畜粪便污染。畜禽养殖废物已经与工业废水、生活污水并列，成为我国水环境污染的三大源头之一。畜禽粪便处理不当会引发多种环境问题，其无害化处理意义重大。

目前畜禽粪便无害化处理的方法主要包括饲料化、肥料化、能源化等。粪便含有一定的营养成分，可作为饲料资源，但粪便中的残留药物、重金属等可能引发安全问题。畜禽粪便是传统的有机肥料，可直接施用和堆肥。堆肥是粪便在微生物的作用下，使有机物矿质化、腐殖化和无害化而变成肥力更好的腐熟肥料的过程。堆肥过程复杂，受含水量、温度、碳氮比、微生物等多种因素影响。能源化是将畜禽粪便通过一定的技术方法转化为可利用的能源，包括燃烧产热、厌氧发酵产气等。畜禽粪便具有很高的热值，可直接燃烧获取热能。畜禽粪便碳化后无异味、易储存，也可作为燃料使用。厌氧发酵产气一般分为四个阶段：水解阶段、产酸阶段、乙酸化脱氢阶段、产甲烷阶段。每一个阶段均由相应的微生物完成，所以能够直接或间接地影响微生物活动的因素都能影响厌氧发酵过程，如原料成分、温度、pH等。

据统计，我国每年生产肉蛋奶1.5亿多吨，产生畜禽粪污约38亿t，其中仍有40%未有效处理和利用，该统计中畜禽粪污包含了收集处理时投入的液体。本研究统计时选取较为常见且所产粪便较多的动物，如猪、牛、鸡等。通过查阅文献，可以获得各类畜禽物种存栏量和日产粪、尿的系数(表2-24)，结合《中国畜牧兽医年鉴》中各物种的存栏量，可以计算各类畜禽物种的产废量(表2-25)，2015

年产粪量约为 23 亿 t，产尿约 14 亿 t。

表 2-24 不同畜禽种类的粪尿日排放量及干物质含量

畜禽种类	粪		尿	
	日排放量(kg/d)	干物质含量(%)	日排放量(kg/d)	干物质含量(%)
猪	4.25	20	5.00	0.4
役用牛	24.44	18	10.55	0.6
肉牛	24.44	18	10.55	0.6
奶牛	30.00	20	11.10	0.6
羊	2.60	75	1.00	0.4
肉鸡	0.10	80	—	—
蛋鸡	0.15	80	—	—
鸭鹅	0.12	80	—	—
马	9.00	25	4.90	0.6
驴骡	4.80	25	2.88	0.6
兔	0.12	75	—	—

表 2-25 2015 年部分畜禽产废量

物种	存栏量(万头)	日产粪(kg/头)	日产尿(kg/头)	产粪量(万 t/a)	产尿量(万 t/a 年)
猪	45112.5	4.25	5	69981	82330
牛	10817	30	11	118446	43430
鸡	129000	0.15	—	7063	—
马	590	9	4.9	1938	1055
驴	542	4.8	2.88	950	570
骡	210	4.8	2.88	368	221
羊	31099.7	2.6	1	29514	11351
兔	21603.4	0.12	—	946	—
总量	238974.6	—	—	229206	138957

根据相关文献和研究，去除 1kg COD 可产生 0.35m^3 甲烷，不同种类畜禽粪便的干物质含量和 COD 含量不同，厌氧发酵工艺产生的沼气量也不同，具体参数如表 2-26 所示。由此，可以估算出畜禽养殖业生物质废物的总产沼气资源量，见表 2-27。若全部粪污均使用厌氧消化处理，则 2015 年畜牧业理论产沼气量约为 1193 亿 m^3/a。

表 2-26　不同种类畜禽粪尿的产气量

项目	产气量 (m^3/kg COD)					
	猪	羊	鸡	兔	鸭鹅	牛马驴骡
粪	0.2	0.3	0.4	0.2	0.2	0.3
尿	0.2	0.1	—	—	—	0.2

表 2-27　2015 年畜禽养殖废物产沼气资源量

	猪	牛	鸡	马	驴	骡	羊	兔	总量
产气量 (亿 m^3/a)	287	6807	2267	15	7	2.79	665	14	1193

虽然我国畜禽养殖业生物质废物产生量巨大，但只有规模化养殖机构产生的废物具有燃气化工程利用的可行性，而农户家庭散养产生的废物不便于直接收集利用。因此，本研究仅关注大中型养殖业生物质废物的规模和利用情况。

目前，我国许多城市兴建了大量百头牛、千头猪和万羽鸡以上(存栏数)的大中型集约化禽畜养殖场。根据中国农村沼气发展“十三五”规划，2015～2020 年大型沼气工程年增长率约为 9%，根据调研估计，2015 年中大型养殖量占比约为 10%，对应的产沼气资源量约为 120 亿 m^3/a。同时，根据农业部相关统计，2015 年畜禽养殖粪便实际产沼气量约为 20 亿 m^3，利用率约为 17%。

畜牧业生物燃气资源量主要来源于畜禽粪便，而畜禽粪便排放量的增长速度随着畜牧业发展速度的增加而加快。根据历年畜牧业产值拟合计算(图 2-35)，预测 2020 年畜牧业产值为 2015 年的 1.18 倍，2030 年畜牧业产值为 2015 年的 1.21 倍，因此，2020 年、2030 年畜牧业生物燃气资源量分别为 37.76 亿 t、38.72 亿 t。

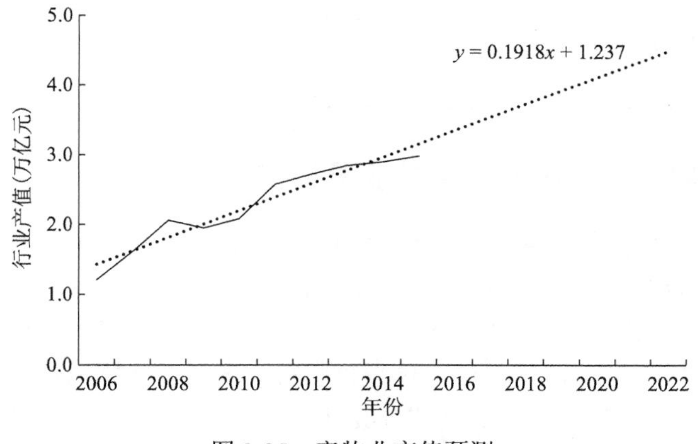

图 2-35　畜牧业产值预测

根据专家预测，大中型畜禽养殖粪便燃气化利用工程的利用情况为，2020年大中型畜禽存栏量占比约为15.04%，至2030年大中型畜禽存栏量占比为22.26%。大中型养殖场的粪便排放量由上文中得到的粪便排放量和大中型畜禽存栏量占比可得出，2020年、2030年大中型粪便产量分别为5.67亿t、8.50亿t（表2-28）。

表2-28　大中型养殖场产沼气量预测

项目	2009年	2015年	2020年	2030年
大中型养殖场存栏量比例（%）	8.11	10.00	15.04	22.26
大中型养殖场粪便产量（亿t/a）	1.20	3.20	5.67	8.50

在《中国沼气产业发展现状报告（2011）》中，预测2020年的开发利用沼气的目标为35亿m^3，2030年预测大中型养殖占比为35%，总沼气资源量为469亿m^3。若2030年大中型沼气开发达到资源量的15%，则2030年开发利用沼气的目标为70亿m^3。根据《生物质能发展“十三五”规划》（表2-29），预计到2020年产气规模将达80亿m^3/a。按照2020年与2030年沼气利用潜力约为35亿m^3和70亿m^3计，根据利用率及粪便的产气系数可以得到对沼气回收利用率的预测结果（表2-30）。

表2-29　“十三五”全国生物天然气建设布局

	种植养殖大县数量	到2020年前建设示范县数量	秸秆理论资源量（万t）	粪便理论资源量（万t）	生物天然气发展规模（亿m^3/a）
总计	300	160	45000	75000	80

注：数据来自《生物质能发展“十三五”规划》。

表2-30　沼气回收利用率及对应的产气潜力

项目	2009年	2015年	2020年	2030年
利用率（%）	8	12	17	18
预测回收潜力（亿m^3/a）	5.24	14.04	35	70

2.4.2　农作物秸秆产生量及能源替代潜力预测

我国是农业大国，每年农业生产活动可产生秸秆6亿多吨。近年来，随着我国农村生活能源结构的变化与集约化生产的发展，秸秆逐步从传统的农业原料演变成一种无用的负担物质，被排除于农业生产的内部循环之外。秸秆过去是劣质燃料，现在被煤、电力取代；过去被当成肥料，现在被化肥取代；过去用作耕牛的饲料，现在耕牛被现代农业机械取代。因此，如何合理利用秸秆资源，减少环境污染，使资源利用最大化，是当前一大问题。秸秆产沼便是重要的方法之一。

研究表明，秸秆发酵制取沼气在能量利用、物质循环及对农村生活、生产环境方面的改善作用均优于秸秆的其他直接利用方式。秸秆用于制取沼气有利于提高农村人口的生活质量和健康水平，大力发展沼气应是综合利用农业资源的重要手段。

秸秆资源量采用草谷比计算方式。草谷比又称农作物副产品与主产品之比，是测算农作物秸秆资源数量的一个重要参数，是指农作物地上秸秆产量与经济产量之比。采用草谷比法计算各种农作物秸秆资源量的公式如下：

$$P=\sum_{i=1}^{n}\lambda_i G_i$$

式中，P 为某一地区农作物秸秆的理论资源量；λ_i 为某一地区第 i 种农作物秸秆的草谷比值；G_i 为某一地区第 i 种农作物的年产量；n 为农作物秸秆的编号 1，…，n。

草谷比的选取来源于中国农村能源行业协会(表 2-31)。经计算，2015 年秸秆资源量如表 2-32 所示，秸秆可利用资源量约为 82357.40 万 t。

表 2-31　部分农作物草谷比

种类	稻谷	小麦	玉米	豆类	薯类	棉花	油料	麻类	甘蔗	甜菜
草谷比	0.623	1.366	2	1.5	0.5	3	2	1.7	0.1	0.1

表 2-32　2015 年秸秆资源量

种类	草谷比	主产品产量(万 t)	秸秆理论资源量(万 t)	可收集利用系数	秸秆可利用资源量(万 t)
稻谷	0.623	20822.5	22863.40	0.8	18446.99
小麦	1.366	13018.5	18062.98	0.65	15033.5
玉米	2	22463.2	41252.34	0.9	35735.97
豆类	1.5	1589.8	2791.84	0.56	2108.91
薯类	0.5	3326.1	3676.60	0.73	2767.53
棉花	3	560.3	2400.15	0.86	2376.68
花生	2	1644	2008.53	0.81	1725.14
油菜	2	1493.1	3053.71	0.64	2254.04
其他谷物	1.5	923.8	2290.76	0.85	1908.64
总计	—	65841.30	98400.31	—	82357.40

注：表中产品产量来自《中国统计年鉴 2016》，其中未考虑水果、茶叶、蚕茧等产秸秆较少的产品。

文献中平均每千克秸秆干物质产气量为 0.25m^3，秸秆含固率为 80%，可由二者及秸秆资源量得到秸秆的产气量。理论上，2015 年秸秆可以产沼气 1647.1 亿 m^3。

农作物秸秆是重要的可再生资源，但其中大部分在广大农村被作为燃料直接燃烧或者在地头焚烧。随着我国新农村建设的不断深入和农村经济的发展，农民对秸秆的依赖度越来越低,直接将其燃烧以供生活能源所需的比例正在逐渐减小，秸秆的用途也在向多元化发展。概括起来，除被废弃未利用的部分，秸秆主要用途有能源化利用、肥料化利用、饲料化利用、作为工业原料、作为食用菌基料，其中，2008 年用于肥料化、饲料化、作为工业原料等占比 51.08%；2015 年用于肥料化、饲料化、基料化与原料化占比 70%，也就是说，能够用于燃气化的秸秆约为总秸秆产生量的 30%。然而，与轻工业有机固体废物类似，秸秆可生物降解性较差，且在一段时间的储存后容易出现发霉等现象，使得秸秆的规模燃气化利用较为困难，因此实际用于燃气生产的秸秆量较少，经专家估计，2015 年秸秆实际产沼量为 0.2 亿 m^3，利用率极低。

秸秆的产量增长速度随着农作物产量增长速度的加快而加快，农业生产总值不断增长，因此农作物的产量和秸秆的产量也在不断增长。可将农业生产总值的增长速度视为秸秆的产量增长速度。由《中国畜牧兽医年鉴》查得近 5 年农业生产总值，经计算拟合，预测至 2020 年秸秆资源量将增至 9.5 亿 t，2030 年将增至 10 亿 t(表 2-33)，此后基本保持不变。

表 2-33　理论秸秆资源量

	2015 年	2020 年	2030 年
秸秆资源量(亿 t)	8.2	9.5	10

根据农业部发布的数据，2015 年秸秆用于肥料化、饲料化、工业加工等占 70%，经专家预测，此比例至 2020 年和 2030 年分别可达到 73%和 75%，因此，2020 年和 2030 年秸秆用于燃气化比例可为 27%和 25%，对应可用于燃气化的秸秆量见表 2-34。

表 2-34　用于燃气化的秸秆量

项目	2015 年	2020 年	2030 年
肥料、饲料、其他方式占比(%)	70	73	75
燃气化方式占比(%)	30	27	25
用于燃气化秸秆量(亿 t)	2.46	2.6	25000

根据《生物质能“十三五”发展规划》，2020 年秸秆产沼气约 30 亿 m^3，预测 2030 年沼气利用率达到 10%。结合 5 年现状，得出 2020 年沼气利用率约为 5%。根据预测利用率与秸秆产气系数得到沼气回收潜力(表 2-35)。

表 2-35　秸秆沼气利用率预测

项目	2015 年	2020 年	2030 年
沼气利用率 (%)	0.04	5	10
实际产沼气量 (亿 m^3)	0.2	30	50

2.5　生物质废物能源化回收利用潜力

从 2.2～2.4 节分析和计算可以得出 2020 年和 2030 年我国各类生物质废物产生量及燃气化利用潜力（表 2-36）。可以看出，2020 年我国生物质废物燃气化潜力约为 217 亿 m^3，2030 年约为 336 亿 m^3，其中轻工业高浓度有机废水潜力最大，畜禽养殖粪便、农作物秸秆和生活垃圾的潜力相对较大。根据表 2-36 中预测的 2020 年和 2030 年的燃气化潜力，其能量分别可替代标准煤 1300 万 t 和 2200 万 t，相当于减排二氧化碳 2000 万 t 和 3300 万 t。

表 2-36　我国生物质废物能源潜力预测汇总

分类	项目	2020 年			2030 年		
		废物产生量 (亿 t)	可收集利用量 (亿 t)	燃气化潜力 (亿 m^3)	废物产生量 (亿 t)	可收集利用量 (亿 t)	燃气化潜力 (亿 m^3)
城市生活源	垃圾填埋气	—	0.817	22	—	0.603	29
	厨余垃圾	1.03	0.153	11	1.21	0.362	25
	餐厨垃圾	0.205	0.144	8.4	0.25	0.2	12
	市政污泥	0.1	0.03	2	0.11	0.055	3.6
工业源	轻工业生物质废渣	0.6	0.18	3	0.7	0.35	5
	轻工业高浓度有机废水	197	43	106	231	58	142
农业源	畜禽养殖粪便	23.6	0.501	35	24.2	0.735	70
	农作物秸秆	9.55	0.15	30	10	0.25	50

第3章　城市再生资源回收体系

城市发展要求更多的资源消耗和物质投入，要实现城市代谢从线性代谢到循环代谢的转变，一是应提高资源利用效率，减少原生资源和直接物质的投入；二是应大规模增加再生资源利用，替代原生资源。因此，构建再生资源回收体系是“无废城市”建设中的重要内容，也是支撑静脉产业园、“城市矿产”示范基地或资源循环利用基地的关键环节。

3.1　再生资源的传统回收模式

3.1.1　传统再生资源回收的发展现状

城市再生资源是指在社会生产和生活消费过程中产生的，已经失去原有全部或部分使用价值，经过回收、加工处理，能够获得原材料和再利用价值的各种废弃物[112]。生产过程中产生的废弃边角料等再生资源产生量较集中、品质较高，利于形成稳定的回收利用产业链。生活源再生资源则产生于居民家庭和日常消费中，较为分散，不利于回收。

我国再生资源回收行业起步于20世纪50年代的废旧物资回收，目前基本形成了由回收、分拣、加工、再利用组成的产业体系，产业规模不断扩大。2013年，废钢铁、废塑料、废有色金属、废纸、废轮胎、报废汽车、废弃电器电子产品、报废船舶8大品种回收量超过1.6亿t，回收总值接近4800亿元[113]。2017年，废钢铁、废有色金属、废塑料、废轮胎、废纸、废弃电器电子产品、报废机动车、废旧纺织品、废玻璃、废电池等十大类别再生资源增长到2.82亿t[114]。

但是，我国再生资源回收利用体系在过去存在不少问题，主要表现在以下方面。

(1)组织化程度低。大量生活源再生资源经过流动回收者或拾荒者、回收网点、分拣中心或集散市场等几个环节最后才能到再利用企业(图3-1)。城市中大批流动人员加入资本投入和技术水平门槛低的回收行业，回收市场无序化经营，回收网点布局混乱，缺乏统一的规划。参与资源回收利用的企业主体多元分散，以社会化个体回收为主，据统计，回收行业企业有13.7万家，从业人员超过1800万人，平均每家每年回收量为1000多吨，中小企业占比80%，中小企业就业人数占比75%。规模化企业的回收量仅占回收总量的10%～20%[115]。因此行业小、散、差的特点明显，回收主体组织化程度低，市场竞争力差，管理工作难度大。

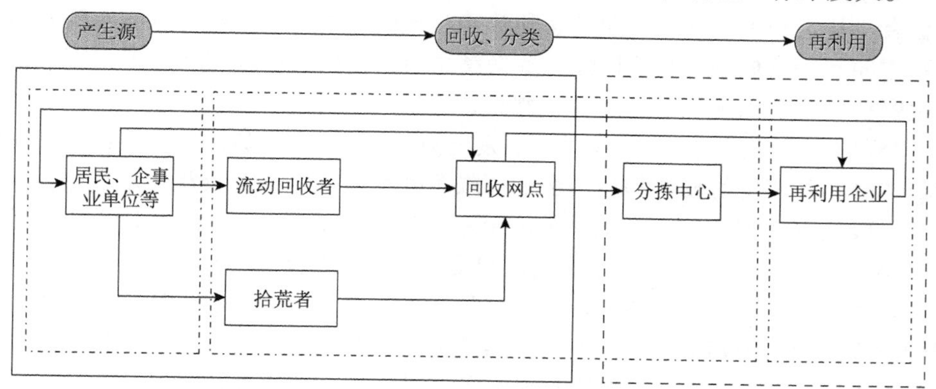

图 3-1　城市再生资源传统回收体系

(2)经营规范化程度低。标准化、规范化的运作流程尚未形成，回收、运输、储存、利用各环节协作配套不够。无证回收现象大量存在，酸浸、火烧等野蛮拆解和不具备资质私自拆解现象普遍存在，偷盗销赃行为时有发生，乱堆乱放、乱设摊点现象比较严重，这造成行业秩序混乱，存在环保隐患。不规范的回收利用方式也会造成对环境的二次污染，有悖于再生资源回收利用的初衷。另外，由于管理不够规范，再生资源回收行业脏乱差的现象比较严重，存在偷盗现象，对再生资源回收利用效率产生了很大的影响。总体来看，行业发展还缺乏规划，由于没有形成统一完善的管理体系，缺少统一规划，再生资源回收行业出现大量个体经营户乱收乱卖、乱堆乱放、随处设点等现象，不少个体收购点设在居民区、马路便道等位置，房屋破旧、形象差，严重影响市容，有部分回收站点无证照或证照不全；在市场利益驱动下，普遍存在着“利大抢收、利小少收、无利不收”的现象，导致大量低效益再生资源流失为垃圾；同时市场层次较低，加工方式落后，导致再生资源回收综合利用率低，市场交易混乱。

(3)分拣技术水平低。行业内技术研发普遍投入不足，操作工人缺乏技术培训，专业知识水平和技能操作水平较低。除少数企业回收工艺和装备较先进、环境保护设施较完善外，大多数从业主体设备简陋、技术落后，分拣精细化、专业化水平较低，在一定程度上影响再生资源的利用率。

(4)经营分散，缺乏现代信息与物流技术。再生资源回收利用前景广阔，但目前缺乏将该行业的价值链向现代信息、物流领域纵深延伸的探索。全国范围内普遍存在回收站点经营分散的状况，组织化程度低、交易方式落后、销售渠道不畅通。一方面造成激烈的竞争，整个行业的市场秩序混乱，另一方面市场货物供给、需求及价格的信息不畅，各经营主体不能做出准确判断和决策，增加了交易成本和生产成本。废品回收后积压现象严重，极易造成二次污染。回收站点的废旧物资不能及时清运，“脏、乱、差、臭”现象十分突出。此外，普通的经营企业和经营者，从宏观上缺乏对行业动态和政策法规的把握，不了解行业的发展方向，投资方向和经营规划具有滞后性，致使整个行业难以向更高层次发展。因此，将再生资源回收纳入现代信息技术、物流管理具有重要的意义。

(5)部分品种回收率低。废玻璃、废电池、废节能灯、废纺织品等品种，受回收成本高、利用价值较低和利用水平有限等因素影响，经济效益较差，回收率较低，一般只有30%左右，个别品种甚至随生活垃圾丢弃，对生态环境造成影响。

(6)居民认识上有待提高，社会重视度差。再生资源回收行业在传统观念中被看作是“收破烂”的，社会地位较低，社会对行业的关注不够，认识长期以来未得到改变，国家和相关地方政府对再生资源回收利用技术研究投入不足，科技开发力度小，也缺乏土地规划等发展必需的支持；行业内有些部门和企业缺乏创新和进取精神，固守原有的经营管理模式，行业整体素质有待提高。所有这些影响了再生资源回收产业又好又快地发展。整个社会对发展再生资源的意义和重要性认识不足，对于再生资源行业具有的公益性、社会性的特点及其在循环经济中的重要作用缺乏深刻认识，这反映出对再生资源的宣传工作还需加强；快捷、方便、及时、有效的信息化交流宣传平台建设严重滞后。

3.1.2 再生资源回收体系试点建设

“十一五”期间，我国进入发展循环经济的重要阶段，再生资源的回收利用受到国家和社会的高度关注。自2006年起，商务部会同相关部门开展了以回收站点、分拣中心和集散市场建设为核心的“三位一体”回收体系试点建设，为解决再生资源回收体系内长期以来存在的各种问题提供了有力的政策支持。

2006年，《商务部关于加快再生资源回收体系建设的指导意见》出台，提出了再生资源回收体系建设的指导思想、总体目标，并对再生资源回收体系建设的工作原则、工作重点做出了明确规定，要求在充分规范整合和利用现有再生资源回收渠道的基础上，结合城乡建设发展规划，合理布局，规范建设，在城市形成以社区回收站点为基础、集散市场为核心、加工利用为目的、点面结合、三位一体的再生资源回收网络体系，逐步提高回收集散加工能力，促进再生资源行业健康、有序发展。

2009年，《商务部、财政部关于加快推进再生资源回收体系建设的通知》(商商贸发〔2009〕142号)出台，提出“政府引导支持，企业市场化运作，以有利于提高再生资源回收利用率，有利于环境保护，有利于方便居民生活，有利于行业管理和培育规模化、规范化的龙头企业为出发点，以回收企业和集散市场为载体，立足于整合规范现有回收网络资源，通过政策支持推动改造、提升；试点先行，以点带面，实现全国再生资源回收体系建设的平稳较快发展”的建设原则，“通过完善再生资源回收的法律、标准和政策，形成再生资源回收促进体系；通过建立回收企业和从业人员培训体系，规范改造社区居民回收站点、分拣中心和集散市场，使城市 90%以上回收人员纳入规范化管理，90%以上的社区设立规范的回收站点，90%以上的再生资源进入指定市场进行规范化的交易和集中处理，再生资源主要品种回收率达到 80%，逐步形成符合城市建设发展规划，布局合理、网络健全、设施适用、服务功能齐全、管理科学的再生资源回收体系，实现再生资源回收的产业化”的建设目标。

我国《国民经济和社会发展第十二个五年规划纲要》明确提出，“完善再生资源回收体系，推进再生资源规模化利用”，把“废旧商品回收体系示范”作为七项重点工程之一，首次将回收工作列入国民经济与社会发展规划。《国务院办公厅关于建立完整的先进的废旧商品回收体系的意见》(国办发〔2011〕49 号)作为再生资源回收的指导性、纲领性文件，为实现回收体系建设提供了政策保障。

商务部在 2006 年、2009 年、2011 年开展的三批再生资源回收体系建设试点工作，先后确定了 88 个回收体系建设试点城市和 11 个集散市场，合计 99 个试点单位。截至 2012 年年底，中央财政累计安排 30 亿元，支持试点城市建设 51 550 个回收站(点)、341 个分拣中心。同时，支持建设、改造了 160 多个集散市场。51 550 个回收站(点)构成回收网点，废品在回收站(点)进行初步分选后，集中送往分拣中心进行精细分拣、打包，再送到集散市场进行交易。通过三批试点工作，试点城市和试点单位基本形成了“回收网点→分拣中心→集散市场”的“三位一体”回收体系模式(图 3-2)。从 2006 年至 2014 年，再生资源重点品种回收率大幅提高，整体回收率由原来的 40%提高到了 70%左右。其中，废钢铁、废有色金属、废弃电器电子产品及废塑料中的塑料瓶、塑料桶的回收率在 95%以上，废纸的回收率达到 75%。

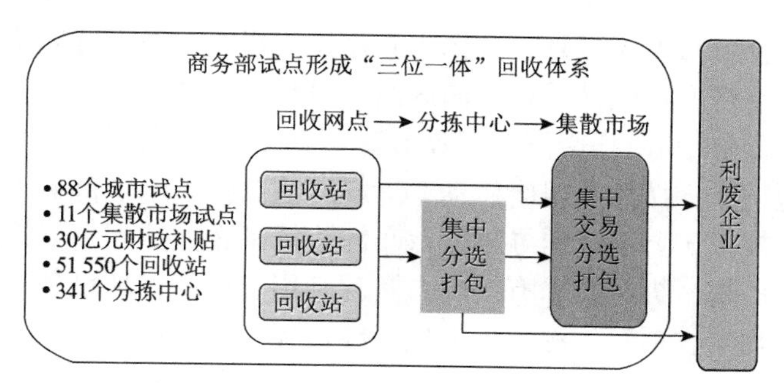

图 3-2　“三位一体”再生资源回收体系模式图

北京市再生资源回收体系建设案例如下。

北京市是 2006 年商务部审批的第一批试点城市。2006 年 8 月，原北京市商务局等 11 个部门制定了《关于推进北京市再生资源回收体系产业化发展试点方案的实施意见》，提出了再生资源回收体系建设“规范站点、物流配送、专业分拣、厂商直挂”的工作思路，启动再生资源回收体系产业化建设；2009 年 4 月，北京市委、市政府《关于全面推进生活垃圾处理工作的意见》，进一步将再生资源回收明确为从源头上实现垃圾减量的重要措施。北京市初步形成了回收、配送、专业分拣、加工利用的完整产业体系(图 3-3)。

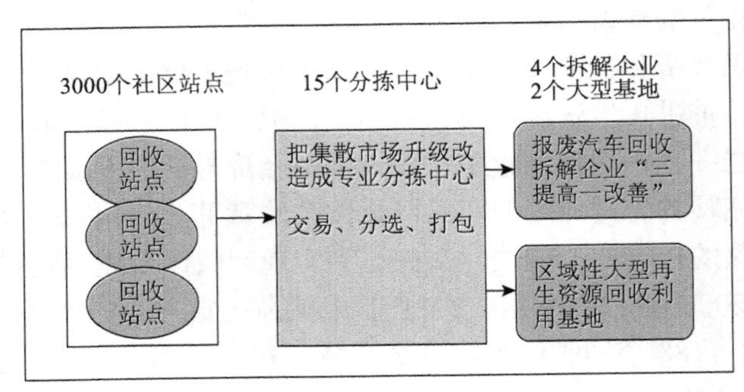

图 3-3　北京市再生资源回收利用体系

一是规范和完善社区回收网络。城区按照每 1000 户居民设置一个回收站点的标准，建设社区回收站点 3000 个，回收站点原则上以流动站点为主，固定站点为辅，并逐步引入物流配送方式，实行定点、定时、定人回收；远郊区县每个自然村(小区)设置一个固定回收站点，可实行定点、定时、定人回收。

二是建设专业化分拣中心。发展专业化分拣中心逐步替代摊群式集散市场，重点清理整顿市场，撤除非法市场，引导现有再生资源集散市场升级为专业化的分拣中心。按照布局合理的原则，需要再建 2 个专业化分拣中心；同时，对现有 13 个专业化分拣中心进行资源整合，对龙头企业分拣中心进行升级改造和扩大规模，并纳入首都城市发展规划。分拣中心建设位置应在城市五环路以外，原则上应建设在循环经济产业园区或科技园区内，可与垃圾处理厂结合。

三是规范拆解中心(报废汽车回收拆解企业)。对 4 家报废汽车回收拆解企业进行升级改造试点，按照《报废机动车拆解环境保护技术规范》《报废汽车回收拆解企业技术规范》要求，引导报废汽车回收拆解企业达到“三提高一改善”，即环保水准有提高，拆解技术有提高，资源利用有提高，环境条件有改善；整合现有电子废弃物回收拆解资源，扩大生产经营规模，打造环保、安全的拆解龙头企业。

四是培育区域性大型再生资源回收利用基地。按照基础好、规划内项目优先安排的原则，建设 2 家区域性大型再生资源回收利用基地，建设项目安排在区县规划的循环经济产业示范园或自有土地内，要具备回收、分拣、加工拆解、配送、综合利用的循环经济产业链条。

北京市建设再生资源回收体系的经验在于抓好四个环节，建立了再生资源回收体系的产业化链条，强化了“三位一体”的体系。

(1)规范回收前端。引导、支持各区县回收主体企业，按照“统一回收标识、统一计量工具、统一人员服装、统一运输车辆、统一收购价格、统一培训管理”的“六统一”原则，合理布局、规范有序地建设回收站点。各再生资源回收站点坚持常年在社区开展回收服务，方便市民交售。另外，各主体企业不断延伸回收前端，东城区天龙天天洁再生资源回收利用有限公司在 380 个党政机关、企事业单位设立了 1.6 万个废纸分类回收架；北京废品旧货网和北京天龙天天洁再生资源回收网两个网站不断完善服务功能，开展网上预约交废，方便市民生活。

(2)完善物流配送。采取企业自筹与政府补贴相结合的资金筹措方式，回收主体企业购置了 133 辆封闭式再生资源专用回收车，采取集中物流配送，掌控了前端资源，减少了二次污染，提高了集约化程度。

(3)加强专业分拣。北京市已建设分拣中心 15 个，包括废纸、废塑料、废金属、电子废弃物分拣中心，通过购置安装废纸打包、废饮料瓶自动剥标打包、废金属剪切、压块等分拣机械，实现了再生资源的分类打包，为与再利用企业对接奠定了基础。

(4)促进厂商直挂。北京市商务委员会会同市发展和改革委员会等部门公布了 6 家废旧纸张、废旧塑料和废旧钢铁再利用企业，回收企业与北京再利用企业和周边省市其他再利用企业建立了厂商直挂关系。目前中国的再生资源分类回收模式较为多元化，由于再生资源的种类、特点及回收体系的多样性和差异性，形成了几种较为典型的回收模式，如依托于政府财政政策的个别品种再生资源的基金制度、依托于行业协会的重点品种强制回收，以及依托于市场需求的再生资源互联网回收等模式。对于回收处理过程较为复杂、回收利用价值较高的再生资源品类，如废弃电器电子产品等，主要采取的是基于生产者责任延伸制的基金制度，通过财政部门的政策调控，一方面促进生产企业承担相应的环境保护等责任，另一方面为再生资源行业提供更多的发展空间。而对于回收处理过程相对简单、回收利用价值较低的再生资源品类，如利乐包等，主要通过资源强制回收产业技术创新战略联盟回收的模式，通过联盟和协会的形式促进重点品种再生资源品类的回收与利用。在再生资源回收形式上，近几年从传统的“游商游贩”及拾荒者等非正规渠道的回收模式，逐步与互联网+、物联网等技术相结合，形成了针对不同品类再生资源的互联网回收模式，并向正规化、平台化与系统化的方向逐步转变。

3.2 再生资源的基金制回收模式

依托于政府财政政策支持的个别品种再生资源基金制，其基本的理论依据为生产者责任延伸制度，即通过向生产企业征收一定费用作为基金，由财政部门设立的政府专项基金账户进行统一管理，再由相关政府部门如生态环境部等对特定品种再生资源的回收或处理加工企业的资质进行核定，由财政部门向有资质的回收或处理加工企业发放补贴。个别品种再生资源基金制主要应用于废弃电器电子产品处理行业。

我国是电器电子产品的生产和消费大国，但由于我国的废弃电器电子产品回收处理机制尚不完善，大量的电器电子产品流向非正规的拆解渠道，非正规的小作坊拆解技术手段落后，一方面是对资源的大量浪费，另一方面也对大气、土壤和水体造成了严重污染。

基于此，为规范废弃电器电子产品的回收处理，2008 年以来我国相继出台了《废弃电器电子产品回收处理管理条例》《家电以旧换新实施办法》《废弃电器电子产品处理基金征收使用管理办法》等政策，在一定程度上有效地促进了合理的废弃电器电子产品回收利用。

2011 年，《废弃电器电子产品处理目录(第一批)》(以下简称《目录》)规定了 5 类重点处理的废弃电器电子产品：电视机、电冰箱、洗衣机、房间空调器和微型计算机（四机一脑）；2014 年，《目录》新增 9 类产品：吸油烟机、电热水器、燃气热水器、打印机、复印机、传真机、监视器、移动通信手持机和电话单机。

根据《废弃电器电子产品处理基金征收使用管理办法》(以下简称《办法》)的规定，对电视机、电冰箱、洗衣机、房间空调器和微型计算机 5 类产品生产者和进口产品的收货人或者其代理人征收基金。出口电器电子产品免征基金。根据 5 类产品回收处理补贴资金需要，并考虑相关行业利润水平和企业负担能力，分类确定了基金征收标准。随着《办法》的实施和回收处理行业的发展，结合不同类型的废弃电器电子产品的处理成本情况，相关主管部门对补贴进行了调整。

电器电子产品生产者应缴纳的基金由国家税务局负责征收；进口电器电子产品的收货人或者其代理人应缴纳的基金由海关负责征收。国家税务局对电器电子产品生产者征收基金，适用税收征收管理的规定；海关对基金的征收缴库管理按照关税征收缴库管理的规定执行。取得废弃电器电子产品处理资格，并列入各省(区、市)废弃电器电子产品处理发展规划的企业(以下简称“处理企业”)，对列入《目录》的废弃电器电子产品进行处理，可以申请基金补贴。废弃电器电子产品处理基金的运作模式如图 3-4 所示。

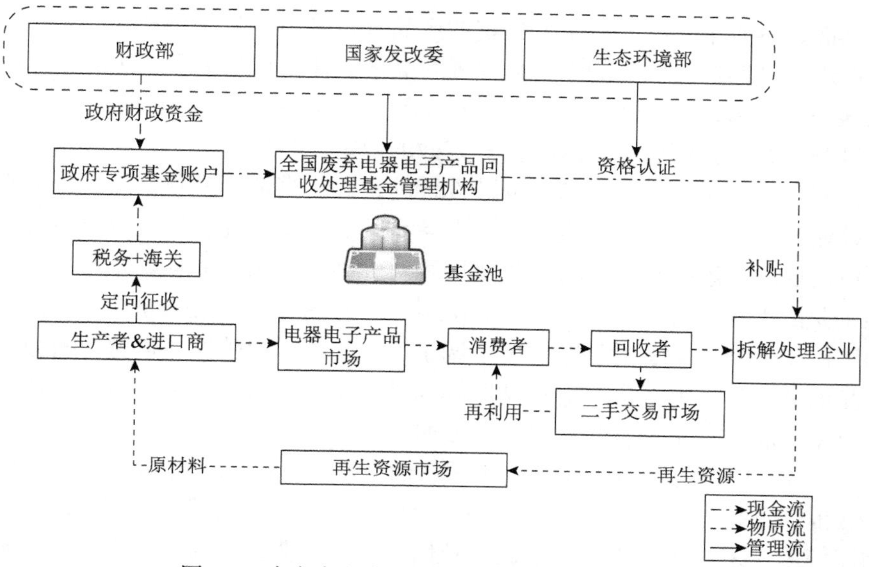

图 3-4 废弃电器电子产品处理基金模式示意图

《办法》规定，对处理企业按照实际完成拆解处理的废弃电器电子产品数量给予定额补贴。按照补偿废弃电器电子产品回收处理成本并使处理企业合理盈利的原则，分类确定了基金补贴标准，并于 2015 年 11 月对部分产品的补贴标准进行了调整（表 3-1）。根据废弃电器电子产品回收处理成本变化情况，财政部会同有关部门适时调整基金补贴标准。

表 3-1 废弃电器电子产品处理基金征收标准和补贴额度

种类	征收标准（元/台）	补贴标准		
		细分种类	标准（元/台，与原标准相比）	备注
电视机	13	14 寸及以上且 25 寸以下阴极射线管（黑白、彩色）电视	60（下调 25）	14 寸以下阴极射线管（黑白/彩色）电视机不予补贴
		25 寸以上阴极射线管（黑白、彩色）电视机、等离子电视机、液晶电视机、OLED 电视机、背投电视机	70（下调 15）	
电冰箱	12	冷藏冷冻箱（柜）、冷冻箱（柜）/冷藏箱（柜）（50L≤容积≤500L）	80（不变）	容积<50L 的电冰箱不予补贴
洗衣机	7	单桶洗衣机、脱水机（3kg<干衣量<10kg）	35（不变）	干衣量≤3kg 的洗衣机不予补贴
		双桶洗衣机、波轮式全自动洗衣机、滚筒式全自动洗衣机（3kg<干衣量≤10kg）	45（上调 10）	
房间空调器	7	整体式空调器、分体式空调器、一拖多空调器（含室外机和室内机）（制冷量≤14000W）	130（上调 95）	—
微型计算机	10	台式微型计算机（含主机和显示器）、主机显示器一体形式的台式微型计算机、便携式微型计算机	70（下调 15）	平板电脑、掌上电脑补贴标准另行制定

然而，尽管第一批《目录》规定的产品进行基金征收与补贴在一定程度上有力地促进了“四机一脑”的无害化处理与高效利用，但目前我国废弃电器电子产品处理基金的运行并不理想，仍存在较多问题有待解决。

1）基金补贴在额度、产品种类等方面的设定不合理

废弃电器电子产品处理基金补贴设计的初衷是高值产品补贴低，低值难处理产品补贴高。对于电冰箱与空调，二者含有的臭氧层消耗物质及价值较高的可回收原料需要的拆解处理成本与回收费用相对较高，低水平的补贴不足以激励拆解处理企业的正规化拆解与处理。在2015年11月的补贴标准调整中，电冰箱的补贴额度保持不变，空调的补贴额度上调了95元/台，尽管这一调整可有效提高废弃产品的处理量，但仍应考虑补贴原则与处理量之间有效平衡的具体措施。

2）基金收支不平衡，补贴发放不及时

自2012年《办法》实施以来，截至2015年年底共征收约92.6亿元，而2014年年底前需下拨的补贴共约97.3亿元，即2015年废弃电器电子产品的处理基金补贴需使用未来几年征收的基金进行补偿，或者需要公共财政的大量投入补充。对于《目录》中的新增产品，若按现有模式进行征收与补贴，将会造成更大的基金缺口，加重公共财政负担，是一种不可持续的发展模式（表3-2）。

表3-2 《办法》实施以来处理基金收支情况与补贴发放情况

年份	基金征收资金（亿元）	规范拆解量（万台）	下拨补贴资金（亿元）	回收处理时间	补贴发放时间
2012	8.5	759	6.3	2012年7～12月	2013年10月
2013	28.1	3987	33.1	2013年1～6月 2013年7～12月	2014年4月 2014年9月
2014	28.8	7020	57.9	2014年1～6月 2014年7～12月	2015年6月 2015年11月
2015	27.2	7500	54.0	—	—
总计	92.6	19266	151.3		

从处理企业申报申请、省级环保部门送审环保部、环保部核实汇总财政部、到财政部核定发放补贴，整个流程耗时较久，补贴发放到位的时间一般历时半年以上或更久。目前基金发放基本模式为每个财政年度的基金收入直接用于上一财政年度的基金补贴，当年的处理补贴需要下一财政年度征收的基金到位后方能支付。补贴发放的不及时与滞后性，带给拆解处理企业较大资金压力，对其积极性必然产生影响。

3）基金补贴静态化，存在行业不公平性

补贴标准目前较为静态化。自2012年《办法》实施以来，在2015年对部分

补贴标准进行了调整，调整周期为4年。然而，与补贴标准相关联的处理企业的各项成本与费用及相挂钩的再生资源与大宗资源的比价关系的变动周期短于基金补贴标准的调整周期，二者无法相互适应，加大了各补贴产品之间的不公平性。

接受补贴的处理企业名单较为静态化。对目前现有的109家补贴企业缺乏一套完善的动态市场准入和退出机制，缺少对各补贴企业的激励和惩罚措施。对于新增产品，若依然按现有模式不对补贴企业名单进行动态调整，未来将出现“劣币逐良币”的情况，加剧处理企业间的不公平竞争，降低基金的使用效率。

4)基金补贴核查耗时耗力，职责部门人力有限

截至2015年年底，我国共有109家企业列入废弃电器电子产品处理基金补贴名单，分布在29个省份，平均每个省份3.7个。目前废弃电器电子产品处理规范性核查具体实施的部门为生态环境部固体废物与化学品管理技术中心及各地的固体废物管理中心，由于《废弃电器电子产品拆解处理情况审核工作指南(2015年版)》等指导文件要求具体详细，而且地方部门人力和物力等资源有限，耗费时间较长，导致补贴发放不及时。对于新增目录产品，若不完善核查机制与核查主体，将导致更大规模的补贴发放滞后。

我国在完善废弃电器电子产品处理基金管理制度的过程中，应在废弃电器电子产品回收处理全过程进一步体现生产者的责任，通过设定回收目标、推动建立回收点等方式探索高效的回收模式，规范废弃产品回收市场，加强生产者和处理企业的联系，提高废弃电器电子产品的资源利用率。研究引进第三方组织或机构参与处理基金的全过程管理可行性，简政放权，政府行政部门开展过程监管，降低国家相关部门的管理成本，引导废弃电器电子产品回收处理行业的良性发展。实践证明，对《目录》第一批产品进行基金征收与补贴，有力地促进了“四机一脑”的无害化处理与高效利用，取得了很好的效果。基于目前基金实施过程中存在的问题，借鉴国际经验与发展趋势，针对当前目录新增产品，有必要研究合适的基金征收与补贴政策，以更好地完善我国废弃电器电子产品无害化处理的管理体系，进而保护环境，促进循环经济，建立电子废物产业基金管理模式。

(1)进一步完善基金征收使用管理办法。

《办法》已对首批《目录》产品制定了切实可行的基金征收、使用、监督办法，并取得了很好的促进效果。面对家用电器报废高峰期，开展《目录》调整的研究工作，及时地研究新增产品的基金征收与补贴政策，可以进一步完善废弃电器电子产品的基金征收、使用管理办法和无害化处理管理体系。

(2)促进电器电子产品无害化处理与综合利用。

长期以来，回收处理体系不完善，产业链末端技术薄弱，导致废弃电器电子产品处理过程中遇到了各种“囧”境。建立废弃电器电子产品基金征收与使用管

理办法，对生产、进口企业征收基金，对回收处理企业进行补贴，其实质是一种经济政策工具，能有效地鼓励处理技术的研发和推广，建立和完善回收、拆解及综合利用的循环经济体系，促进我国电器电子产品从生产、销售到回收处理的产业化进程。

(3)进一步完善生产者责任延伸制。

基金征收与补贴政策的研究遵循的是“生产者责任延伸制”(extended producer responsibility，EPR)。对生产企业而言，征收废弃电器电子产品处理基金，强化生产者责任制，将生产者的外部环境成本内部化，使生产者对产品责任延伸至消费后的产品回收和最终处理处置阶段，承担了“从摇篮到摇篮”的产品终身责任，实现了保护环境和资源再利用的双重目的。

(4)有力促进循环经济发展。

废弃电器电子产品中有许多有用资源，如铜、铝、铁及各种稀贵金属、玻璃、塑料等，也有很多有毒有害物质，如电路板中的铅、镉等重金属和溴化阻燃剂等。因此，废弃电器电子产品既是资源又是污染源。如果没有完善的回收处理体系，就会造成上述资源的大量浪费，还有可能造成二次污染，影响环境的同时也会给消费者带来安全隐患。基金征收与补贴政策能有效促进废弃资源的回收利用，在保护环境的同时还能实现资源的再利用，进而促进我国循环经济产业的发展。

3.3 互联网+再生资源回收模式

传统的垃圾分类回收模式存在着包括在产生源头、中转收运和最终处理等环节出现的局部问题，还包括在整个系统的设计和构建中存在的系统问题，这些问题跟垃圾分类回收各环节的活动存在因果关联。近年来，一些地区和企业积极探索创新性产业发展路径，将“互联网+”的思路融入生活垃圾分类和再生资源循环利用的体系，探索解决垃圾分类回收前端、中端和后端各环节存在问题的解决方式，并相继取得了一定的成效。

在国家政策方面，对“互联网+”技术的应用也逐步重视。2015 年，国务院先后发布了《关于积极推进“互联网+”行动的指导意见》《促进大数据发展行动纲要》等重要文件，为互联网在各领域的融合应用提出了发展目标和主要任务。2016 年，国家发改委联合多部门发布了《“互联网+”绿色生态三年行动实施方案》，提出要充分发挥互联网在逆向物流回收体系中的平台作用，提高再生资源交易利用的便捷化、互动化、透明化，促进生产生活方式绿色化。

本节将基于生活垃圾分类回收各环节总结利用“互联网+”的解决方案。

3.3.1　在前端环节的“互联网+”解决方案

在生活垃圾产生源头（前端）的环节中，“互联网+”垃圾分类应用实践得最密集、解决问题最广泛。在这个环节中，“互联网+”当前主要通过解决方案及应用实践解决以下几类问题。

1. 社区居民普遍缺乏垃圾分类的习惯和动力

基于移动互联网已广泛普及的背景，当前在社区中实践应用的“互联网+”解决方案是为垃圾分类建立专门的微信公众号、APP 客户端连接社区居民[116]，并为社区居民建立个人账户，一方面宣传垃圾分类，另一方面引入积分奖励机制来引导并激励垃圾分类行为。

图 3-5 展示了一款某市正在大力推广的垃圾分类 APP[117]。这个 APP 通过建立垃圾分类手机 APP 和微信公众号，将垃圾分类的知识、政策、参与途径等定期推送至社区居民。

图 3-5　某 APP 垃圾分类积分激励机制

社区居民可以通过“扫一扫”功能记录废报纸、废玻璃、废塑料的投放信息。这款 APP 根据投放垃圾种类及重量给予社区居民个人账户的相应积分，积分可兑换现金奖励，也可兑换生活用品。这套“互联网+”解决方案，可以有效引导并激励社区居民进行分类垃圾的准确投放，提升其垃圾分类的参与感和获得感。

2. 垃圾分类缺乏标准，缺乏引导，分类因人而异

当前实践应用的解决方案是基于 RFID 等自动识别技术设计并制造的智能垃

圾桶，该方案有效解决了垃圾分类缺乏引导的问题[118]。这种智能垃圾桶带有自动感应器，可以对居民前来投递的垃圾类别进行有效识别，并打开相应的分类收集口。

图 3-6 展示的是某市已经投放使用的智能分类垃圾桶[119]。这种垃圾桶是按照可回收垃圾、厨余垃圾、有害垃圾、其他垃圾的“四分法”设置了四个分类智能垃圾桶，每个垃圾桶配备基于 RFID 的自动识别感应器。社区居民先到垃圾桶旁边的客户服务屏刷卡登录个人账户，再将垃圾按照相应类别进行投放。这种智能垃圾桶自带称重系统，可将投递垃圾自动换算一定积分计入个人账户，它的投入使用，可以让国家规定的垃圾分类“四分法”显性化，同时可以有效引导居民提高垃圾投放的准确性。

图 3-6　智能回收机

3. 垃圾分类的投递不便利

当前实践应用的解决方案是建立“线上+线下”的垃圾分类上门回收服务，即通常所说的 O2O（online to offline）。其通过微信公众号、WEB 网站、APP 客户端等网络平台连接社区居民，并为可回收垃圾物资提供可预约的上门服务。

例如，某居民家中囤积了大量的废弃书籍及废弃塑料瓶，居民可通过微信公众号、WEB 网站、APP 客户端等在家里实现一键预约或在线下单，待回收人员线上抢单成功后再上门回收[120]。回收人员对废弃书籍、废弃塑料瓶进行称重计量，向居民支付回收费用。同时居民还可以在线上对这种服务做评价与投诉。这种提前预约和上门服务，极大方便了居民对生活垃圾的分类和回收，有助于实现垃圾分类“人人参与、家家受益”的共赢局面。

4. 垃圾分类的交易不便利

当前实践应用的解决方案是基于广泛应用于社会的互联网交易的支付平台，

如支付宝、微信等，为垃圾分类提供一个估值规范、交易便利的服务端口，在支付平台自有的体系内建立一套垃圾交易的“定价标准”，同时又作为垃圾分类后资源回收的交易平台。

如图 3-7 所示，支付宝开通了“蚁上回收”的服务端口[121]。这个客户服务界面分为“生活垃圾分类回收”“手机数码回收”“旧衣回收”“家电回收”“图书玩具回收”等几类，上述每类都有相应的合作商客户端。例如，“生活垃圾分类回收”有“易代扔”“易丢丢垃圾回收”等合作商客户端，“手机数码回收”有“估吗回收”“爱回收”等合作商客户端。每个客户端都可以实现预约服务，填写社区地址并等待社区回收员上门称重并计算价格，回收费用会转入居民的支付宝账号。值得一提的是，支付宝在体系内为所有可分类回收的垃圾设计了一套标准的、规范的估值，即按重量兑换“能量”，如 1kg 塑料瓶兑换 1kg“能量”，居民可根据累计“能量”在支付宝商城内兑换实物或优惠券。

图 3-7　支付宝垃圾分类回收服务界面

3.3.2　在中端环节的“互联网+”解决方案

在生活垃圾中转收运（中端）的环节中，“互联网+”垃圾分类应用实践大多处于探索期。在这个环节中，“互联网+”当前主要通过解决方案及应用实践解决了以下几类问题。

1. 垃圾分类运输的运营效率偏低

当前实践应用的解决方案是在收运中间过程中大量引入视频监控、GPS 监控、条码扫描、RFID 信息录入、电子地磅、电子台秤等“互联网+”技术和设备，对垃圾分类收运的物流系统进行过程优化和流程改造，提高物流系统的准确性和工作效率。

目前一些可回收再利用资源的回收站点进行了智能化、信息化的技术改造。如图 3-8 所示，某回收站点安装了一种可以实现智能称重并上传信息的电子地磅[122]。可回收垃圾资源只需行驶至指定区域，即可完成智能称重、刷卡上传、自动转账一整套标准化的回收称重计量作业。这种智能化、信息化的技术改造，可以帮助回收站点提升运营效率、增加收运规模，让回收站点管理人员不再限于“称重、盯钱、看货”的具体工作细节中。

图 3-8　智能电子地磅

如图 3-9 所示的回收机构为了确保垃圾分类回收的同类材料实现分类运输，对同类回收材料贴上一维码并将信息录入至信息平台，同时利用信息平台确保实现“车到车”的物流运输路径[122]。某公司以使用小三轮车的回收员的运送能力和集中程度，以及小区布局等为参照条件划定区域，各区域布置一辆 4m 长的中型回收货车。信息系统及时通知周边回收员在某时间段到指定地点前来投递可回收资源，实现小三轮车与中型回收货车的货运对接。

图 3-9　“车到车”的物流运输模式

2. 垃圾分类运输的收运不及时、路线不经济

当前实践应用的解决方案是在智能回收桶（箱）内安装监控装置和 GPS 定位系统，并通过物联网系统构建成网络，建立一个完善的后台监控系统。通过此后台监控系统实时监控，及时通知垃圾收运车进行清运，并规划最优的收运路线。

这种解决方案在某些高价值的单一类别可回收垃圾（如塑料瓶）的环节中实践应用较多。某家公司专门经营城市塑料瓶的回收再利用业务，这家公司开发了多种类型的专门回收塑料瓶的智能回收机，如图 3-10 所示[123]。

图 3-10　塑料瓶智能回收机

这些智能回收机能计量垃圾瓶的投放频次和累计重量，自身具备 GPS 定位系统，同时将数据实时传输到后台监控系统，如图 3-11 所示[124]。后台监控系统的数据为物流运输提供决策依据，后台管理人员可以开发相应算法，及时收运、提高满载率并规划最经济路线。这种智能回收机最早于 2012 年 12 月开始在北京部分地铁站上线运营，截至 2018 年 6 月，累计在北京市的公交、地铁、机场、学校、社区、商场等人口集中场所投放约 5000 余台，累计回收饮料瓶 5500 余万个 [124]。

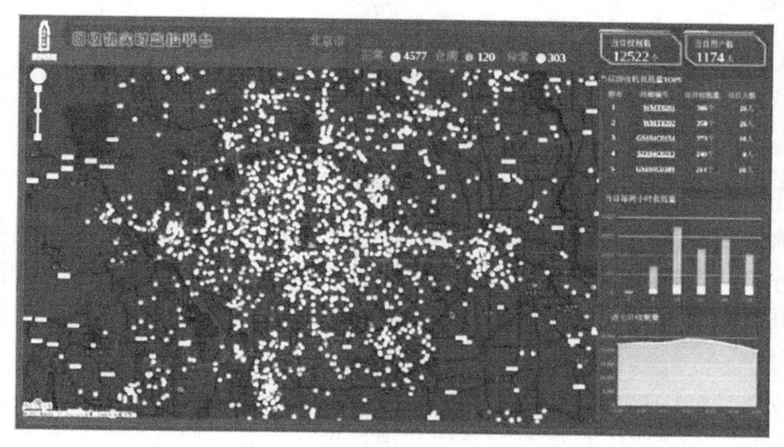

图 3-11　智能回收后台监控系统

3.3.3 在后端环节的“互联网+”解决方案

在生活垃圾最终处理(后端)的环节中，“互联网+”垃圾分类应用实践目前相对偏少。在这个环节中，“互联网+”当前主要通过解决方案及应用实践解决了以下几类问题。

1. 垃圾回收再利用企业缺乏稳定的、低廉的资源渠道

当前实践应用的解决方案是基于垃圾回收再利用企业需要稳定的、低廉的资源渠道这一市场需求，通过互联网搭建一个电子商务平台，让处于整个垃圾分类体系后端的再利用企业，能够与中上游主体进行市场交易，以确保稳定的、低廉的资源渠道，实现规模效益。

将垃圾分类后的可回收利用资源进行再利用，这是一个再制造过程，然而从事可回收利用的企业大多面临难以实现规模效益、上游供货来源不稳定、回收价格不明确等发展制约问题。图 3-12 所示为市场上近期兴起的一个 B2B 可回收资源交易的电子商务平台[125]。这个电子商务平台拥有全国性的数据信息库，再利用企业可以发布采购需求，出货商可以发布供货信息。这家 B2B 电子商务平台则在其中起到促进信息对称、降低交易成本、缩短采购时间、扩大交易范围、提供融资服务等作用。

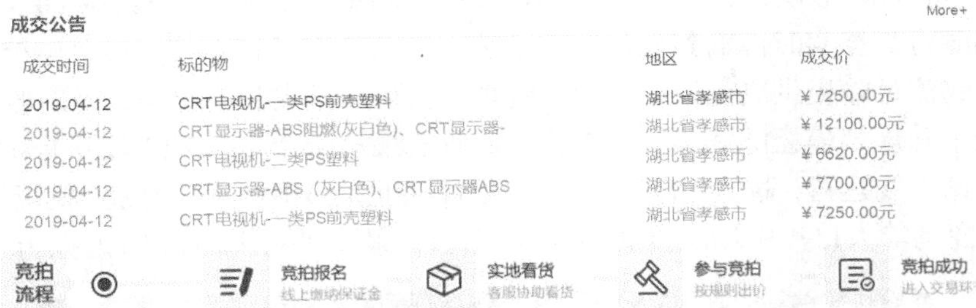

图 3-12　某 B2B 可回收资源交易电子商务平台网站截图

2. 垃圾终端处理缺乏环境污染有效监测

目前焚烧和填埋这两种最终处理方式都有可能引发二次污染，当前实践应用的解决方案是在垃圾焚烧厂、垃圾填埋场有效监测点设置传感装置并进行联网，通过信息监控后台实现环境监测，实时监测垃圾最终处理对生态环境的影响在可控范围内。

在垃圾焚烧厂，可以通过互联网技术及设备，建立一整套进场监管、过程监管、排放监管一体化的环境监测系统。当垃圾进场时，通过智能计量装置实时掌

控各入口的垃圾量，并将数据传输到信息化的管理后台。当垃圾焚烧时，通过采集、计算并控制炉温、辅料投放量等实时数据，减少焚烧造成的二次污染。如图 3-13 所示[126]，当垃圾经过焚烧处理后，通过垃圾焚烧在线监测系统，实时采集排放物的相关指标，实时监测烟气排放的达标情况。

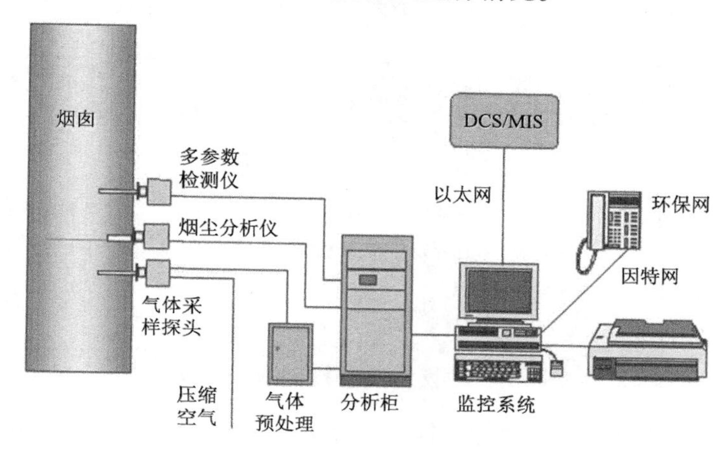

图 3-13 垃圾焚烧在线监测系统

在垃圾填埋场，可以通过互联网技术及设备对垃圾填埋处理的无害化情况进行在线监测。通过传感器对二氧化碳、甲烷、水等进行数据监测，同时通过数据建模，即时监测堆体情况及作业区域的稳定性。通过三维仿真模拟系统呈现为可视化的界面，可以调整优化填埋库区的填埋作业。通过视频管理系统可实现远程监控垃圾填埋场的各个角落，可以及时应对和处理各种突发情况。

基于对上述解决方案的分析可知，“互联网+”解决方案能够针对传统垃圾分类模式存在的局部问题，设计出有效的解决方案，但是无法对系统问题给出有效的解决方案，且在垃圾分类领域，最有价值、最有潜力、最为广泛的“互联网+”解决方案仍在垃圾分类的前端环节。

要突破我国垃圾分类回收没有实质性进展的困境，必须要直面传统垃圾分类模式的系统问题。生活垃圾分类回收的系统问题包括两方面：一是传统垃圾分类模式没有实现将垃圾的“分类管理”从前端、中端贯穿到后端；二是传统垃圾分类模式目前缺乏一体化、系统化、规范化的设计及构建。只有同时着眼于解决系统问题和局部问题，才可能实现垃圾分类减量化、资源化、无害化的长远目标。为能同时解决系统问题和局部问题，在垃圾分类回收新模式的设计上，应着眼于以下内容。

(1)将垃圾分类视为一个完整的产业体系，将垃圾分类管理从前端、中端贯穿到后端，实现分类投放、分类收集、分类运输和分类处理的全过程。如图 3-14 所示，要做好垃圾分类管理，可以按照国家规定的“四分法”标准，将生活垃圾分为可回收垃圾、有害垃圾、厨余垃圾和其他垃圾等四个类别。与此同时，不仅从生活垃圾的产生源头环节入手，还需考虑后续的分类收集、分类运输及分类处理。

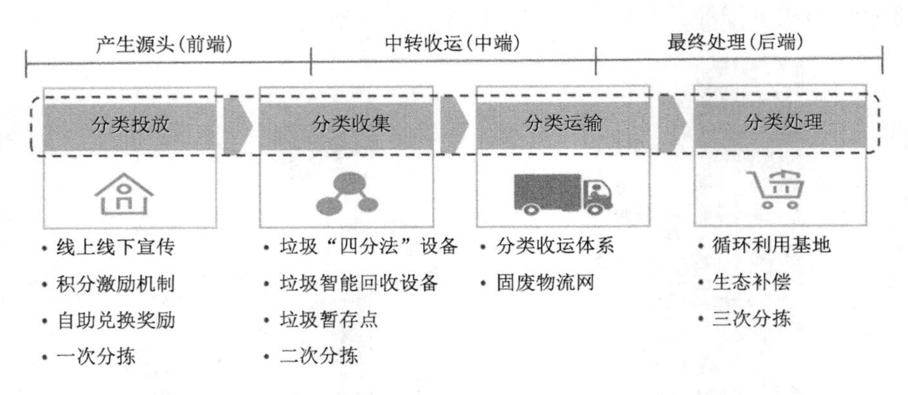

图 3-14 垃圾分类新模式的设计思路

(2)基于“两网融合”，将回收体系和环卫体系关键物流节点的功能融合。如图 3-15 所示，环卫体系的垃圾楼与回收体系的回收网点都属于小规模垃圾物流的关键物流节点，环卫体系的转运站及中转站与回收体系的分拣中心都属于大规模垃圾物流的关键物流节点。将这些物流节点改造升级，让其同时具备两个体系的功能，配套的人力队伍和设施设备做好相应布局，由此实现“两网融合”。

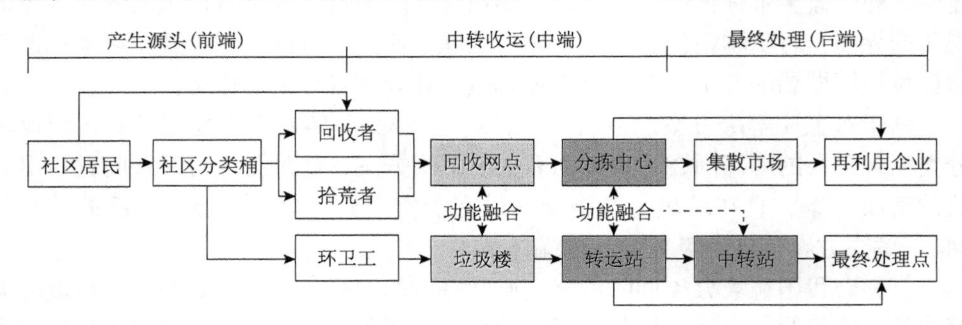

图 3-15 垃圾分类新模式的“两网融合”

(3)基于自身的资源禀赋和能力条件，通过引入“互联网+”在前端、中端和后端各环节的解决方案，来提高垃圾分类参与积极性、降低垃圾分类收集难度并促进“两网融合”。设计垃圾分类新模式，需要认识到“互联网+”的技术和设备在垃圾分类领域的潜力和价值，借鉴并创造性使用行业中已经成熟的“互联网+”解决方案，如线上线下宣传、积分激励机制、自助兑换奖励、垃圾智能回收设备、运输线路优化算法等，以此提升整个垃圾分类新模式的效果和效率。

(4)在整个垃圾分类新模式中设计三个垃圾分类环节。如图 3-16 所示，第一个垃圾分类环节即“一次分拣”，主要是社区居民自主分类或有垃圾分类员协助引导分类；第二个垃圾分类环节即“二次分拣”，主要是在垃圾楼、转运站等环节使用大量人工进行的二次分拣；第三个垃圾分类环节即“三次分拣”，主要是在中转站或分拣中心通过工业化分选设备进行的三次分拣。三个环节的垃圾分类是相辅相成、相互补充的关系，并由此分别产生一次回收量、二次回收量、三次回收量，从而提高整个垃圾分类新模式的回收利用率。

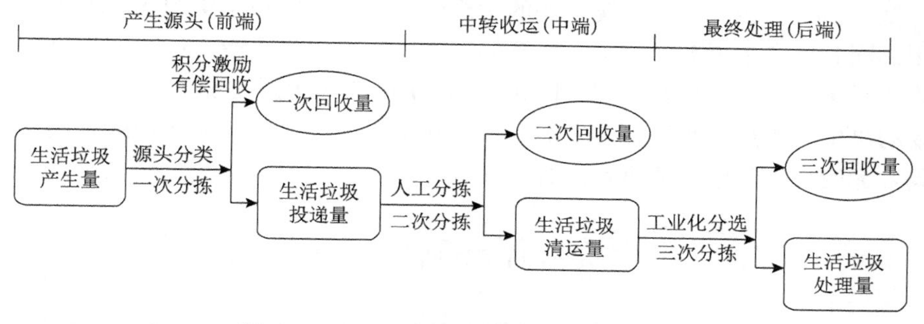

图 3-16　垃圾分类新模式的三个分类环节

第 4 章　城市再生资源循环利用园区

城市积聚了经济社会系统主要的生产生活活动，实现了资源能源的规模高效利用，同时也产生了数量大、品类多的固体废物或再生资源。通过城市再生资源回收体系可以集聚再生料实现园区化集约化的循环利用，形成经济、环境效益双驱动的再生资源加工利用产业发展模式，这既是改善城市资源代谢的关键环节，也是“无废城市”建设的重要内容。

4.1　再生资源循环利用园区发展实践

国家“城市矿产”示范基地是当前我国再生资源循环利用园区中的典型代表。从 49 家国家“城市矿产”示范基地集聚的再生资源种类看，主要涵盖了废钢铁、废铜、废铝、废铅锌、废塑料、废纸、废橡胶、报废汽车、废弃电器电子产品、废玻璃等品种。从城市矿产资源来源看，兼顾了国内、国外两个市场，以国内市场为主，国外市场为辅。国家“城市矿产”示范基地的建设，推动了再生资源产业成为区域循环经济发展的重要生力军，形成了多产业共生联动聚集发展格局，有些甚至成为地方新的经济增长极，推动了区域经济绿色高质量发展。

4.1.1　国家“城市矿产”示范基地建设概况

随着全球工业化和城镇化进程不断推进，矿产资源从地下转移到地上，从矿区转移到城市，转移速度逐渐加快。全球 80%以上可利用的矿产资源已集聚在城市之中[127]；铜、锌、镍、锡、铂等 5 种金属矿产在 20 世纪的年平均使用增量分别为 3.3%、3.2%、3.8%、1.8%、4.9%[128]，相当于每 20 年增加一倍，城市以产品和废弃物形式储存的金属矿产存量也随之快速增加。

工业化和城镇化带来了资源过快消耗和需求增长，导致了严重的全球性资源短缺问题。战略性资源短缺成为我国经济社会发展的主要瓶颈之一。我国主要金属资源的人均储量与世界人均水平相比，铁矿石为 17%，铜资源为 17%，石油为 11%，铝土矿为 11%，天然气仅为 4.5%[129]。资源储量严重不足和禀赋较差导致了我国对进口资源的极大依赖性。2020 年，我国除稀土等几种资源外，主要金属矿产资源和重要非金属矿产资源将面临严重短缺，迫切需要寻找新的资源开采源和保障途径[130]。随着工业化和城镇化进程的快速推进，主要资源的对外依赖性还将继续扩大，这不利于我国经济社会持续快速发展。

2010 年，我国开始加快推进“城市矿产”资源发展战略。根据《国家发展改革委、财政部关于开展城市矿产示范基地建设的通知》(发改环资〔2010〕977 号)，其中的“城市矿产”是指“工业化和城镇化过程产生和蕴藏在废旧机电设备、电线电缆、通讯工具、汽车、家电、电子产品、金属和塑料包装物及废料中，可循环利用的钢铁、有色金属、稀贵金属、塑料、橡胶等资源，其利用量相当于原生矿产资源”。开展国家“城市矿产”示范基地建设可有效缓解资源瓶颈约束与减轻环境污染，是我国发展循环经济的重要内容与实施“城市矿产”资源发展战略的基本途径。

国家“城市矿产”示范基地建设的主要任务为“推动报废机电设备、电线电缆、家电、汽车、手机、铅酸电池、塑料、橡胶等重点‘城市矿产’资源的循环利用、规模利用和高值利用。开发、示范、推广一批先进适用技术和国际领先技术，提升‘城市矿产’资源开发利用技术水平。探索形成适合我国国情的‘城市矿产’资源化利用的管理模式和政策机制，实现‘城市矿产’资源化利用的标志性指标”；要求做到“回收体系网络化、产业链条合理化、资源利用规模化、技术装备领先化、基础设施共享化、环保处理集中化、运营管理规范化”。

自 2010 年以来，国家发改委和财政部陆续联合批复了 6 批共 49 家“城市矿产”示范基地，其分布见图 4-1。“城市矿产”示范基地的建设在各地已有的再生资源回收与循环利用体系的基础上，主要开展三大类项目的建设：新增加工处理能力项目、回收体系建设项目及基础环保设施项目。各基地的新增加工处理能力项目因地制宜，结合当地已有资源循环利用行业的优势再生资源品类，综合开发多种品类再生资源的回收处理能力，通过搭建再生资源回收体系，辅以基础环保设施项目和配套政策措施，形成综合性的再生资源回收利用体系。

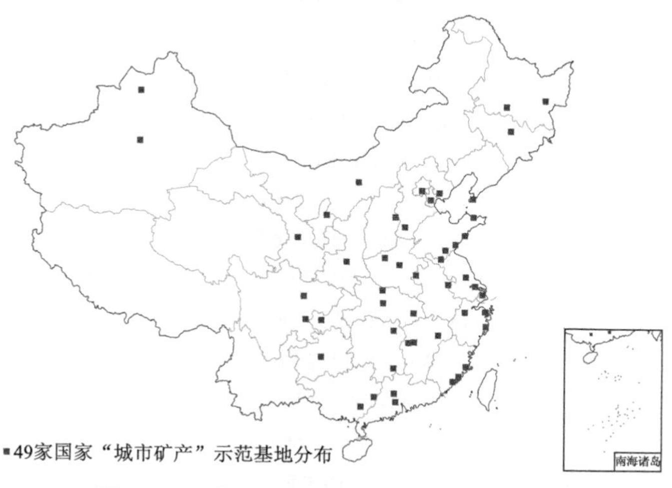

图 4-1　49 家国家“城市矿产”示范基地分布

批复的49家基地主要分布在东部沿海地区，新增资源量分配较多；内陆地区分布较少，新增资源量分配较少(表4-1)。这一分布特征与沿海地区交通运输便捷、贸易发达，而内陆地区交通运输成本较高相关。示范基地建设初期，国内的再生资源产业的回收能力不足，一些“城市矿产”示范基地主要依赖国外进口废料以满足产能需求。截至2019年上半年，国家已对36家示范基地开展了终期验收工作，其中有9家基地由于市场变动及政策变动等因素运行情况不佳没有通过验收而被撤销称号。由于经济形势和再生资源进口政策的变化影响，部分地方对再生资源产业的发展重视程度下降，严重影响了示范基地的建设进度和运营情况。部分地区调整了当地的发展规划和产业发展方向，在某种程度上限制了再生资源产业的发展。

表4-1　49家被批复的国家“城市矿产”示范基地清单

序号	批次	基地名称	新增资源量(万t)
1	第一批(2010年)	天津子牙循环经济产业区	340
2		宁波金田铜业	33
3		湖南汨罗循环经济工业园	240
4		广东清远华清循环经济园	30.65
5		安徽界首田营循环经济工业区	50
6		青岛新天地静脉产业园	64.5
7		四川西南再生资源产业园区	22
8	第二批(2011年)	上海燕龙基再生资源利用示范基地	52
9		广西梧州再生资源循环利用园区	164
10		江苏邳州市循环经济产业园再生铅产业集聚区	85
11		山东临沂金升有色金属产业基地	67
12		重庆永川工业园区港桥工业园	50
13		浙江桐庐大地循环经济产业园	44
14		湖北谷城再生资源园区	161.5
15		大连国家生态工业示范园区	110
16		江西新余钢铁再生资源产业基地	177.2
17		河北唐山再生资源循环利用科技产业园	160
18		河南大周镇再生金属回收加工区	156
19		福建华闽再生资源产业园	33.2
20		宁夏灵武市再生资源循环经济示范区	105.4
21		北京市绿盟再生资源产业基地	47.5
22		辽宁东港再生资源产业园	41.45

续表

序号	批次	基地名称	新增资源量(万 t)
23	第三批(2012 年)	佛山市赢家再生资源回收利用基地	87
24		滁州报废汽车循环经济产业园	78
25		新疆南疆城市矿产示范基地	25
26		山西吉天利循环经济科技产业园区	56
27		黑龙江省东部再生资源回收利用产业园区	13.28
28		永兴县循环经济工业园	61.06
29		吉林高新循环经济产业园区	10.32
30	第四批(2013 年)	荆门格林美城市矿产资源循环产业园	54.78
31		鹰潭(贵溪)铜产业循环经济基地	70
32		江苏如东循环经济产业园	101
33		台州市金属资源再生产业基地	252
34		邢台中航工业战略金属再生利用产业基地	52.3
35		四川保和富山再生资源产业园	31
36		洛阳循环经济园区	71
37		贵阳白云经济开发区再生资源产业园	46
38		福建海西再生资源产业园	30
39		厦门绿洲资源再生利用产业园	35
40	第五批(2014 年)	烟台资源再生加工示范区	68.4
41		内蒙古包头铝业产业园区	44.75
42		兰州经济技术开发区红古园区	73
43		克拉玛依再生资源循环经济产业园	39
44		哈尔滨循环经济产业园区	48
45		玉林龙潭进口再生资源加工利用园区	54
46	第六批(2015 年)	江苏戴南科技园区(循环经济产业园)	36.96
47		丰城市资源循环利用产业基地	45
48		大冶有色再生资源循环利用产业园	39.4
49		陕西再生资源产业园	33.9

4.1.2　国家“城市矿产”示范基地空间布局研究

现有国家“城市矿产”示范基地在规划建设过程中，并没有考虑区域“城市矿产”资源的供给能力及空间服务效益，导致一些“城市矿产”示范基地因资源供给不足而造成部分停产的尴尬局面，以及示范基地因区域的分布不平衡而降低整体服务效益，因此迫切需要开展示范基地的空间布局优化研究。本节在归纳“城市矿产”资源量空间演变规律的基础上，选取我国287个地级及以上城市（未包括2012年成立的三沙市）作为“城市矿产”示范基地潜在布局点（图4-2），以空间服务效益最大化为目标，研究优化国家“城市矿产”示范基地空间布局。

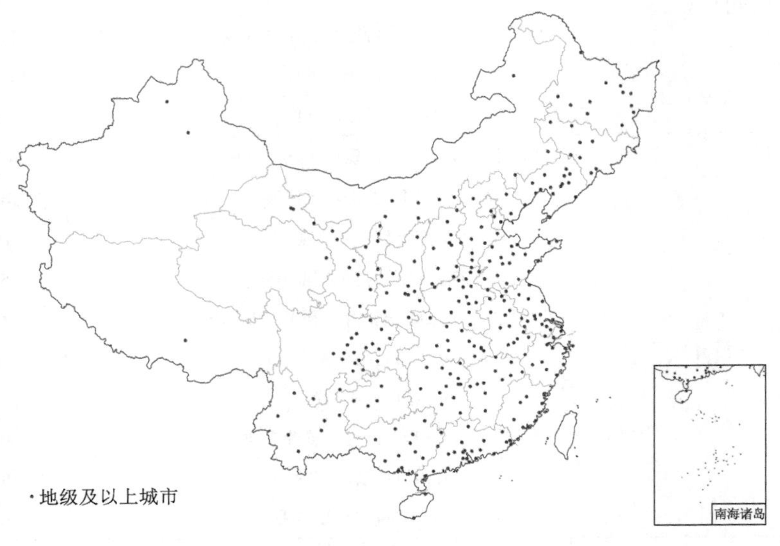

图4-2　中国287个地级及以上城市分布

基于数据可得性，本节将选取我国八大类主要“城市矿产”资源中的金属作为主要研究对象，并依据报废船舶的资源回收利用主要集中于沿海地区，废钢铁、废有色金属、废旧电子电器和报废汽车四类资源产品占总量65%以上等因素，重点聚焦考虑废钢铁、废有色金属、废电子电器和报废汽车四大类。其中，有色金属主要包括铜、铝、铅；废旧电子电器种类主要针对报废手机和“四机一脑”（电视机、电冰箱、空调、洗衣机和微型计算机）。

根据本书2.1节的资源回收潜力评估模型，可以估算各城市的资源回收利用空间。其中，废钢铁资源量空间变化趋势如图4-3所示，其演变可分为几个阶段：2010年，废钢铁资源量多集中在经济较为发达的环渤海、京津冀、长三角、珠三角及成渝地区；2010～2015年，东部沿海地区、东北部哈长地区废钢铁资源快速增长，我国中部地区、西北的天山北坡地区、西南部的滇中地区增长潜力逐步显现；2015～2020年，我国废钢铁资源的增长由经济发达的东部沿海转移至中部地区。

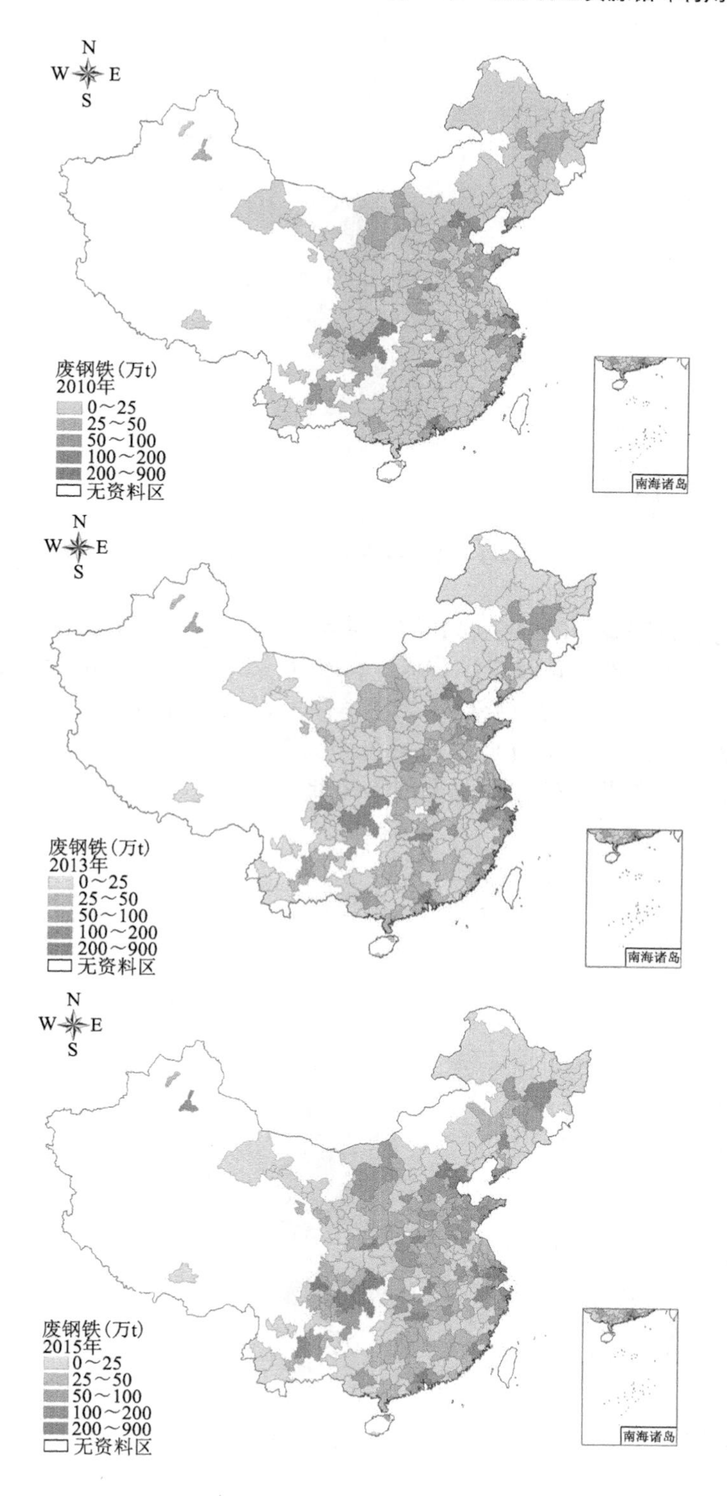
N
W E
S
废钢铁(万t)
2010年
0～25
25～50
50～100
100～200
200～900
无资料区
南海诸岛
N
W E
S
废钢铁(万t)
2013年
0～25
25～50
50～100
100～200
200～900
无资料区
南海诸岛
N
W E
S
废钢铁(万t)
2015年
0～25
25～50
50～100
100～200
200～900
无资料区
南海诸岛

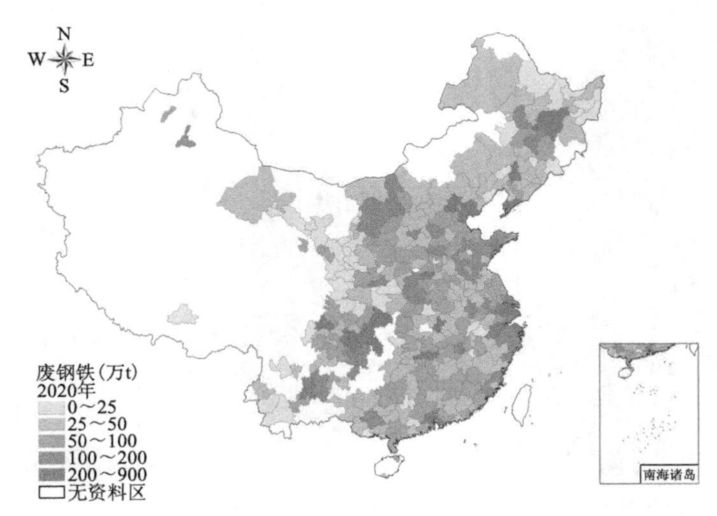

图 4-3 废钢铁资源空间演变趋势

废有色金属资源空间变化趋势如图 4-4 所示，2010 年有色金属报废最集中的地区为长三角、珠三角及京津冀地区；2010～2015 年，东部沿海地区资源量快速增长，成为再生资源主要供给来源，东北部哈长地区、西部成渝地区的资源量迅速增长；2015～2020 年，废有色金属资源主要供给区域由东向西梯级转移至中部地区。除此之外，西北部的天山北坡地区及西南部的滇中地区增长势头强劲。

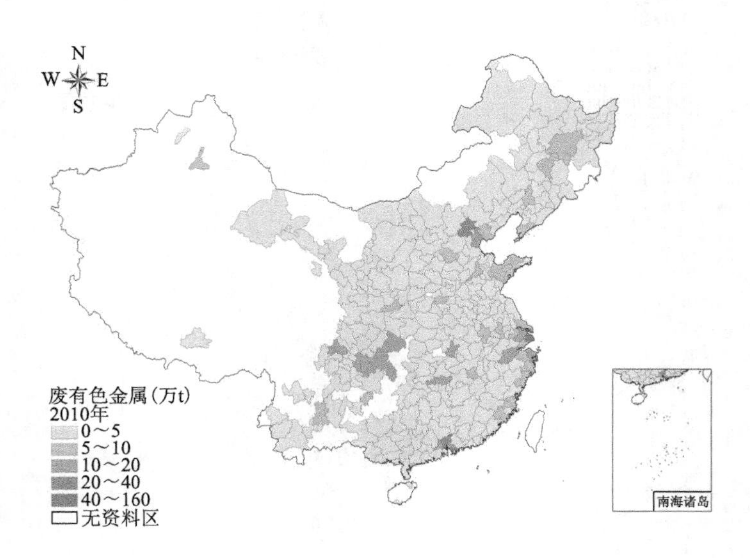

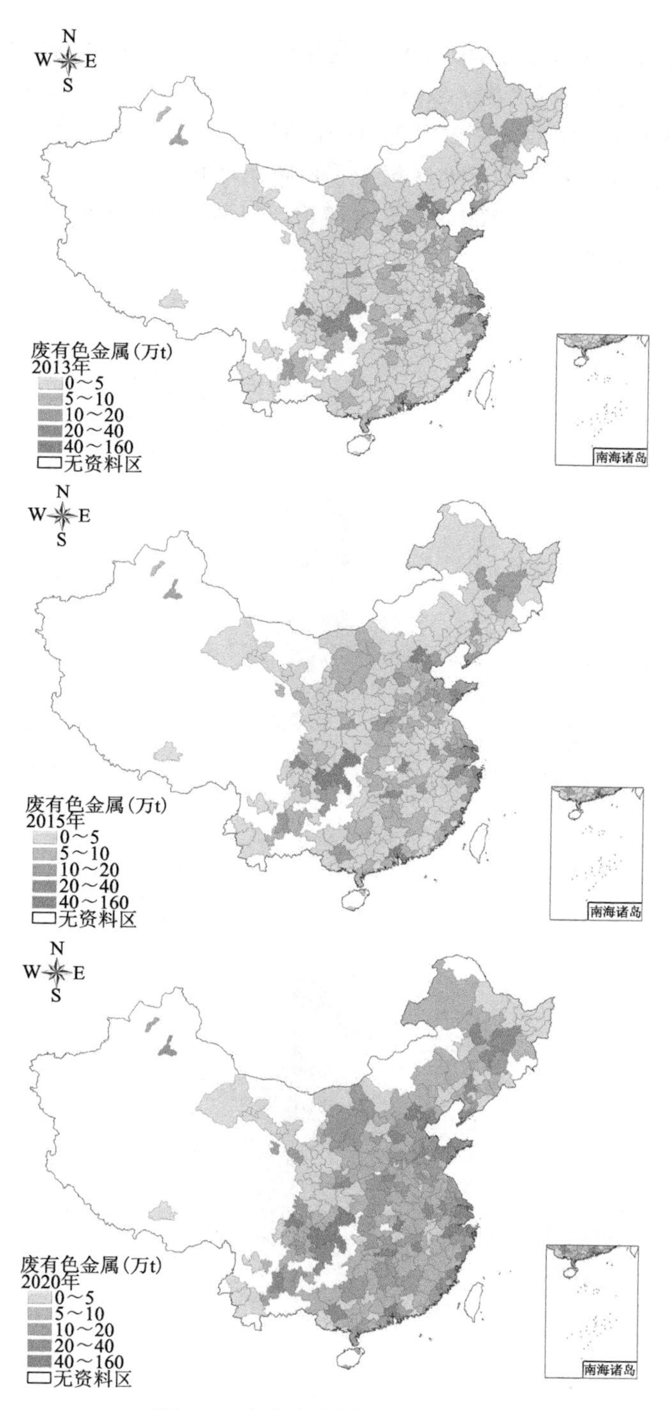

图 4-4　废有色金属空间演变趋势

图 4-5 揭示了我国报废手机的空间变化趋势。报废手机资源的自东向西阶梯转移在 2010 年以前就已开始，2010 年，除了东部沿海地区、京津冀地区、哈长地区及成渝地区外，中原经济区等部分中部城市群的报废手机资源量已经开始显现；2010～2015 年，我国中部地区报废手机资源增量明显，逐步成为资源核心供应区域；2015～2020 年，中部地区继续增长，包括云南、四川、甘肃等西部地区的资源量增速开始加快。

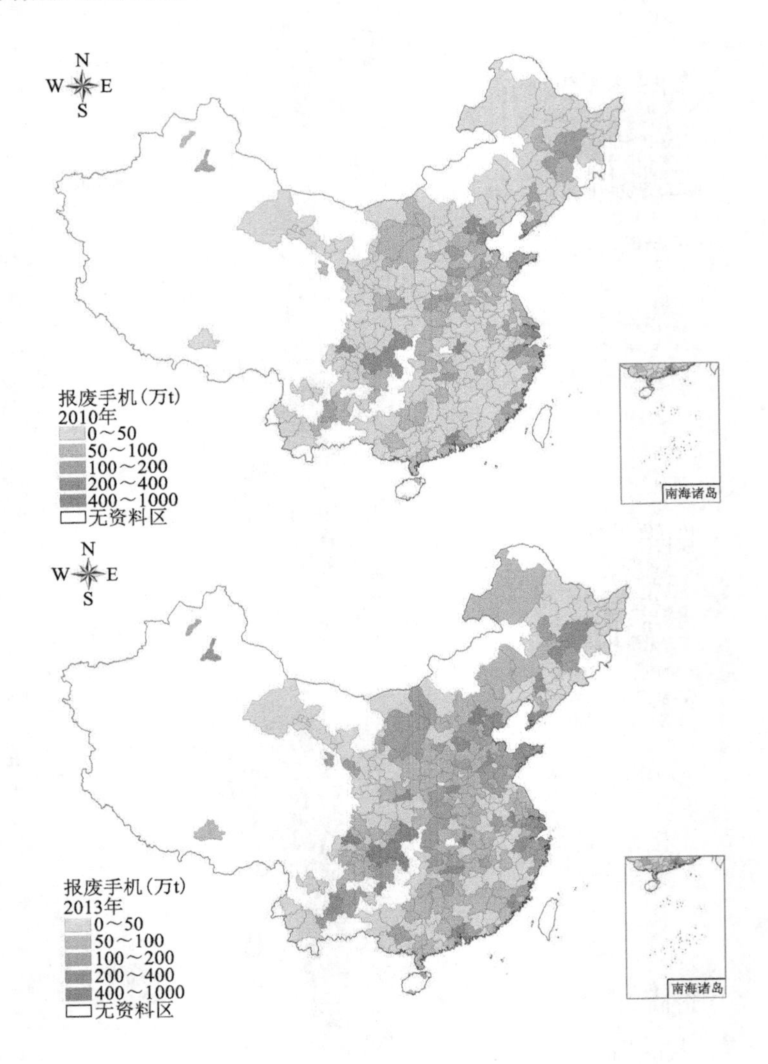

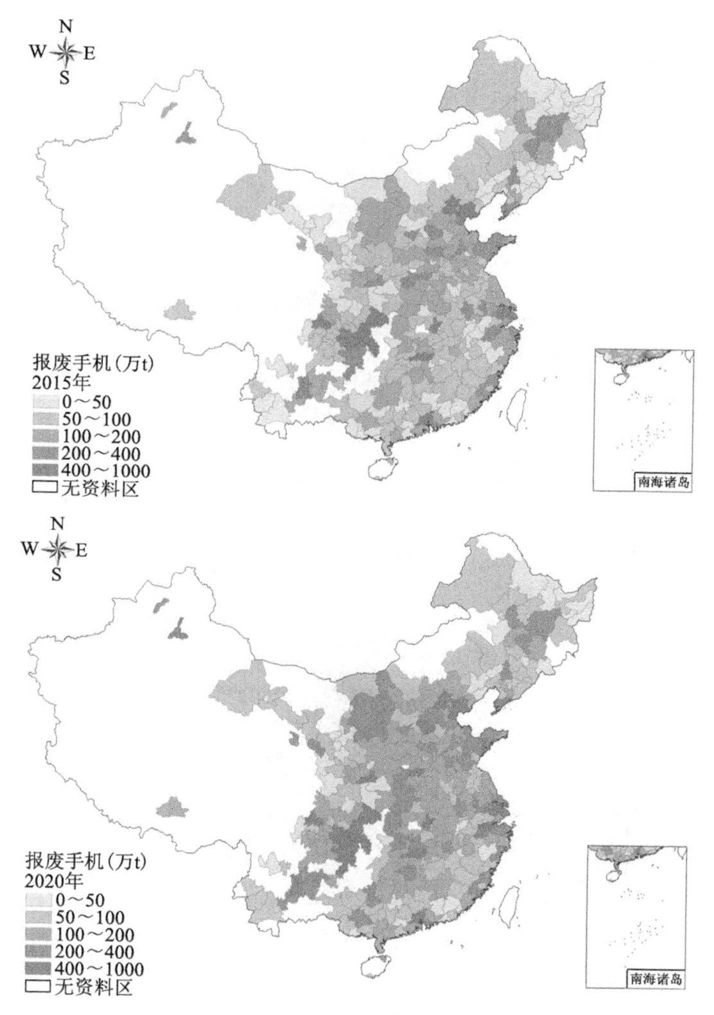

图 4-5　报废手机空间演变趋势

我国报废家电的普及率在 2000 年以后就已非常高，图 4-6 揭示了 2010 年我国已经进入了家电报废高峰期,此时报废家电的空间分布还是主要集中在京津冀、山东半岛、长三角、珠三角及成渝地区，但从 2013 年起，随着区域聚集的空间分布趋势已经不明显，从 2013～2020 年的变化趋势可以看出，报废家电较为均匀地分布于中国的东部和中部及东北部地区，在人烟稀少的西部和内蒙古部分地区报废量较少，这与我国人口聚集区分布较为相似。

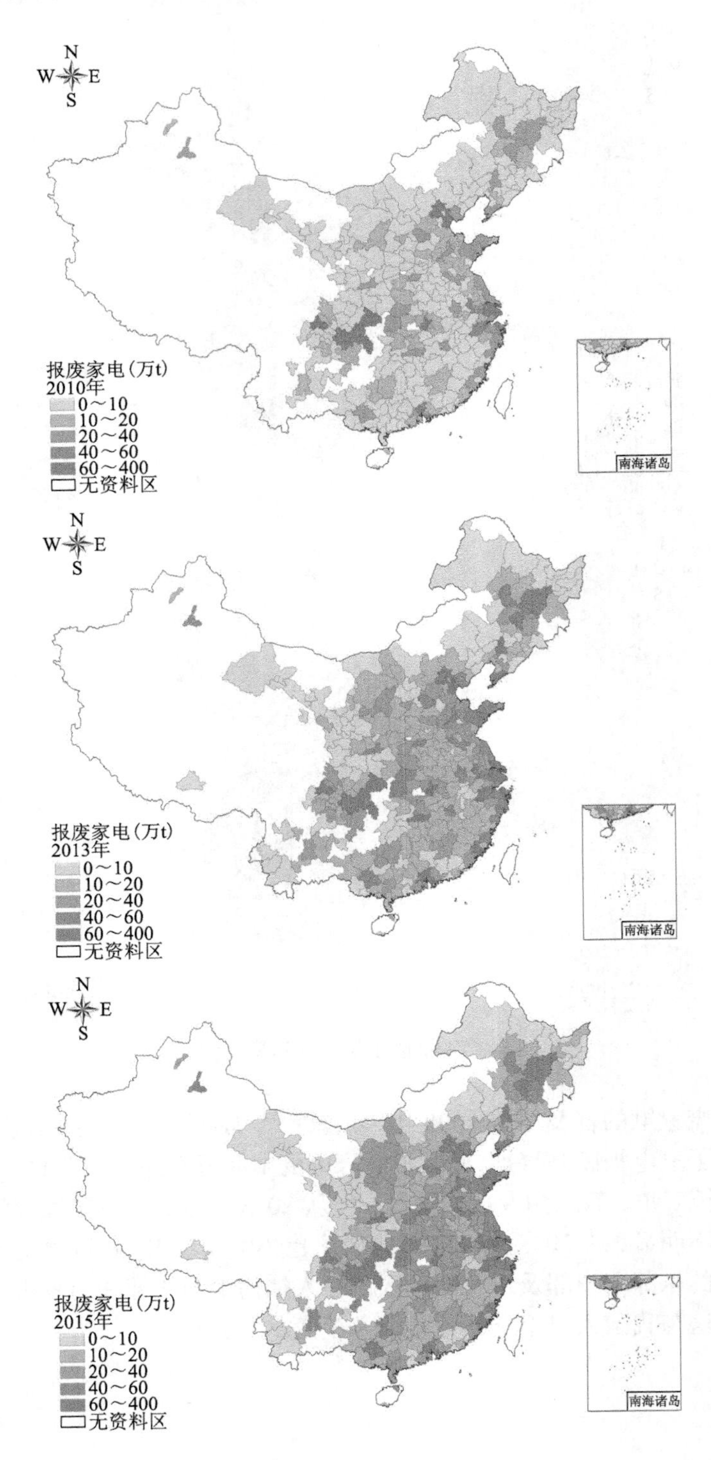
N
W
E
S
报废家电（万t）
2010年
0～10
10～20
20～40
40～60
60～400
无资料区
南海诸岛
N
W
E
S
报废家电（万t）
2013年
0～10
10～20
20～40
40～60
60～400
无资料区
南海诸岛
N
W
E
S
报废家电（万t）
2015年
0～10
10～20
20～40
40～60
60～400
无资料区
南海诸岛

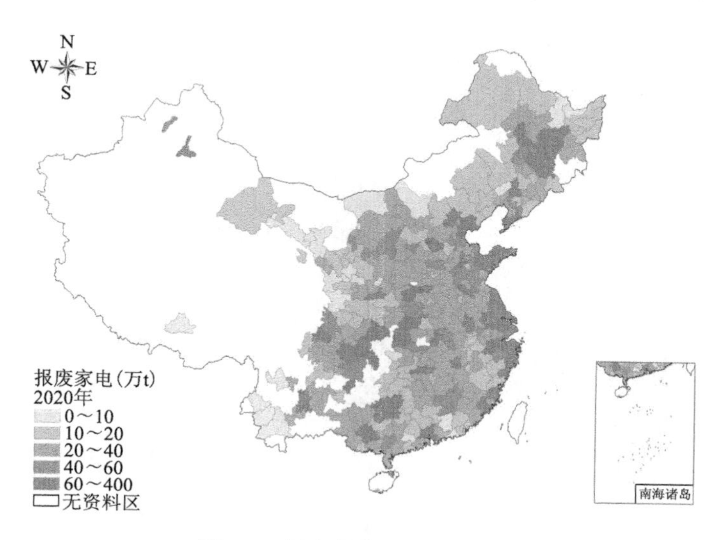

图 4-6　报废家电空间演变趋势

汽车拥有量与地区经济发展有着密切关系，我国还是最大的发展中国家，虽然目前汽车消费量每年都在加速增长，但由于汽车产品的生命周期较长，目前报废量主要集中在经济发展水平高的一些区域。如图 4-7 所示，直到 2015 年，我国汽车报废量还是大部分集中在几个经济发达区域：长三角、珠三角、山东半岛、京津冀、成渝、滇中及哈长地区。2015～2020 年，沿海地区的资源量不断增大，并有开始向中部转移的趋势。

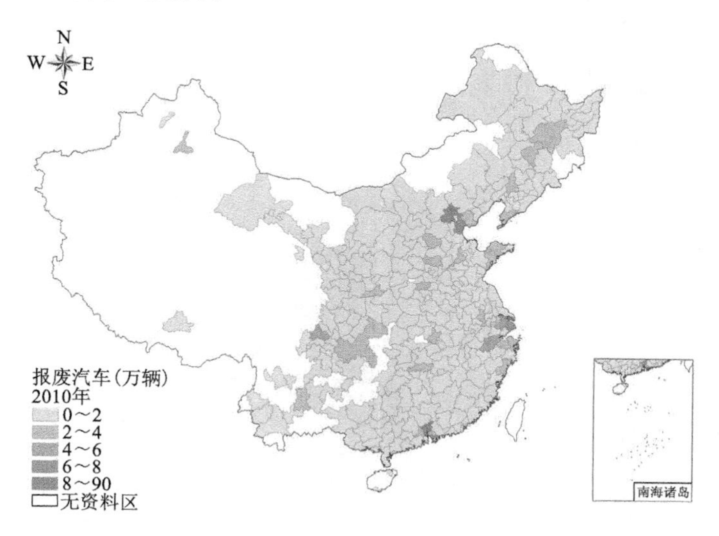

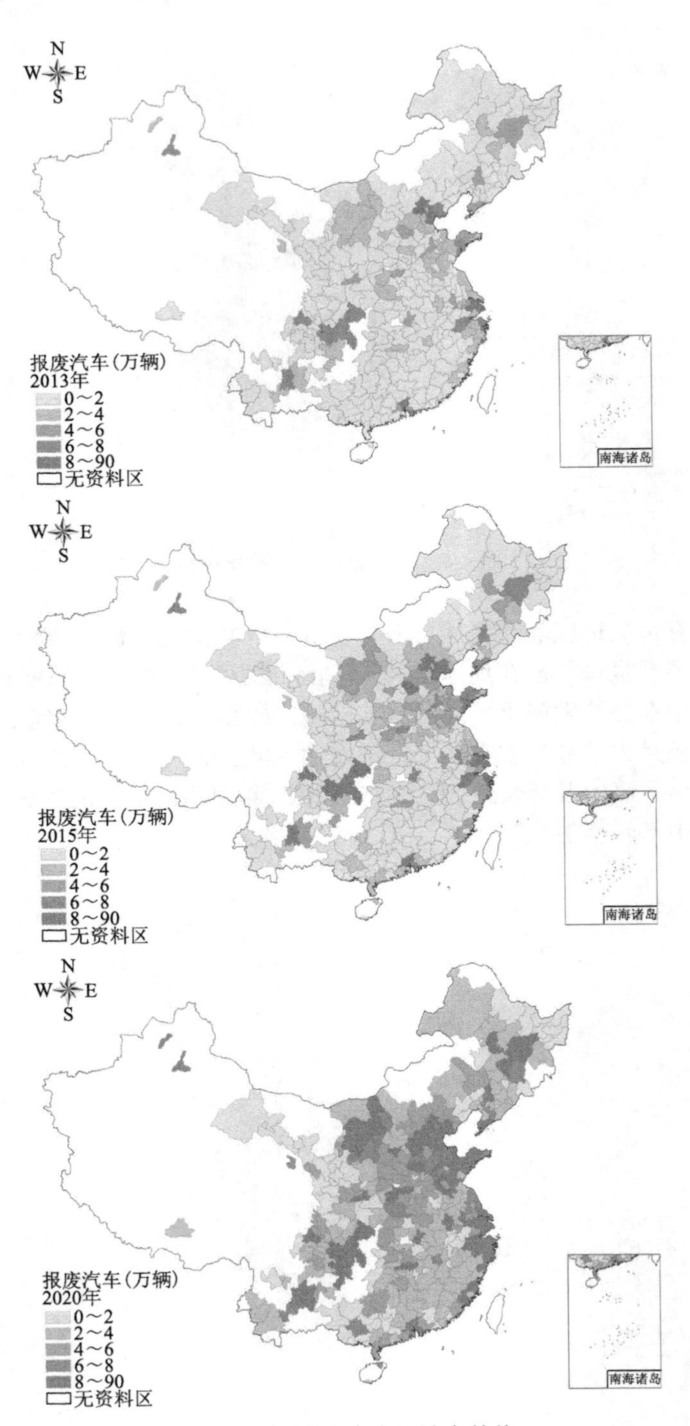

图 4-7　报废汽车空间演变趋势

空间布局优化的目的是在示范基地数量与服务范围等条件限制下，为达到“城市矿产”资源回收利用目标或寻求现有“城市矿产”示范基地服务效益最大化，而进行全局最优的“城市矿产”资源产业布局。通过构建空间布局指标体系，分析每一个潜在城市是否具备建设“示范基地”的条件；以最大覆盖面积模型为基础，构建空间布局优化模型，以服务半径为限制条件，以服务区域经济和人口覆盖最大化为目标，对我国“城市矿产”示范基地进行优化布局。

构建的示范基地空间布局指标体系如表 4-2 所示，可以通过四个方面来评估城市建设“城市矿产”示范基地的条件：①经济条件是基础，是建设示范基地及后续配套设施、技术引进和研发及产业升级等的先决条件，通过地区生产总值和人均地区生产总值两个指标来反映；②资源供给反映了原料来源，一个城市自身的“城市矿产”资源量越大，相对于其他城市就越具有成本优势和开发倾向，通过基准年和 2020 年的典型“城市矿产”资源量来量化其现状及未来的资源供给潜力；③资源化基础表征了城市的废弃物资源化利用现状，反映出资源再生产业及技术的发展水平，由于数据可得性有限，本指标通过“三废”综合利用产品产量、工业固体废物综合利用率及区域再生金属产量三个二级指标来表征；④市场需求反映资源化产品在当地是否有稳定的市场潜力，通过城市人口、基准年和 2020 年的居民的资源消费额度来衡量。

表 4-2 空间布局指标体系

	一级指标	二级指标	权重
空间布局综合评价指标体系	市场需求	城市人口	0.0514
		2010 年居民资源消费额度	0.1539
		2020 年居民资源消费额度	0.1539
	资源供给	2010 年典型“城市矿产”资源量	0.1827
		2020 年典型“城市矿产”资源量	0.1827
	经济条件	地区生产总值	0.0637
		人均地区生产总值	0.0956
	资源化基础	“三废”综合利用产品产量	0.0129
		工业固体废物综合利用率	0.0129
		区域再生金属产量	0.0903

空间布局指标体系中各城市的人口、地区生产总值、人均地区生产总值、“三废”综合利用产品产量，以及工业固体废物综合利用率由《中国城市统计年鉴》提供，区域再生金属产量数据来自《中国有色金属工业年鉴》、《中国钢铁工业年鉴》。

上述构建的指标体系包含现状数据和未来预测数据两类，在对城市发展“城市矿产”产业的现有条件进行评估的同时，也考虑了未来原料供给及市场需求的变化趋势。居民资源消费额度是用来衡量区域性资源消费潜力的重要指标，以城市和农村资源消费水平分别计算后加总所得，分别以居住支出、家庭设备和服务、交通和通信，以及其他服务和支出四项消费支出表示。对于未来消费潜力的计算，假设区域居民消费支出和该区域的GDP增长成正比，GDP由总量控制（国家宏观GDP计划设置）和地区经济增长假设（将中国大陆分为东部、中部、西部和东北地区四个经济区域）共同决定。完成指标构建的重要步骤之一是确定各二级指标的权重比例。应用层次分析方法（analytical hierarchy process）可以逐级确定指标权重，首先进行一级指标权重确定，根据两两比较各因素的重要程度，由1～9分进行打分构造判断矩阵，经由一次性检验确定一级指标权重：市场需求0.359，资源供给0.366，经济条件0.159，资源化基础0.116；相同步骤对各二级指标进行权重确定，最终通过整体一致性检验得到最终权重（表4-2）。

按空间布局指标体系可以对287个地级及以上城市设立“城市矿产”示范基地的可行性进行计算和排序，初步筛选出示范基地潜在的布局点。排序结果如图4-8所示，大部分城市的综合得分在0.1～0.3之间，并且从总体上看，东部沿海发达城市的排名靠前，中部和西部的排名相对靠后，这一结果是由于经济条件较好的地区对资源的需求量相对较大，“城市矿产”资源产量也相对较大，并且有着更好的资源回收利用基础。

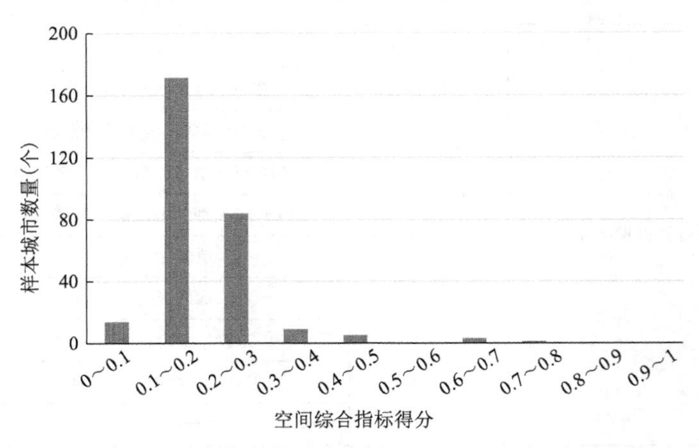

图4-8　空间综合分析指标排位

然而，如果筛选标准确定过高的话，将会出现大量的东部沿海城市密集现象，而中西部城市都没能进入潜在布局的样本中，这显然会造成基地建设集中于东部，导致服务区域的东部重叠，中西部缺乏覆盖的情景。综合考虑以上因素，选取空间排名前160位进入空间优化样本集，进入候选样本集的城市分布如图4-9所示。

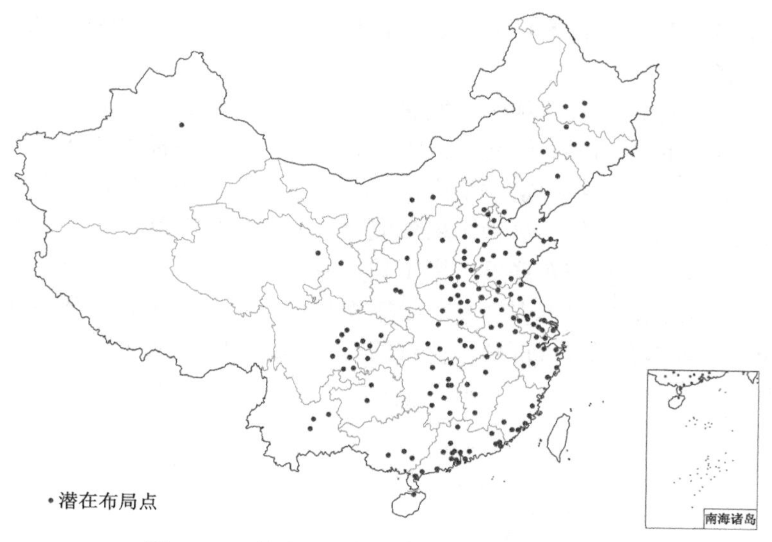

图 4-9　“城市矿产”示范基地潜在空间布局

运用最大覆盖面积模型，以服务半径为限制条件，以最大覆盖空间人口和 GDP 为优化目标，对潜在布局点进行空间全局优化组合筛选。优化模型公式如下：

$$z = \sum_{i \in I} a_i \times y_i \tag{4-1}$$

$$\sum_{j \in N_i} x_j \geqslant y_i, i \in I \tag{4-2}$$

$$\sum_{j \in J} x_j = P \tag{4-3}$$

$$x_j = (0,1),\ \ j \in J \tag{4-4}$$

$$y_i = (0,1), i \in I \tag{4-5}$$

该模型为空间 0-1 整数优化模型。式(4-1)为目标函数，I 为 287 个中国地级及以上城市集合；y_i 为第 i 个地级市；a_i 为 i 城市的人口或区域经济数据。式(4-2)为空间条件等式，$N_i = \left\{ j \in J, d_{ij} \leqslant S \right\}$，$S$ 为“城市矿产”示范基地的最大服务半径，J 为 160 个基地布局点集合；x_j 为第 j 个空间布局点，该式保障了“城市矿产”示范基地服务半径之内的城市被选中。式(4-3)为基地数限制条件，P 为额定规划“城市矿产”示范基地个数。式(4-4)与式(4-5)是选中城市数学表达，1 代表选中，0 代表未选中。

由于资源量受区域人口和经济发展水平的显著影响，人口的增加和经济的发展是资源使用的最终动力。因此，以人口和经济为主要目标能抓住“城市矿产”资源的主要产生动力。在一定时期内，“城市矿产”资源产生量会由于人口和经济等因素造成区域性聚集，这种集聚效应会随时间发生转移，如果按照一定时期的资源量为目标进行空间布局就失去了长期效果。

联合 ArcGIS 和 Matlab 基于空间 0-1 整型线性规划，可以实现对我国“城市矿产”示范基地数量及空间布局进行优化。基地个数与最优化覆盖效果关系如图 4-10 所示。

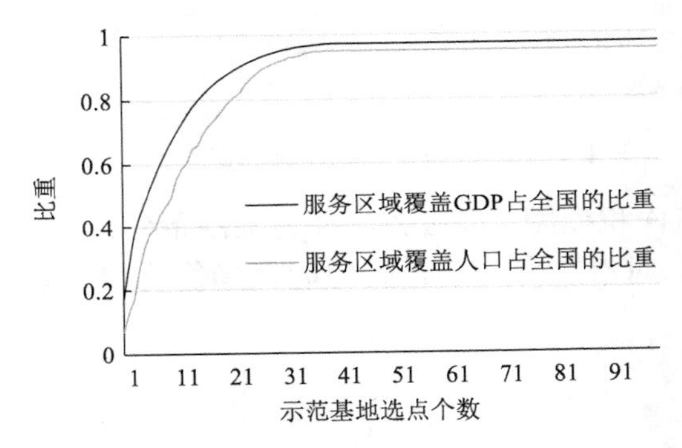

图 4-10 示范基地个数与最优覆盖效果关系

由图 4-10 可得，当只布局 1 个示范基地时，最多能覆盖 16.7%的 GDP，7.2%的人口；当布局 2 个示范基地时，最优布局的结果为覆盖 27.6%的 GDP，13.5%的人口；随着示范基地数量的增加，最优布局方案覆盖的 GDP 和人口总量也不断增加，但总体效率却在下降。根据全局最优布局结果，“城市矿产”示范基地个数从 1 增加至 20 个期间，最优布局对应的示范基地服务效率较高(增加单位基地个数所增加的 GDP 和人口较多)；基地个数从 20 个增加至 40 个时，GDP 和人口覆盖增速变缓，效率降低。基地数量在 40 个时达到覆盖比例最大值(人口覆盖率 94.9%，GDP 覆盖率 97.2%)，继续增加基地数量不会增加人口和 GDP 的覆盖面积。随着基地数量的增加，人口和 GDP 的覆盖面积最终不会达到 100%的原因是基地的潜在布局点进行初筛以后由 287 个减少到 160 个，因此出现了即使 160 个城市都建成示范基地也不能将 287 个城市完全覆盖的局面。其中，“城市矿产”示范基地个数为 40 个所对应的最优化方案如图 4-11 所示。

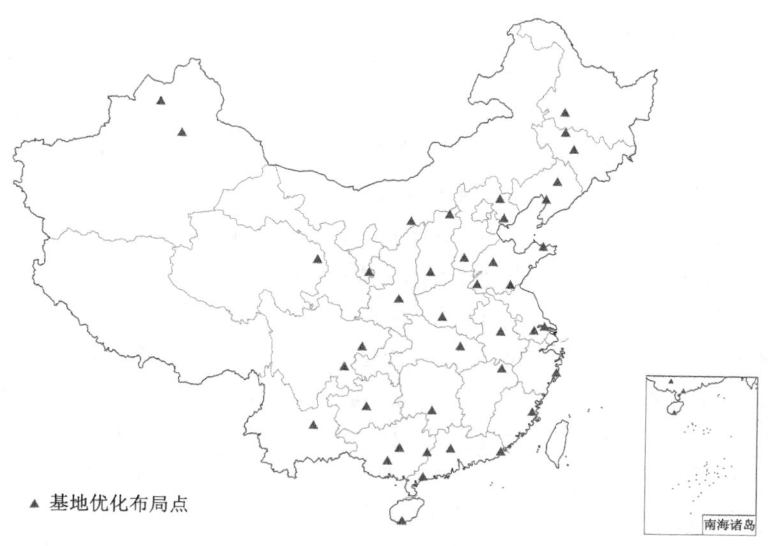

图 4-11　空间布局优化结果

图 4-11 结果与国家“城市矿产”示范基地最终的 49 个入选名单差别较大，仅是初步评估结果，对于未来的空间布局具有一定借鉴意义。2010 年以来，国家“城市矿产”示范基地建设缺少统筹规划，所支持的建设基地在筛选时主要按照程序由各省的城市自主申报，并基于专家对申报文本的主观定性评估，同时考虑省份之间的基地数量平衡。然而，调研发现，许多示范基地规划建设过程没有考虑城市矿产资源储量的空间分布及经济发展趋势和人口总体分布。根据日本、德国和美国等一些发达国家的经验，以及已有国家级“城市矿产”示范基地建设的实际运行情况看，这会导致一些示范基地因“城市矿产”资源的供给不足，产生部分停产和产能不足的局面，也会由于示范基地区域分布不平衡，从而大大降低资源回收利用的整体服务效益。

4.1.3　国家“城市矿产”示范基地建设成效及经验做法

我国“城市矿产”示范基地建设在区域循环经济发展、再生资源产业整体发展、社会资源的平台化发展、行业节能减排发展、资源观和环境意识发展等方面取得了一定的成效。

(1) 再生资源产业带动区域循环经济发展。“城市矿产”示范基地的规模化建设，激发了产业发展原动力，促进了再生资源企业做大做强，有力推动了再生资源产业规范、健康发展，不但为行业发展提供了良好的模式和样板，而且有些地区甚至成为地方新的经济增长极，推动了区域经济发展；壮大了产业规模，提升了产业层次，促进了再生资源产业的健康发展，促进再生资源产业在国民经济中发挥越来越重要的作用。

(2)再生资源产业整体综合发展水平显著提升。“城市矿产”示范基地的建设可以吸引再生资源行业的上下游关联企业进入基地发展，集聚效应显著，资源优势、平台优势、产业链优势和品牌优势逐渐显现，形成了多产业共生联动聚集发展格局，大大推动了再生资源产业整体的规模化发展。地方政府以国家“城市矿产”示范基地建设为契机，对周边的小、散、乱企业进行综合整治，通过政策引导逐步将周边的再生资源企业规范到基地内，同时通过基地建设带动了周边再生资源回收体系的构建和整合，有效推动了再生资源行业的规范化发展。此外，在国家“城市矿产”示范基地的建设中，通过信息平台的搭建、线上线下多平台回收模式等措施的实施，促进了再生资源回收网络体系的不断健全和规范化，推动了产业集聚，有效推动了再生资源产业的集约化和高值化发展。

(3)再生资源产业吸引社会资源实现了平台化发展。“城市矿产”示范基地的规范化建设，促进了区域再生资源产业有序发展，企业规范经营程度显著提高，在中央财政资金的带动引导和杠杆作用下，示范基地的示范效应吸引了更多的社会资金共同参与，许多地区围绕推进“城市矿产”示范基地建设搭建了蓬勃发展的融资服务平台，投资基金、商业银行等社会资金对园区直接开展金融服务。龙头企业和重点项目的示范作用与集聚效应对园区的前期建设产生了深远的影响。

(4)再生资源产业促进了行业节能减排和矿产资源保障。“城市矿产”示范基地的绿色化建设，对节能减排环境友好起到了重要的推动作用。例如，浙江桐庐大地循环经济产业园周边先前小冶炼炉遍布各村落，污染严重，创建国家“城市矿产”示范基地后，地方政府对小冶炼炉进行了集中整治淘汰关停，有效杜绝了“家家冒烟、户户污染”的状况，区域污染物排放减少95%以上。部分示范基地通过整合规范回收队伍、入户回收与居民互动等形式，对推动垃圾分类、资源回收利用起到了明显的促进作用。有些企业还组织开展形式多样的垃圾分类、节约环保、绿色生态宣传活动，为提升社会公众的资源节约、环境保护意识做出表率。

国家“城市矿产”示范基地建设在体制和制度创新、产业链延伸和产品高值化、技术研发支撑、配套措施与平台建设、发展模式创新等方面主要采取了以下经验做法。

(1)体制和制度创新。各示范基地积极探索，形成了如联席会议制度、领导干部包干制度、财税优惠制度、定期沟通制度等相关制度，从而有效实现加快项目建设、促进实施单位保质保量完成建设目标、保障项目顺利运营、加强基地项目之间协调链接等目标。一些地区还通过立法手段把经过实践的体制机制进行固化，形成了一批地方循环经济发展法规。

在政策配套方面，部分示范基地所在地方政府将省级、市级政策用足用全的同时，全力保障地方财政扶持和土地指标等要素及时到位，通过加强土地供应，协调土地指标，保证基地项目建设用地。在财政扶持方面，通过设立基地财政分局的方式，基于再生资源回收利用企业微利的特点，使用地方立法权，出台针对基地和园区企业的扶持政策。在基地管理方面，园区管委会定期召开协调会，确保基地建设中的问题及时解决。

(2)产业链延伸与产品高值化。发展较好的基地在强化产业链延伸，深入挖掘再生资源的高端化、高值化利用潜力方面，实现了规模效益。在强化产业链延伸方面，一些示范基地通过引入下游制造企业，引进产业关联度高、辐射带动能力强的产业链配套项目，促进基地产业链向深加工方向延伸，提高了产品的附加值，增强了园区竞争力。通过产业链条的连接，规范并引导产业的集群发展，推动产业升级。在推动高端化、高值化利用“城市矿产”方面，应用国际高端先进设备，促进再生资源精深加工与高值化利用，紧密衔接上下游产业，缩短产品开发与生产周期，提高产品质量，结合多元化产品结构分散市场风险，形成共性关键技术和管理经验的产品间转移与协同应用，以较低生产成本实现效益最大化。

(3)先进适用技术的研发应用。很多园区企业高度重视先进技术、装备的应用，设立技术中心，开发并应用了大量的先进技术，提升了企业效益。部分示范基地结合行业特点进行自主创新研发，例如，在拆解生产线上采用新技术提高效率，降低成本，改善工业环境，实现节能减排；在废杂铜精炼方面研发出一种具备冶炼高品位废杂铜工艺和装备的杂铜火法精炼炉，完全替代国外进口设备系统，解决能耗高等问题。先进技术的研发与应用一方面减少了对国外进口设备及先进技术的依赖，降低了生产成本，提高了基地建设效率与经济效益；另一方面也减少了工业污染的排放和能源的消耗，保持了示范基地的良性发展，推动了国内再生资源产业的积极发展。

(4)配套措施与平台建设。为解决我国再生资源回收利用行业目前存在的较为严重的非正规小、散、乱企业问题，示范基地通过出台相应的配套措施进行规范化，同时通过平台间协同建设为再生资源产业规范发展提供有力支撑。例如，在配套措施方面，采用变堵为疏的措施，综合整治周边小、散、乱企业，采取优惠的企业管理政策与财税政策，结合环境保护法的强制性要求，逐步引导周边小型不规范企业入园发展，以疏导规范发展取代市场恶性竞争，促进区域再生资源回收利用行业的良性发展与规范提升。在平台建设方面，协同建设再生资源回收网、物流网和电子交易网，不断健全、规范与信息化再生资源回收网络体系，促进产业集聚，全方位系统建设再生资源集聚中心；建设再生资源与产品的交易市场和电子交易服务平台，扩大市场腹地，加快要素流动，深度开发上游原材料与高值化利用，实现产品增值。

(5)创新产业发展模式。一些园区积极拓展新思维，不断创新产业发展模式和经营理念，形成了很多成功的发展模式。例如，部分基地构建了区域性回收体系，形成“回收网点-分拣中心-集散市场”点面结合的再生资源回收模式；一些基地采用“互联网+”思维，利用物联网、信息通信等先进技术打造出集物流管理、废物流监控、生产现场监控、污染排放在线监测于一体的管理体系，形成互联网平台与线下资源融合的资源集聚模式；还有一些基地充分利用国内外再生资源市场的差异，协调获取不同渠道的再生资源，保证原材料的稳定供应。

4.1.4 国家“城市矿产”示范基地发展建议

在“城市矿产”示范基地政策实际实施的过程中，对市场变动的预估与实际偏差较大，以及对政策变动的调整与应对能力有限，导致整体实施成效并未达到预期水平，但以“城市矿产”资源的规模化处理和深度资源化利用为主要任务的再生资源产业园区建设模式，对于缓解地区资源环境压力，培育资源循环利用新兴产业和新的经济增长点，促进循环经济大规模发展，扩大社会就业和保障社会稳定具有重要的战略意义，迫切需要加强以下工作。

1. 加强各部门分工合作和统筹协调

针对“城市矿产”的不同种类及特性，建立“城市矿产”综合开发利用和环境管理的联动机制，综合部门加强宏观管理政策对“城市矿产”综合开发利用的引领驱动，职能部门推进“城市矿产”资源化相关管理政策、技术政策、法律法规和标准体系建设，进一步完善“城市矿产”综合开发利用相关部门领导与协调机制。

推动对出台“城市矿产”开发利用企业有长效支撑作用的增值税退税政策和其他税费优惠政策。拓宽融资渠道，设立“城市矿产”产业基金，完善现有废弃电器电子产品处理基金征收补贴政策，制定绿色产品基金减征具体实施细则，研究押金等资金机制。建立京津冀等若干区域性“城市矿产”行业的政策支撑体系，发挥“城市矿产”示范基地对区域城市的环境服务和静脉消化的功能。研究定量化表征再生资源的环境外部效益的工具，制定能够体现再生资源与原生资源环境外部效应区别的价格机制。

2. 完善并有效实施生产者责任延伸制度

在法律层次引入生产者责任延伸制度，针对不同种类和属性的废弃物完善“生产者”的清晰定义，细化财务责任、实体责任与信息责任，提升法律层面的可操作性。研究电器电子、汽车、铅酸蓄电池和包装物等的产品链上下游相关方对产品环境性与生态性的影响机理，通过生产者责任延伸制试点，探索构建市场引导机制，助推资金有序合理流入回收市场。

推动生产者参与电子废物等“城市矿产”回收体系建设，鼓励生产者参与生态设计和循环利用；鼓励生产者开发小型化、模块化、集成化的零部件和产品，减少与其他材料的混合，提高再生处理效率。鼓励生产企业与销售商、回收商等形成联盟，履行生产者延伸责任制。逐步将生产者延伸责任向上游扩展，确定产品链上环境责任的分担，减少产品链的环境总责任，实现源头减量化，构建物质闭合循环的产品链。开展生产者责任延伸制度建设示范企业活动，适时发布示范企业名录，并探讨鼓励示范企业发展的财政优惠政策。

3. 促进“城市矿产”开发利用技术创新

建立跨部门/跨区域创新协调机制。按照基础研究-技术突破-工程示范-技术推广的创新链条，发挥跨部门、跨区域一体化的组织保障功能，发挥企业市场主体作用，建立研究单位、环保企业、社会资本多方参与的创新团队、责任主体落实及协同创新机制。同时，推行多元化的资金投入保障机制。以国家重点专项资金投入为主，建立配套经费专项账户制度。强化与重大工程建设的结合，争取有关财政专项资助。建立国家公益性重点投入与引导社会资本投入相结合的科技创新投入机制，引导产业基金或社会资本有效投入。推动采用“后补助”资助方式，扶持和加快资源循环利用产业关键技术的产业化应用。

4. 推动“互联网+”在“城市矿产”开发利用中的应用

加强信息共享，建立“城市矿产”公共信息服务平台。推动“城市矿产”资源、产品和装备的 O2O 交易模式，吸引多元主体参与，构建高效的回收物流信息系统，逐步形成行业性、区域性、全国性的交易系统；促进回收、拆解、粗加工、循环再造全过程的规范化、规模化、数据化和可视化；鼓励“城市矿产”资源交易服务平台为居民提供一揽子服务，降低居民使用时间成本，提高居民使用积极性。

发挥行业协会作用，统一“城市矿产”资源分类、定价等相关标准，开展在线竞价，发布价格交易指数，增强主要“城市矿产”资源的定价权；建立面向“城市矿产”资源线上交易的产品标准化体系、资金安全保障体系、产品估值体系、信用评价体系和金融服务体系，实现“城市矿产”资源的电子化交易。

4.2　苏北(睢宁)循环经济产业园规划案例

多数循环经济(静脉)产业园通常是基于若干成立较早、龙头作用显著的企业逐渐形成规模发展起来的，但是要形成协同处理的产业链、提高资源利用效率、减少污染排放，则需要规划先行系统提升。本节以苏北(睢宁)循环经济产业园为例，提供了建设循环经济产业园规划的系统方法。有关物质流分析的数据是基于清华大学环境学院循环经济产业研究中心团队的实地观测和调查估算获得。

4.2.1 规划背景

1. 现状分析

苏北(睢宁)循环经济产业园是一个以经济效益为驱动、以再生资源处理加工为主的循环经济园区，其前身是江苏省徐州市睢宁县八里金属机电产业园，以废旧钢材回收加工、五金机电生产、钢铁交易为主导产业，具有良好的再生资源回收利用产业基础。废钢回收加工产业已经形成了由睢宁县宁峰钢铁有限公司（宁峰钢铁）、睢宁冠兴钢铁（冠兴钢铁）、大族粤铭激光科技股份有限公司、中良设备工程股份有限公司、益友特种钢制品有限公司、盈鑫金属制品有限公司等为代表的40余家企业的钢铁五金机械产业集群，废旧钢铁年总回收量约130万t。八里钢材市场是苏北地区规模最大的省级专业钢材交易市场，是苏鲁豫皖四省接壤地区规模最大的区域性钢材集散地，市场销售网络已辐射河北、山东、浙江等15个省85个县市地区，为废钢加工及机械制造产业集聚发展提供了广阔的市场空间。废旧钢材回收加工物质流见图4-12。

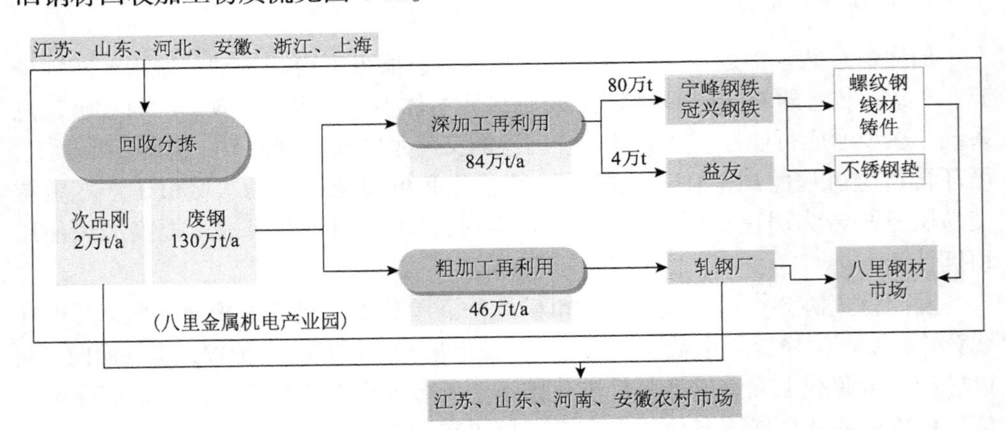

图4-12 废旧钢材回收加工物质流

附近沙集镇的废旧塑料回收加工产业起源于20世纪80年代，目前年回收量74万t，辐射到江苏其他城市及山东、河南等地，共有回收分拣、加工、贸易流通服务类的经营户共1287户，其中规模达1000t/a以上的有103户，达500～1000t/a

的有 474 户，成为我国规模较大、极具影响力的废旧塑料回收利用集散地，产业链初具雏形，具备规模化、产业化发展的潜力。其中，约有 18 万 t 在起货环节即流向宿迁市的耿车镇，56 万 t 在本地进行分拣破碎，而破碎料仅有约 9 万 t 继续留在沙集镇进行粗加工造粒，不足 20%，其余则流向宿迁等地进行粗加工，资源流失率极高，如图 4-13 所示。

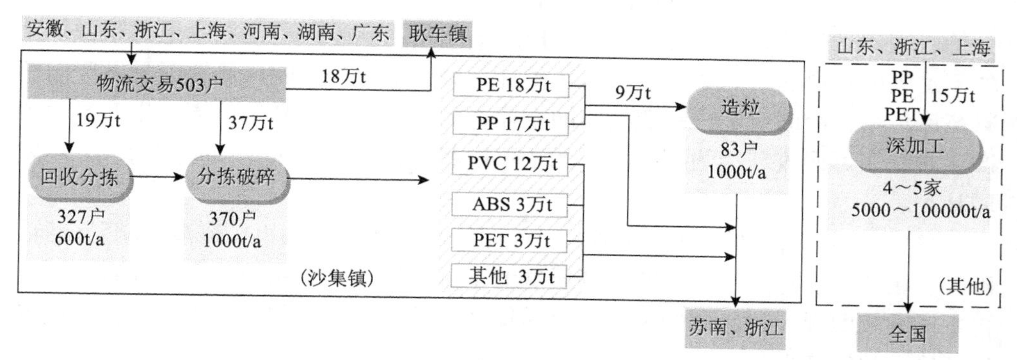

图 4-13　废旧塑料回收加工的物质流

园区的废旧机电产品种类丰富，产品交易市场占地约 25 亩，主营产品为废旧电机、卷扬机、输送机、拉丝机、箍筋弯曲机、切割机、搅拌机、输送带等，涉及五金、工具、机床配件、专用设备、专业缆线五大类。回收渠道主要是倒闭工厂的废旧机电及外地集散市场，广泛来自河南及山东。其中，废旧机电年回收量约 2 万 t，计 122 万台，设备规格 20～400kg 不等。另外，园区拟建设年处理能力 300 台的报废汽车拆解处理项目，回收能力约 3 万 t/a。

睢宁县一度是废旧电子电器的集散地，并有少量从事拆解的经营户。但随着“家电以旧换新”政策的出台，废旧电子电器的回收利用日益规范化，废旧电子电器市场也逐步被淘汰。然而，依托废旧塑料及废旧钢铁集散地的优势，废旧电子电器的回收渠道依然得以保留，一旦园区发展为规模化、正规化的废旧电子电器产品拆解处理中心，将再次吸引原材料向园区聚集。徐州市经济圈消费升级和城镇化水平进入加速发展阶段，废旧电子电器的增长率也保持快速增加，根据辐射人口估算，园区具备年回收量 20 万～30 万台的潜力。

2. 问题识别

苏北(睢宁)循环经济产业园目前已形成以废旧塑料加工、废旧钢铁回收、分拣、加工和再利用为主的产业链，并带动运输物流、汽车销售、租赁、地磅等多种商业服务。但是，循环经济产业园区也存在明显的技术和管理问题。

(1)技术工艺水平有待提高。园区从事废旧塑料回收加工行业的经营户以资源回收、人工分拣、清洗破碎、造粒为主，主要产品是废旧塑料破碎料、颗粒等半成品，加工产品的光泽度低、韧性差。废钢加工企业主要采用压块、磁选等方式进行分拣，机械化、自动化程度与世界先进水平还有一定差距，缺乏炉外精炼技术。园区在再生资源回收、预处理及再生利用工艺及装备整体上缺乏技术支撑，再生资源的资源化利用效率尚需要进一步提高。

(2)再生资源消纳能力有待提升。园区的废旧塑料自回收环节开始，从起货到分拣、破碎、造粒，每个环节都有大量废旧塑料送到外地，留在本地做颗粒加工的不足废旧塑料总量的20%，资源消纳能力缺失。此外，园区还缺乏具备废旧塑料精深加工、废旧机电再制造能力的企业，而废钢加工产品偏低端，生产过程中产生的许多可回收利用的副产品都无法集中利用，限制了企业和园区的进一步发展壮大。

(3)物流管理及监控有待加强。目前园区尚未建立起对再生资源进园、分拣、破碎、粗加工、深加工、出园等物质流的全过程管理监控系统，园区在管理上对再生资源来源渠道和流向的模糊，容易使回收处理处置过程中产生二次污染或发生环境事故等突发事件。

(4)信息化服务监管机制的缺少。无法从根本上提高园区化管理水平，市场交易混乱、交易信息不对称、物流效率低等问题造成再生资源来源不明确、回收量波动较大、监督管理效率低下、税收流失等问题。

为此，睢宁县委托清华大学循环经济产业研究中心和北京中清环循科技有限公司联合编制《苏北(睢宁)循环经济产业园发展规划(2012~2020 年)》，促进全县再生资源产业的规模化、集约化及规范化发展，以提升区域竞争能力。

4.2.2 规划建设方案

1. 规划目标

在八里金属机电产业园大力发展废钢加工及机械制造的基础上，结合附近沙集镇废旧塑料回收与加工的资源集散优势，全面发展废旧塑料、废旧钢材、废旧机电、报废汽车、废旧电子电器等多种再生资源的回收体系和资源化利用产业链。

建设成集回收分拣、集散交易、资源化利用、物流配送、污染监管治理、管理培训、科技研发、公共服务等多种功能于一体，区域辐射能力强、带动作用显著、行业优势突出的示范试点园区，实施“5445”发展战略，聚集“五类资源”，打造“四个集聚区”，构建“四大平台”，建设“五个中心”。睢宁循环经济产业园区发展规划架构如图 4-14 所示。

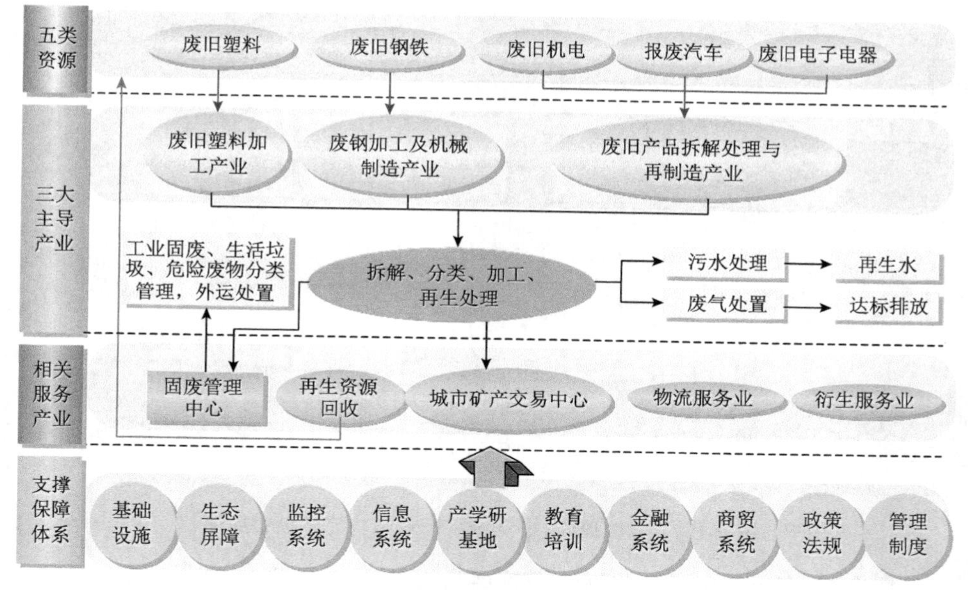

图 4-14　睢宁循环经济产业园区发展规划架构

(1) 聚集“五类资源”：立足苏北，面向国际、国内两大市场，充分利用市场机制、信息化建设构建再生资源回收体系，构建多样化的废旧塑料、废旧钢铁、废旧机电、报废汽车、废旧电子电器等五类再生资源的回收渠道，打造再生资源规模化市场，吸引和创立若干在国内外有一定影响力的大型龙头企业和有优势的中小企业群，成为对区域再生资源加工利用市场具有较大影响力的再生材料中心。

(2) 打造“四个集聚区”(图 4-15)。废旧塑料加工产业集聚区，由仓储物流中心、回收分拣中心、粗加工中心、深加工区组成，主要产品是废塑料颗粒、铝塑板、木塑制品、再生塑料制品(塑料泡沫、包装袋、管材、盆桶等)、化纤丝、再生瓶片等。废钢加工及机械制造产业集聚区，由商贸区、废钢处理加工区、机械制造区组成，主要产品是各类型材板材、棒材线材、钢材后延加工产品、机械配件、钢构件、模具、各类机械设备等。废旧产品拆解处理与再制造产业集聚区，由集中拆解分拣区、深加工区、再制造区组成，主要以废旧机电拆解、废旧电子电器拆解与深加工、报废汽车拆解为重点。现代服务集聚区，配套技术、金融、贸易、培训、信息、生活居住等一系列综合服务设施与平台，全面提升软实力，支撑园区发展。

(3) 构建“四大平台”：以发展“智慧园区”为目标，逐步形成园区的信息化管理体系，包括公共服务与信息平台、城市矿产资源交易平台、再生资源利用全过程监控平台、污染物实时监控平台，完善生产、物流、交易、服务、污染防治等保障体系。

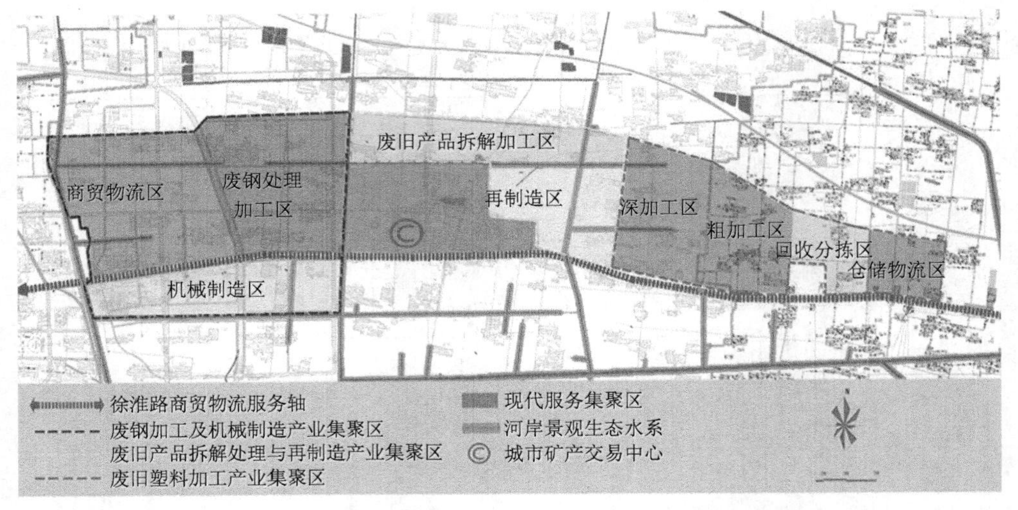

图 4-15 苏北(睢宁)循环经济产业园功能区划布局图

(4)建设“五个中心”：包括综合管理与服务中心、培训中心、技术孵化中心、城市矿产交易中心、固体废物管理中心。

2. 重点任务

为实现规划目标，需重点在回收体系和循环经济产业链延伸两个环节进行整合和优化，本节以废旧塑料为例建立规划建设架构(图 4-16)。

(1)加快再生资源回收体系建设。依托龙头企业及贸易市场，整合配套物流企业；逐步健全回收网络体系，拓宽再生资源回收渠道。打造再生资源利用的全过程监控平台，对再生资源进园、分拣、加工、出园等流动进行全过程的监管，明确废物来源渠道和流向，避免在回收处理处置过程中发生二次污染或环境事故等突发事件。建立基于物联网的城市矿产回收利用体系监控管理系统，形成集数据采集、自动识别、实时通信及物流控制等功能的信息管理平台，通过 RFID/GIS 技术智能化地获取、传输、管理、协调与处理信息。

(2)构建循环经济产业链。将园区上千家零散的废旧塑料家庭作坊式经营户迁至苏北(睢宁)循环经济产业园废旧塑料产业集聚区，促进园区化的集聚整合，培育本地龙头企业。依托睢宁本地现有企业，打通园区内外产业循环链接。提升工艺装备水平，提高产品附加值。依托废旧塑料资源种类丰富的优势，针对数量较大的 PE、PP、PVC、PET，促进废旧塑料资源化利用向后端深加工延伸，引入深加工企业作为补链企业，最大程度提高废料在本地资源化利用的比例，提高再生产品附加值。

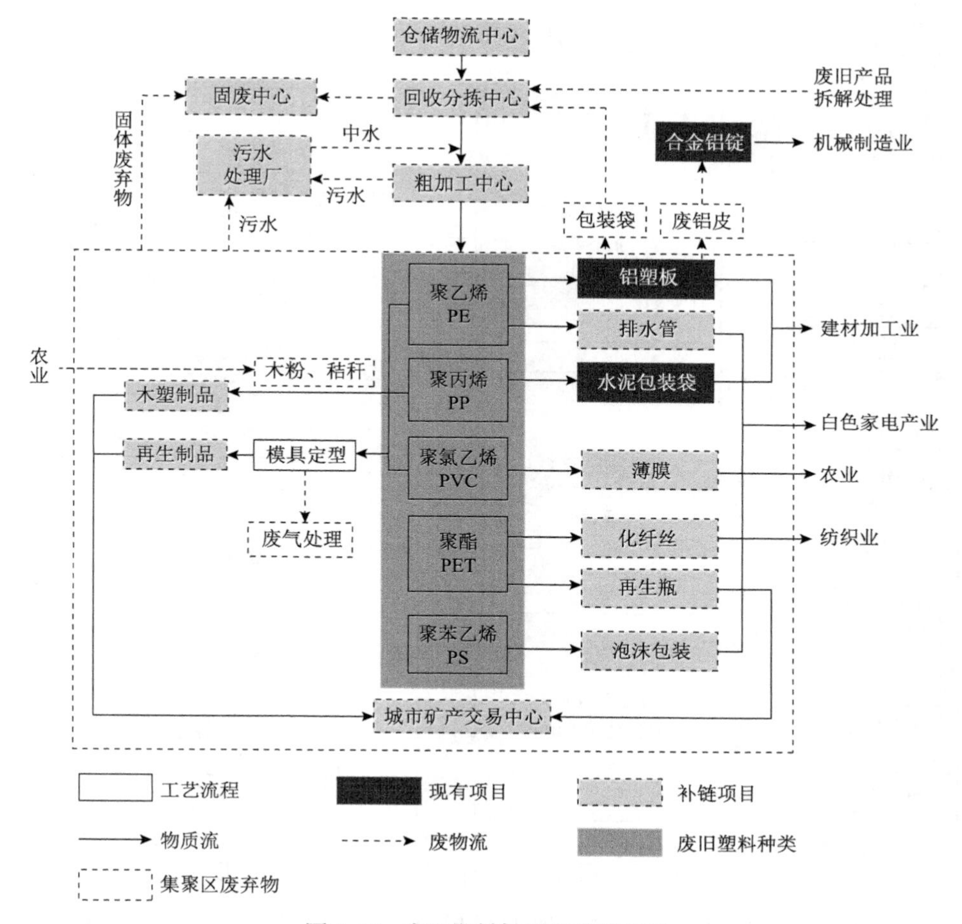

图 4-16　废旧塑料加工产业链延伸

3. 重点项目

根据园区两项重点任务，规划包括再生资源类项目 17 个、配套基础设施项目 5 个的 22 个重点建设项目，共投资 68.35 亿元。项目实施使园区经济结构渐趋合理，生态工业链网进一步完善，经济增长速度和质量得到提高，直接拉动园区经济快速增长。所有项目达产后，可实现产品年销售收入 132.6 亿元、利润 15.4 亿元和利税 19.2 亿元。

通过建立循环经济园区，废水、废气和固体废弃物均统一收集和处理，园区的固体废物也将得到全部的收集和安全处置，大大降低 COD、SO_2 等污染物的排放总量，保障区域的生态环境安全，降低生态环境风险。重点项目对园区再生资源加工的支撑作用见图 4-17。

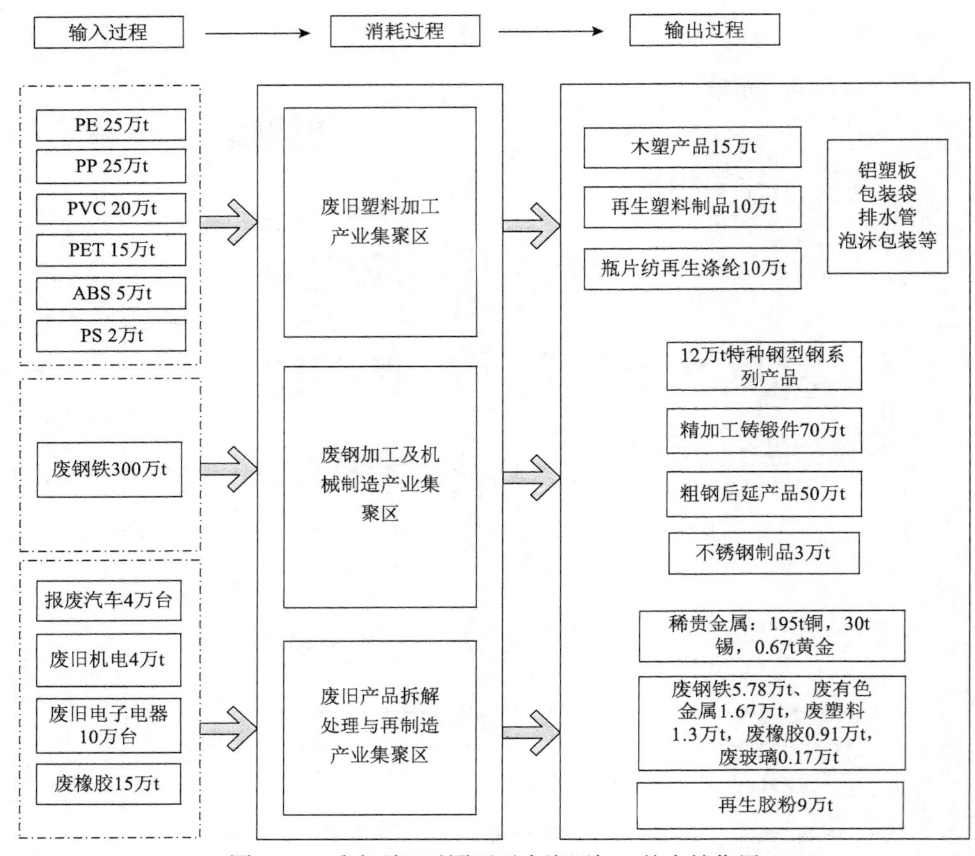

图 4-17　重点项目对园区再生资源加工的支撑作用

苏北(睢宁)循环经济产业园是典型的以再生资源产业为基础发展起来的循环经济产业园，对这类产业园的园区布局规划和产业体系优化，是提升城市资源循环利用效率的重要举措,并能依托产业发展提供新的经济增长点和提供就业机会。这类园区规划的系统优化重点：一是合理布局，使环保基础设施共建共享；二是系统设计基于物质流分析的循环产业链，提高协同共生能力。

4.3　辽宁东港“城市矿产”示范基地规划案例

城市再生资源回收利用产业自发形成许多积聚区进而实现园区化发展，然而多数尚未形成协同处理的产业链，迫切需要提高资源利用效率和减少园区污染排放。本节提供了辽宁东港“城市矿产”示范基地规划案例，需要说明的是，该基地因为受国际市场低迷和国内再生资源进口政策收紧的影响而运营不善，被撤销国家“城市矿产”示范基地称号，但其规划方法仍然值得其他园区和城市借鉴。

4.3.1　规划背景

1. 现状分析

辽宁东港“城市矿产”示范基地位于辽东半岛东部，占据辽宁沿海经济地带和东北老工业基地东部的重要战略位置。其前身是东港再生资源产业园，始建于2008 年，重点开展废机电产品、废旧家电、报废汽车、废塑料的回收分类、拆解加工与再生利用，已经发展成为一个再生资源专业化园区。2010 年，园区共回收利用“城市矿产”资源 32 万 t，资源加工利用率约 70%，是辽宁东部地区资源回收规模最大、资源化深加工水平最高的再生资源产业集聚区。园区是国家批准的实行进口废物“圈区管理”的国家级园区，对进口废五金电器、废电线电缆和废电机进行定点集中拆解和加工利用。同时，园区是辽东地区唯一的废旧家电定点拆解单位，辽宁省第一批循环经济试点园区，在推进“城市矿产”资源的回收和资源化利用方面拥有土地规划审批、地方政策扶持等许多优越的发展条件。

辽宁东港再生资源产业园区已经构建形成了以再生资源拆解和深加工为主的产业布局，包括再生资源拆解区和再生资源加工区，入园企业 31 家，资源回收企业 18 家，拆解加工企业 9 家，资源深加工利用企业 3 家。同时，园区周边的机械制造加工、铜杆、塑料制品厂等再生产品利用企业数量众多，形成了再生资源回收—拆解—加工—利用完整的循环产业链条和再生资源产业集群。

园区经过多年发展积累了较强的再生资源回收能力和完善的回收网络体系。园区的废旧金属、家电、机电等分解处理中心和交易市场与东港市相邻的各废旧金属或物资回收站建立了良好的合作机制和交易渠道，并积极与国外及国内其他省市集散中心合作构建了回收网络体系,形成了多元化的回收网络体系(图 4-18)。园区废旧资源来自辽宁省的再生资源占 50%，来自黑龙江、吉林、内蒙古等地回收站点及合作关系的占 30%，国外市场进口 20%。

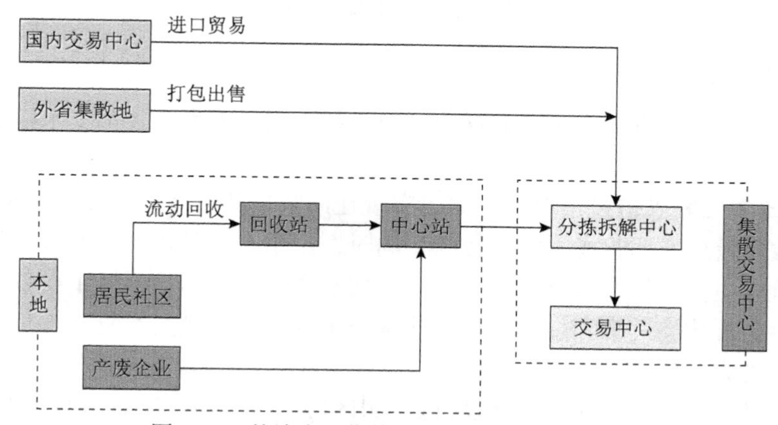

图 4-18　基地多元化的再生资源回收网络体系

园区回收的再生资源经拆解加工，形成的主要产品有钢板、铜拉杆、铜阳极板、电缆、铝锭、塑料制品等(表 4-3)，主要由园区的资源利用企业及丹东、辽宁等地区的企业消纳再生原料。2010 年的园区物质流分析表明(图 4-19)，经拆解后主要再生产品包括：废钢铁 17 万 t、废铝 5 万 t、废铜 5 万 t 及废塑料 5 万 t，各种不可利用的废弃物 0.1 万 t。

表 4-3　园区资源回收利用情况(2010 年)

类型	回收量(万 t)	园内利用量(万 t)	产品
废钢铁	17	17	铸造、生产汽车配件、机械零配件
废铜	5	5	主要用于生产铜拉杆
废铝	5	0	销售为主，汽车零部件、矿产机械、铁路运输零件
废塑料	5	0	园区外的企业收购加工，如民用生活品等

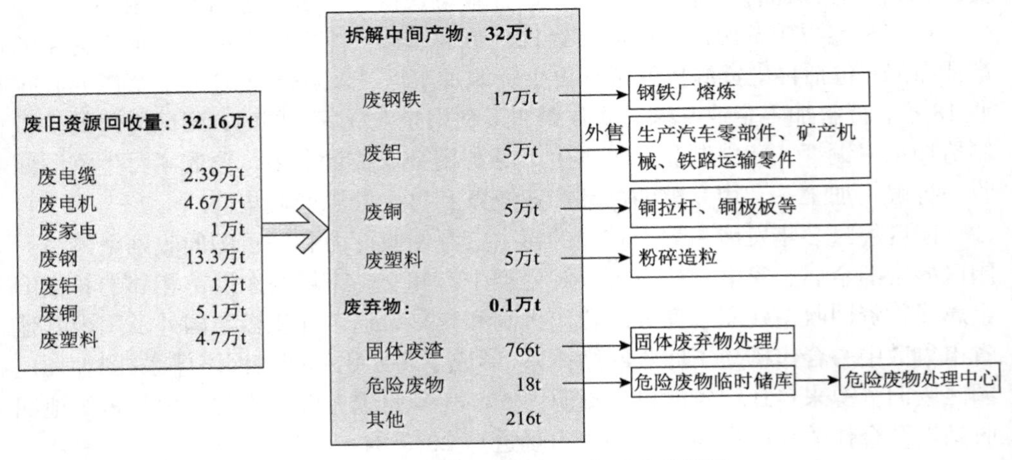

图 4-19　园区再生资源加工物质流分析图

2. 问题识别

虽然园区发展有一定的产业基础，但也存在回收不稳定和加工水平低等主要问题。

(1)资源回收渠道过于单一。突出表现在回收量随时间波动较大、来源分散、单次回收数量少、回收成本相对较高。同时，由于东港距韩国、朝鲜、日本等主要港口航程短，进口废旧物资便捷，转口贸易省时省距，该园区主要依托进口废旧资源后进行分类拆解和加工，再销往国外市场，从而满足废物拆解加工量的需求，且运输成本较低。

(2)深加工水平和产品附加值较低。园区再生资源的分拣、拆解工作机械化、自动化程度与世界先进水平还有一定差距。对于废旧五金、废家电、废机电等的回收利用，园区主要采用压块、磁选等方式进行回收。与国际和国内较为先进的产业化和再生技术相比，该技术已明显表现出加工水平不高、产品附加值低、许多有价废料还不能被高值清洁利用的问题。园区再生铜处理工艺与国际先进水平相比，其废杂铜的预处理及再生利用工艺及装备整体上都比较落后，金属利用水平不高。园区废旧电线电缆剥皮加工和粉碎筛选等机械设备难以满足需求，拆解过程中仍有许多可回收利用的副产品(如电线电缆拆解下来的废塑料等)，由于无法形成集中利用的规模而被丢弃。

(3)园区废物流管理和监控薄弱。园区目前的回收渠道多样化，回收方式分散化、无序化。在市场利益的驱动下，普遍存在着层次较低，加工方式落后，市场交易混乱等现象。同时，进口废物成分复杂，监控管理难度较大。一方面，园区尚未建立起对废物进园、分类、拆解、加工、出园等流动全过程的管理监控系统，园区在管理上对废物来源渠道和流向的模糊，容易在回收处理处置过程中产生二次污染或发生环境事故等突发事件。另一方面，废物流管理和信息化服务决策的缺少，还带来了回收成本居高不下、来源不明确、回收量波动较大、监督管理效率低下等问题。

4.3.2　规划建设方案

1. 规划目标

以废旧机电设备、家电、报废汽车、塑料等主要“城市矿产”资源的规模化处理、深度资源化利用和产业化发展为目标，以高新技术、高附加值和清洁利用为手段，构建多元化的绿色回收网络体系，通过招商引资和重点工程项目建设，加大技术创新和工艺升级的力度，提高精深加工能力和产业核心竞争力，全力培育龙头企业和核心产品，构建园区再生资源信息服务平台和逆向物流全过程实时监控管理系统，建成技术先进、环境友好、链条完整、规模集约的国家级“城市矿产”示范基地，力争建设成为东北地区最大、面向日本、韩国、东亚地区的再生资源产业基地。经过测算分析，东港“城市矿产”示范基地的指标体系如表 4-4 所示。

表 4-4　东港“城市矿产”示范基地的主要建设指标

项目	指标	单位	基准年	规划年目标年份	
			2010	2013	2015
通用指标	土地产出率	万元/km^2	5468	91130	121507
	污水深度处理率	%	90	96	98
	中水回用率	%	0	60	80

续表

项目	指标		单位	基准年	规划年目标值	
				2010	2013	2015
通用指标	能源产出率		万元/t标准煤	3	7	9
	单位工业增加值新鲜水耗		m^3/万元	3.0	2.7	2.4
	CO_2排放强度		kg/万元	195	175	155
	SO_2排放强度		kg/万元	0.0091	0.0082	0.0073
	COD排放强度		kg/万元	0.0044	0.0040	0.0035
	工业废水排放强度		m^3/万元	0.0147	0.0130	0.0125
	工业固体废物产出率		kg/万元	1.7	1.5	1.4
标志性指标	废钢铁回收利用量		万t	17	20	23
	废铜回收利用量		万t	5	6	8
	废铝回收利用量		万t	5	5	5
	废塑料回收利用量	废PET	万t	0	0	5
		其他	万t	5	5	5
	园区资源加工利用率		%	69	75	80
特色指标	区域再生资源集聚比		%	60	65	70
	高值化产品占比		%	16	23	34
	园区总产值		亿元	45	75	100
	资源回收利用增加量		万t		4	14

2. 主要任务

1）扩大和优化回收网络体系

辽宁东港再生资源园区回收体系建设应着重构建社区回收网点建设、大宗废物回收交易中心、废物分拣集散中心、再生资源信息服务平台及管理配套政策等一体化基地，形成区域静脉产业集群发展模式，系统性提高区域大宗废物的回收利用水平。应以建立区域现代化再生资源回收利用体系为目标，以建设全国性的多元化物资回收网络体系为核心，并充分发挥再生资源互联网信息化平台的作用，突破地域限制，通过废物流与信息流的快速融合，形成广泛的产品原料供应链条，联合循环产业链上下游企业，实现废旧物资原料资源的合理配置，推动区域再生资源产业化的发展。

基地规划建设拟以现有回收经营格局为起点，开展多元化回收体系建设，对回收基础及现有资源进行整合。通过构建由社区再生资源回收网点、分拣中心、再生资源产业园及区域合作式回收站构成的多级再生资源回收利用网络体系，高定位、高起点、高标准进行城乡联动，形成社会化的服务网络体系；集成社会资源收集网络系统、运输系统、加工处理系统、仓储系统、公共结算系统、服务系统等，提高规范化管理、标准化运行水平，实现再生资源逆向物流的快速流动。

2）深化构建资源循环产业链

再生资源园区建设应发挥区域优势、产业优势和资源优势，以现有主导产业基础为依托，进一步延伸产业链。基地建设规划拟构建“废弃物回收—再生原料拆解—合理资源化加工利用”的循环产业链条，推动行业内形成产业上下游企业分工明确、互利协作、利益相关的产业链(图 4-20)。部分典型废物可延伸精深加工产业链，开展高品质、高附加值的深度资源化利用，建立具有国际竞争力的多样化、合理化的特色优势产业结构。园区回收企业将与钢铁企业、铜加工企业、废塑料再生企业等下游产业加强合作，开展废旧资源跨行业综合利用，实现关联产业集聚式发展。

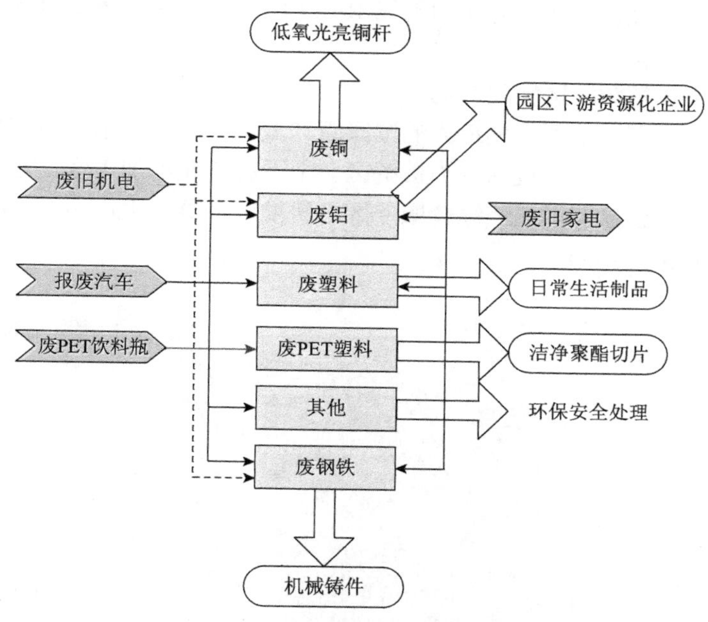

图 4-20　基地资源利用产业链

3）推进工艺设备改造升级

充分发挥回收拆解加工产业集群的优势，集中引进一批高新技术、新工艺及新设备，替换或升级原有加工处理工艺，在回收网络体系、拆解再生工艺、废物流动管理等方面进行创新；逐步建立相应的废旧物资分类标准及技术规范，制订各类再生资源企业生产技术标准，研究整套资源回收及处理技术标准和规范，提高生产效率、增加产品技术含量和附加值。

4）提升环保基础设施水平

园区规划在环保基础设施建设方面，拟针对现有污水深度净化处理的薄弱环节，优先考虑中水回用工程及系统管网布置，引进先进的处理工艺及设备高起点、高标准地对现有污水处理厂开展升级改造及扩建；基地应建设废水处理中心对区内废水进行集中预处理，制订相应的入水污染物浓度标准，实现资源集中共享和污染集中控制。

5）构建先进的园区管理系统

园区规划拟开展环境监管能力建设，加强对园区发展方向及整体布局的引导，严格实施园区环境保护规划、环境影响评价及园区的 ISO14000 环境管理。对于再生资源逆向物流无序的突出问题，拟建设综合数据采集、自动识别、实时通信及物流控制的管理平台，建立基于 RFID/GIS 技术的智能化获取、传输、管理、协调与处理信息的专业再生资源物联网监控管理系统，实现对再生资源回收利用体系及集散地监控，构建适合使用无线 RFID 标签进行标识跟踪追溯的系统，实现园区的全过程管理。

6）优化再生资源园区空间布局

以建成我国东北地区规模最大的国家级“城市矿产”示范基地和再生资源产业园区总体目标为导向，规划分为拆解区、中下游产业深加工区、污水及固体废物处理区、海关国检监管区、综合服务区、研发区、员工生活区等。园区的整体功能分区规划见图 4-21。

一带：滨水休闲景观旅游带
一轴：沿滨海公路东西向空间发展轴
三心：生活中心、研发中心、综合服务中心
四区：东部深加工区、西部深加工区、南部拆解区、海关国检监管区

图 4-21　辽宁东港再生资源产业园区详细规划

3. 重点建设项目

在前期已经投资完成的1000亩回收拆解区和部分深加工区的基础上，以扩大资源加工处理能力和升级改造加工利用工艺为核心，新增规划建设10万t/a废旧机电产品拆解与升级改造、20万台(套)/a废旧家电产品拆解与深度资源化、2万辆/a报废汽车自动化破碎与循环利用、5万t/a废PET瓶生产洁净聚酯切片工程、3万t/a废铜生产优质铜阳极板工程、14万t/a废旧物资回收体系建设工程等6项重点工程类项目。

规划开展资源回收物流智能化监控管理工程、园区回收体系信息化平台及统计考核体系建设、3万t/d污水深度处理及2.4万t/d中水回用、园区综合监管设施公共平台等4项基础设施类项目。项目总投资9.73亿元，推进“城市矿产”资源的回收、分选、拆解、加工、利用及销售。10个拟重点建设工程项目的园区选址和布局见图4-22，拟定重点建设项目见表4-5。

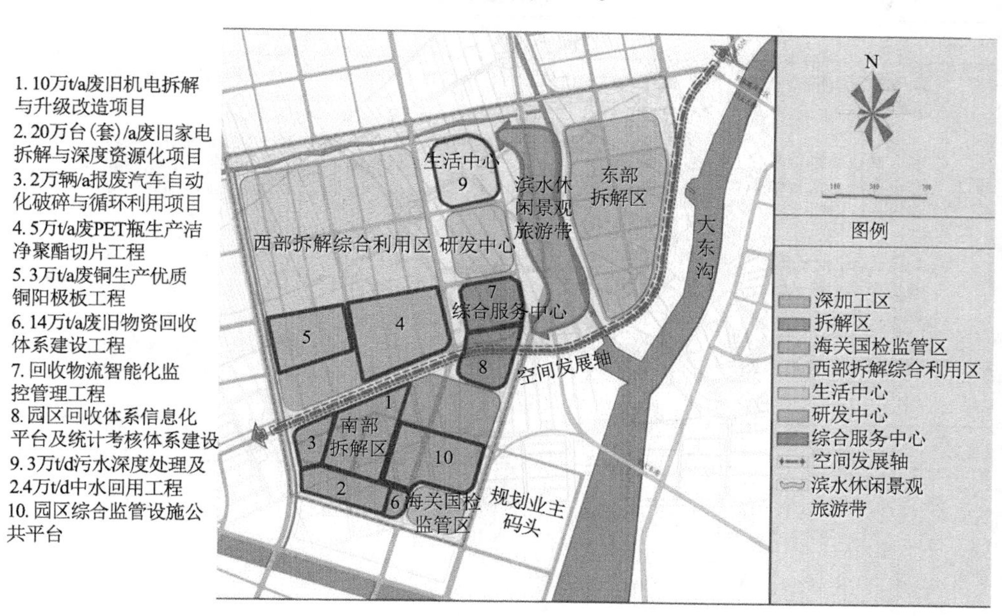

图 4-22　重点建设工程项目的分区布置图

表 4-5　拟定重点建设项目表

序号	项目名称	建设内容	投资额（万元）
		重点工程类项目	
1	10万t/a废旧机电拆解与升级改造项目	扩建处理能力为10万t/a废旧机电产品拆解生产线，分别进行废金属、废油液、废塑料等典型废弃物的回收；对原有5万t/a的拆解线进行设备更新和技术升级	12000

续表

序号	项目名称	建设内容	投资额（万元）
		重点工程类项目	
2	20万台（套）/a废旧家电拆解与深度资源化项目	扩建1条20万台（套）/a的废旧家电拆解生产线，深加工资源化生产泡沫玻璃产品；对原有5万台（套）/a的废旧家电拆解加工生产线进行设备更新和工艺改造	21000
3	2万辆/a报废汽车自动化破碎与循环利用项目	新建1条处理能力2万辆/a废旧汽车的拆解生产线，生产铸铁件、有色金属、塑料、橡胶、玻璃、纤维等废料，剩余物进行自动化破碎	14000
4	5万t/a废PET瓶生产洁净聚酯切片工程项目	新建1条废聚酯瓶回收生产5万t/a的洁净聚酯切片生产线，包括建立1个回收分拣打包中心	10000
5	3万t/a废铜生产优质铜阳极板项目	建设2个50t转炉，年加工3万t阳极磨流水线一条	9800
6	14万t/a废旧物资回收体系建设工程	整合废旧物资回收网点200个以上，建设规范化的样板回收站，建设辐射辽宁东部地区的废旧物资集散交易市场，引进电子显示屏等监控设备	12000
		基础设施类项目	
1	回收物流智能化监控管理工程	建设区域废物和再生资源的跟踪监控管理信息平台，应用物联网技术监控园区80%废物和再生资源	5000
2	园区回收体系信息化平台及统计考核体系建设	建设园区信息服务平台，主要提供从再生资源回收利用数据统计、废料和再生产品报价及行情分析、供求发布和网上交易为一体的专业化商业功能；基于信息化服务平台，构建园区“城市矿产”重点建设项目的统计考核体系	1000
3	3万t/d污水深度处理改造及2.4万t/d中水回用工程	3万t/d污水深度净化处理改造工程，新建2.4万t/d中水回用工程	8000
4	园区综合监管设施公共平台	建设堆场类监管场所、仓库类监管场所；设立隔离围网，配备海关要求的卡口设备、计算机管理系统与海关联网、具有海关存储功能的视频设备等	4500
	合计		973000

第 5 章　城市固体废物的集中协同处置

除了再生资源循环利用园区外，许多地方往往针对不同类别的城市固体废物分别建设独立的资源化无害化设施，或者打造专业化园区进行集中的处理处置。然而，当前城市固体废物处理处置设施建设布局分散，土地利用碎片化，各处置设施间缺乏有效协同，能、水、渣的代谢过程易形成二次污染，固体废物综合利用率低，处置设施的“邻避效应”十分显著，成为许多城市经济社会可持续发展的瓶颈。随着我国城镇化的快速发展和城乡一体化程度的提高，城市固体废物产生量增加快速，可填埋土地少且生态环境敏感，迫切需要构建城市固体废物园区化协同处置以及二次污染控制的系统性解决方案及运营新模式。

5.1　城市固体废物集中协同处置系统的构建方法

当前我国固体废物处理处置仍然以单一或孤立的技术路线为主，在空间上造成了土地利用的低集约，在物质代谢上未形成高效的代谢链网，物质及能源回收效率低，废物处理处置的技术路径不合理，易造成多种环境介质的二次污染。因此，通过将各类废物处理工程集中在园区内，通过统筹布局和科学优化，结合各类废物的代谢特征和不同技术的优劣势，链接各单一处置技术的协同点，构建废物代谢耦合链网，实现各类废物最大程度的资源化利用及废物或者二次污染物的协同处置，可有效解决当前许多城市固体废物处理处置的困境，并通过在全国范围内复制推广，一定程度上缓解固体废物处理处置设施用地紧张的情况。

根据我国城市固体废物的主要来源、具体组分及理化特征，将常见城市固体废物分为可燃有机废物、易腐有机废物、危险废物及再生利用废物等四大类，可建立园区化集中协同处置的系统性解决方案如图 5-1 所示。

可燃有机废物是指有机组分和热值比较高，能够(或经脱水后)自持燃烧的城市源固体废物，主要包括市政污泥、生活垃圾及陈腐垃圾等。易腐有机废物是指有机组分及含水率比较高，在高温及常温下易发酵腐败的城市源固体废物，主要包括餐厨垃圾、园林绿化废物、果蔬农贸废物及畜禽粪便等。危险废物为《国家危险废物名录》中的对人体及环境健康有较大危害的废物，包括医疗废物和工业危险废物。再生利用废物指原有固体物质通过一定处理后可再次资源化利用的废物，主要包括常见的可再生资源、一般工业固体废物及建筑垃圾等。

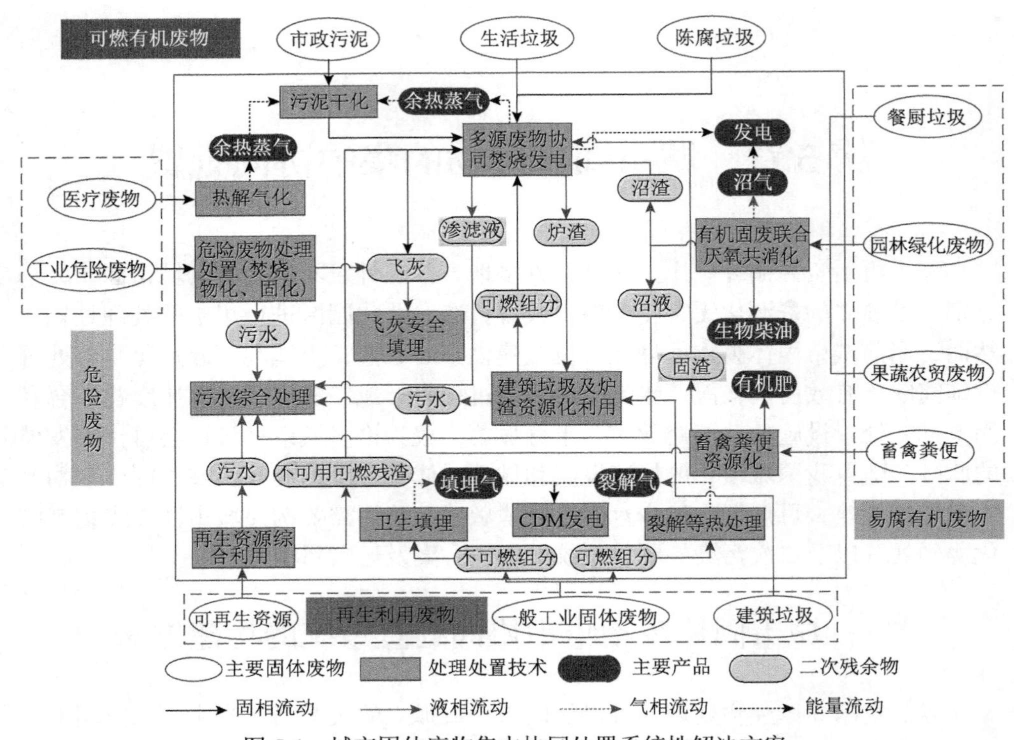

图 5-1　城市固体废物集中协同处置系统性解决方案

多种可燃有机固体废物通过生活垃圾焚烧发电设施可实现协同焚烧减量，同时回收能源发电上网(污泥经干化脱水后实现协同焚烧)。多源易腐垃圾通过混合厌氧共消化实现不同有机废物的组分调配，提高产沼率及能源回收效率。危险废物通过裂解等热化学处理达到无害化处理的目的，并实现余热能源回收利用。再生利用废物通过物料加工利用实现资源化回收。各类废物通过协同处理处置最终实现减量化、资源(能源)化及无害化。

与此同时，各处理处置设施产生的固态残渣(厌氧沼渣、堆肥固渣、建筑垃圾可燃组分、焚烧炉渣及飞灰等)经协同焚烧、资源化利用及固化卫生填埋等方式实现 100%综合利用及处置；主要液态污染物(渗滤液、沼液及污水)等经园区污水集中处理厂调配处理后稳定达标排放；主要气态物质(沼气、填埋气及裂解气)等经焚烧发电实现污染减排和能源回收。因此，各类二次残余物在园区内部实现集中控制和近零排放。

5.2　城市固体废物集中协同处置的实践进展

随着城市规模的扩大和经济社会的发展，“垃圾围城”“邻避效应”等问题日益突出，垃圾焚烧发电及餐厨、危险废物、建筑垃圾、市政污泥及城市粪污等处理设施的建设需求日益增加，许多城市围绕原垃圾卫生填埋场进行选址布局，新建各类废物处理设施，形成协同处置产业链，最终形成城市循环经济产业园区。建设以资源综合利用为主的固体废物集中协同处置园区，将是未来城市固体废物可持续管理的一个发展方向，也是“无废城市”建设的系统性解决方案。这类产业园区能够利用原有环卫设施的进场道路、给排水、输变电等外部条件和卫生防护距离等生态屏障，一方面便于集中控制污染，节省建设成本和避免选址困难；另一方面可以共享园区配套设施，节省运营成本和降低生态环境影响。

发达国家自 20 个世纪 70 年代的丹麦卡伦堡模式开始，经过长期实践取得了一定的经验和效果，形成了以循环型社会为目标的全生命周期管理理论、政策法规和最佳实用技术体系。卡伦堡模式针对相距不超过百米的火力发电厂、炼油厂、生物制药厂、石膏材料公司、蒸汽供暖公司、农场和居民社区等，研发并集成应用了 16 个废料交换工程，年交换副产品 100 多万 t，整个生态园几乎不外排固体废物，已稳定运行了 30 多年。瑞曼迪斯生态产业园是德国最大的固废处理企业，开发应用了生物燃料发电等能源利用技术、电子废物拆解及循环利用技术和高品质再生化工产品制备技术等，可集中处理欧盟废物目录中超过 170 种的固、液体废物，使近 50 万 t 固体废物高效地转化为原料和能源。日本首次提出循环型区块(sound material-cycle block)的新概念，大力开发城市固体废物减量化、再利用和资源化技术，通过技术集成支撑形成了不同城市固废类型和区域特点的系统解决方案。例如，日本北九州生态工业园是一园多区双效益驱动的园区模式(图 5-2)，

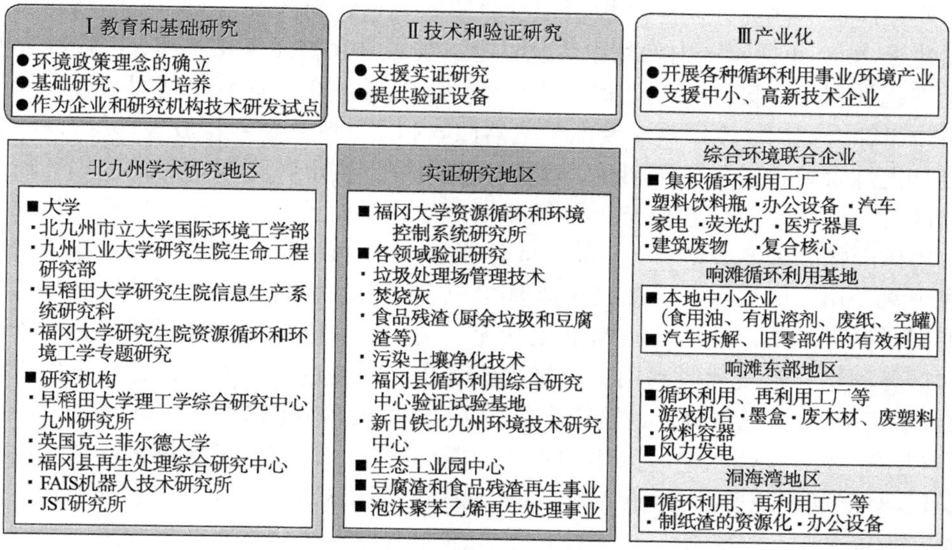

Ⅰ教育和基础研究
●环境政策理念的确立
●基础研究、人才培养
●作为企业和研究机构技术研发试点

Ⅱ技术和验证研究
●支援实证研究
●提供验证设备

Ⅲ产业化
●开展各种循环利用事业/环境产业
●支援中小、高新技术企业

北九州学术研究地区
■大学
·北九州市立大学国际环境工学部
·九州工业大学研究生院生命工程研究部
·早稻田大学研究生院信息生产系统研究科
·福冈大学研究生院资源循环和环境工学专题研究
■研究机构
·早稻田大学理工学综合研究中心九州研究所
·英国克兰菲尔德大学
·福冈县再生处理综合研究中心
·FAIS机器人技术研究所
·JST研究所

实证研究地区
■福冈大学资源循环和环境控制系统研究所
■各领域验证研究
·垃圾处理场管理技术
·焚烧灰
·食品残渣(厨余垃圾和豆腐渣等)
·污染土壤净化技术
·福冈县循环利用综合研究中心验证试验基地
·新日铁北九州环境技术研究中心
■生态工业园中心
■豆腐渣和食品残渣再生事业
■泡沫聚苯乙烯再生处理事业

综合环境联合企业
■集积循环利用工厂
·塑料饮料瓶 ·办公设备 ·汽车
·家电 ·荧光灯 ·医疗器具
·建筑废物 ·复合核心
响滩循环利用基地
■本地中小企业
(食用油、有机溶剂、废纸、空罐)
■汽车拆解、旧零部件的有效利用
响滩东部地区
■循环利用、再利用工厂等
·游戏机台 ·墨盒 ·废木材、废塑料
·饮料容器
■风力发电
洞海湾地区
■循环利用、再利用工厂等
·制纸渣的资源化 ·办公设备

图 5-2　日本北九州生态工业园产业体系图

包含教育和基础研究、技术和验证研究及产业化三大子系统，以静脉产业为核心，从基础研究，到技术开发、验证研究和商业规模化等领域全面展开。园区规划统筹了学术研究、实证研究、循环利用加工等多个分区。其中，学术研究分区集中了早稻田大学、英国克兰菲尔德大学等在内的各个国内外知名研究机构，实证研究分区包含了食品残渣研究技术、焚烧灰处置技术等多项静脉产业技术的中试和工程试验项目，循环利用分区则包括了废塑料瓶、报废车、废旧家电和办公设备等多类废弃物的拆解和加工再利用。与此同时，国际上高度重视科技创新及支撑，"欧盟 2020 战略"把"资源有效率的欧洲"技术路线作为七大旗舰计划之一，重点部署了城市产业共生和生产生活循环链接技术的重点任务。

中国在 20 世纪 90 年代后期逐渐引入循环经济理念，资源循环利用体系初步建立，静脉产业得到了较大规模的快速发展。广东等地建造的生活垃圾综合处理基地是静脉产业园在中国发展的最早雏形，随后许多城市依托原有垃圾卫生填埋场建设了城市固体废物综合处理园区，在园区内实现了对城市生活垃圾、园林垃圾、餐厨垃圾、建筑垃圾等城市固体废弃物的协同处置，以及物质、能源和水的内部协同循环利用，并产出部分再生资源产品，这类以集中协同处置为特点的循环经济产业园逐渐被普遍采用。

园区建设需要根据城市资源代谢和固体废物处置的实际需要，因地制宜确定园区功能定位。例如，有的园区基于再生资源产业集聚化发展进行升级优化，逐步建设了城市固体废物处理的项目设施；有的园区则是基于城市原有的垃圾填埋场和焚烧厂，逐步吸纳了再生资源的处理项目，成为一个综合性的循环经济产业园区。例如，基于垃圾填埋场改造的北京朝阳区城市循环经济产业园，始建于 2002 年，园区内除垃圾焚烧发电、餐厨废弃物无害化处理、医疗废弃物无害化处理、垃圾渗滤液处理等项目外，还发展了众多资源化利用项目，如建筑垃圾综合利用、废旧汽车及电子电器回收利用、废弃塑料橡胶玻璃综合利用、废日光灯管处理、易拉罐再生、废纸再利用等。城市各类固体废物收集运输至园区后，由各相关企业分类进行资源化、减量化、无害化处理，形成完整的城市固体废物处理产业链，实现城市固体废物 100%无害化处理。垃圾渗滤液转化成中水，用于园区绿化灌溉及道路降尘或者作为垃圾焚烧发电厂循环冷却水。朝阳区循环经济产业园实行精细化管理，实现了水资源的循环利用、热力资源的循环利用和沼气回收利用。垃圾渗滤液在园区经过后端处理，达到了中水标准，用于园区绿化灌溉及道路降尘；25 万 m^3 的雨污分流工程，实现了雨水回收再利用；垃圾焚烧发电厂采用中水作为循环冷却水，节约了新鲜水。园区内的垃圾填埋气收集利用率接近 100%，处理后能为园区的生产及办公区域供电、供暖。垃圾焚烧厂、餐厨厂、医疗厂等在生产运行中都会不断产生余热，产业园已规划统筹开发，实现余热系统的综合利用。因此，北京朝阳区循环经济产业园以“建在垃圾场上的绿色环保生态园区”著称，园区除固体废物处理设施外，还开放了 2600 亩林地提供各种免费体育设施，集科研、环保、教育多功能于一身，以前因脏臭频频引发“邻避效应”的垃圾填埋厂荣获“首都环境建设样板单位”和“中国人居环境范例奖”。

杭州天子岭循环经济产业园也是环境效益比较突出的建设典范。园区以“出口、产业、城市、生态”为整体定位，以城市“五废”(生活固体废物、污泥固体废物、建筑固体废物、有害固体废物、再生固体废物)全过程处理、全产业链发展、全物料循环为核心，至 2030 年规划建设 50 个项目，总投资 120.64 亿元，成为破解垃圾“邻避效应”，实现厌恶性设施转化为绿色融合发展的特别典范。与此同时，杭州天子岭循环经济产业园还将文化、旅游等概念和行动植入垃圾事业，提出垃圾文化概念，连续举办六届“垃圾与文化”论坛，建成启用中国垃圾与文化博物馆，国内首个国家级垃圾“三化”循环经济教育示范基地、全球首家垃圾场上的绿色婚庆摄影基地，推出国内首条集宣传教育、实践体验于一体的环境教育旅游线“跟着垃圾去旅游”，至今共接待社会各界 10 万余人次，实现了城市绿色基础设施的诸多功能。

综合来看，国内城市固体废物集中协同处置园区发展呈现三大趋势：一是由局部设施功能向系统性复合功能转变，多个区域的静脉产业园，已由单一的生活垃圾处置或再生资源加工，转变为协同处置多类型固体废物的综合园区；二是由环境污染治理向资源循环利用提升，部分起步较早、发展较快的城市矿产基地，园区内已布局了废旧金属加工、废塑料价格、报废车拆解再利用等多类型的再生资源高值化加工利用项目；三是由单一静脉产业向动静脉产业融合拓展，部分经济发展水平较高的区域，开始结合处置项目，配套建设相关宣教展示、研发中试等设施，并结合填埋场修复和周边绿化带建设为区域提供生态调节和休闲等功能。

5.3　张家港固体废物综合处置规划案例

张家港市位于长江三角洲腹地的江苏省东南部地区(图 5-3)，是一座新兴港口工业城市，全市总面积 999 km^2，其中陆域面积 777 km^2，下辖 8 个镇、1 个常阴沙现代农业示范园区和 1 个双山岛旅游度假区，拥有 2 个国家级开发区。

近年来，全市坚持以转型升级为主线发展现代经济，形成了以冶金、纺织、化工、机电为主要支柱的产业结构，居民生活水平和消费能力不断提升，在全省处于领先水平。但同时，城市固体废物处理处置仍面临着以下迫切待解决的问题。

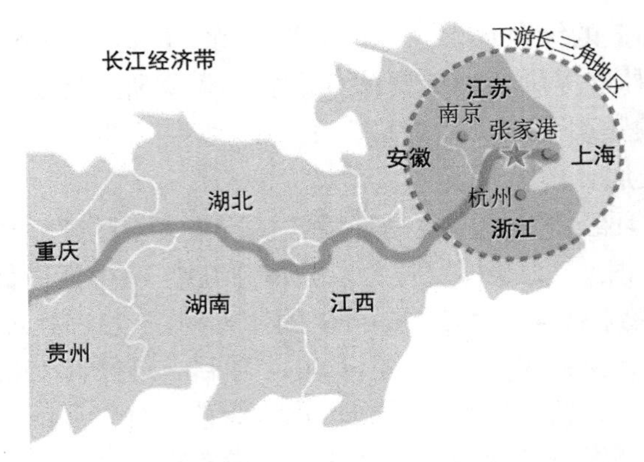

图 5-3 张家港市地理位置图

一是处置能力无法满足需求。全市产业、居民生活、市政服务等领域每年产生大量的固体废物且呈现持续增长趋势。2016 年，张家港全市本地主要固体废物的产生量合计约 1905 万 t，根据预测到 2025 年增长至 2267 万 t。从本地产生量来看，占比居前三位的分别是一般工业固体废物（75%）、建筑废物（19%）和生活垃圾（3%），详见图 5-4。部分垃圾终端处置设施的处置能力已接近饱和，例如，生活垃圾填埋场仅剩 8 年左右的填埋余量，危险废物填埋场仅剩 2 年左右的填埋余量；部分废弃物尚缺乏有效的终端处置设施，例如，一般工业固体废物尚未建设相应的专业填埋或焚烧处置设施。

图 5-4 全市固体废物产生量及其存在的问题（万 t/a）

二是处置设施布局缺乏统筹。全市目前拥有处置 7 类固体废物的共约 20 个终端处置设施，地理空间相对碎片化（图 5-5）。设施间的布局分散且各自独立运营，导致废水废渣等无法协同处置，易造成处置利用效率低、安全隐患二次污染风险高等问题，城市主要固体废物的处置方式及流向见图 5-6。同时，分散布局不利于固体废物处置形成上下游间的有效关联，不利于形成现代化、协同化的城市固体废物管理和运营模式，亟待通过产业园建设和项目合理布局，提升处置设施的集聚化和协同化水平。

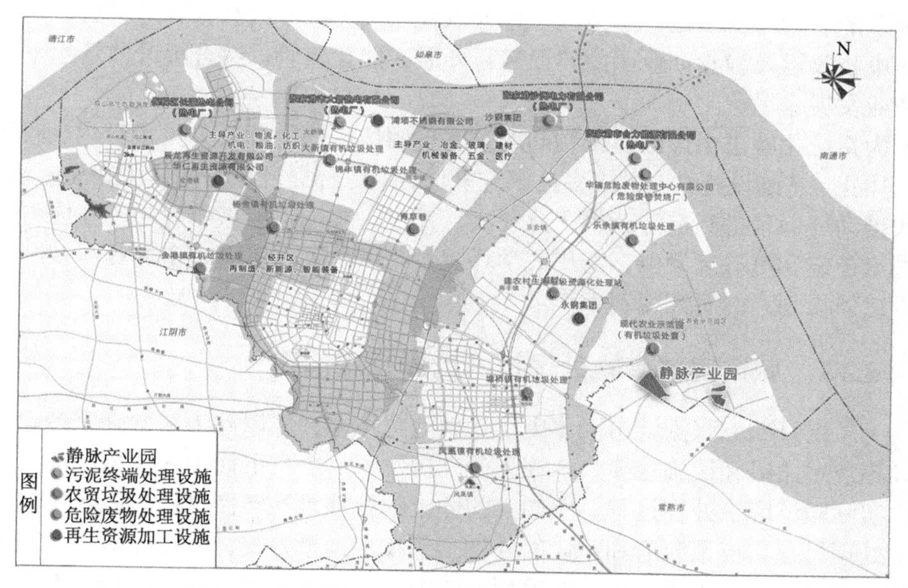

图 5-5　张家港市主要固体废物处理处置设施分布图

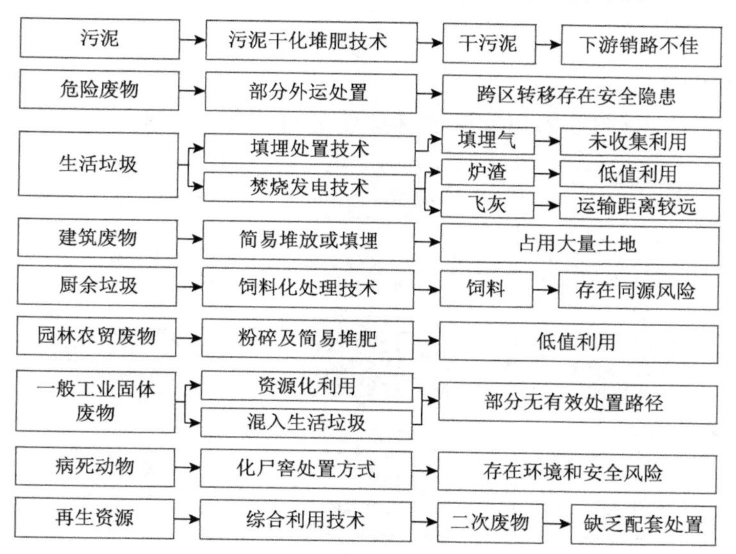

图 5-6　城市主要固体废物的处置方式及流向

三是处置技术亟待升级。一方面，部分固体废物的处置技术亟待升级，例如，市政污泥当前干化堆肥的处置方式存在处置效率不高、下游产品无销路等问题。另一方面，张家港市以环保装备制造为代表的节能环保产业，亟待依托技术升级实现发展壮大，以促进区域产业结构的进一步优化及自主创新水平的有效提升。

四是缺乏智能化手段支撑。当前，全市对于重点废弃物产生、运输及处置等各环节的监管力度不足，亟待通过建立以物联网为核心的智慧管理平台，对全市固体废物收运及静脉产业园的建设运行开展智能化监管，综合提升监管水平和静脉产业发展水平。

为系统化解决全市固体废物问题，实现固体废物的源头分类减量化、收运处置一体化、基础设施共享化、多技术统筹优化、综合提升全市固体废物处置水平，加快带动环保装备制造等新兴产业壮大，并进一步加强区域研发和创新能力，推进城市稳定和可持续发展，清华大学环境学院承担了《张家港市静脉科技产业园建设总体规划》的研究编制工作。

5.3.1 城市固体废物处理技术选择模型构建

为了定量研究张家港市固体废物处理处置体系，并以此为基础确定各固体废物处理技术路线和设施规模，本规划研究构建了一个自下而上的模型工具，用于追踪实际固体废物处理过程。例如，固体废物处理量和转换过程，以物质流贯穿整个处理过程，模拟政府和企业的处理工艺技术选择方式，并在此基础上计算经济性、环境影响和资源产出。在模型方法中，各种政策因素通过影响技术选择过程发挥具体作用。

1. 模拟流程

模型模拟流程(图 5-7)以实际固体废物处理流程为依据：①首先由外部预测

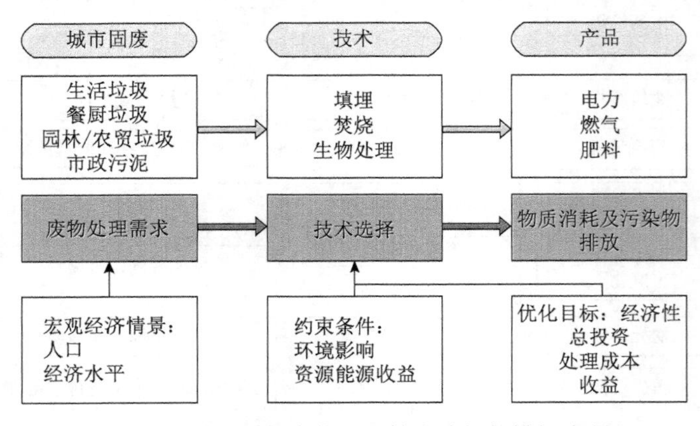

图 5-7 城市固体废物处理技术选择的模拟流程

分析模型，确定固体废物处理规模的初始值；②以满足处理需求为约束，以总成本最小化为目标函数，优化选择生产技术；③计算资源/能源消耗及污染物排放量，根据项目协同共生关系优化建设规模。

2. 优化算法

模型方法的数学函数为多约束单目标线性优化方程组。目标函数为总成本最小化[式(5-6)～式(5-8)]，约束函数包括总处理量约束、总环境影响约束、总能源消耗约束等[式(5-1)～式(5-4)]。模型输出为预测年各处理技术规模、产品产出量等[式(5-5)和式(5-9)]。

1）总环境影响

$$Q_i^m=\sum_{l\in W_i}(X_{l,i}\times e_{l,i}^m)$$

$$e_{l,i}^m=\sum_h(b_{h,i}^m\times H_{h,l,i}^m)+\sum_k(f_{k,i}^m\times E_{k,l,i}^m)+\sum_p(d_{p,i}^m\times F_{p,l,i}^m) \tag{5-1}$$

式中，Q_i^m为固体废物i处理过程中环境影响m的总量；$X_{l,i}$为固体废物i利用技术l处理的量；$e_{l,i}^m$为固体废物i利用技术l处理中环境影响m的单位产生量，由三部分组成；$H_{h,l,i}^m$为辅料h单位消耗量；$b_{h,i}^m$为辅料单位环境影响产生量；$E_{k,l,i}^m$为能源k单位消耗量；$f_{k,i}^m$为能源k单位环境影响产生量；$F_{p,l,i}^m$为废弃物p单位处理量；$d_{p,i}^m$为废弃物p处理过程单位环境影响产生量。

2）总环境影响约束

$$\sum_{i\in G_i}Q_i^m\leqslant\hat{Q}^m \tag{5-2}$$

式中，$\hat{Q}^m$为环境影响m的最大允许值。

3）总能源消耗约束

$$\sum_{i\in G_i}\sum_{l\in W_i}(E_{k,l,i}\times X_{l,i})\leqslant\hat{E}_{k,G_l} \tag{5-3}$$

式中，$\widehat{E_{k,G_l}}$为能源k的最大供应量。

4）总处理量约束

$$G_i=\sum_{l\in W_i}X_{l,i} \tag{5-4}$$

式中，G_i为固体废物i的产生总量。

5）产品产出量（输出）

$$D_j = \sum_{i \in G_i} \sum_{l \in W_i} (A_{j,l,i} \times X_{l,i}) \tag{5-5}$$

式中，D_j 为产品 j 的总产量；$A_{j,l,i}$ 为固体废物 i 利用技术 l 处理中产品 j 的单位产生量。

6）年均固定资产投资

$$I = \sum_{i \in G_i} \sum_{l \in W_i} C_L^0$$

$$C_L^0 = B_L^0 (1 - S_{C_L}) \frac{\alpha (1+\alpha)^{T_{l,i}^0}}{(1+\alpha)^{T_{l,i}^0} - 1} \tag{5-6}$$

式中，C_L^0 为技术 l 的年均单位设备投资成本；B_L^0 为技术 l 的总投资；S_{C_L} 为技术 l 的投资补贴；α 为折现率。

7）总运行费用

$$R = \sum_i \sum_l \left\{ X_{l,i} \left[\sum_h (g_{h,i}^m \times H_{h,l,i}^m) + \sum_k (g_{k,i}^m \times E_{k,l,i}^m) + \sum_p (g_{p,i}^m \times F_{p,l,i}^m) \right] \right\} \tag{5-7}$$

式中，$g_{h,i}^m$ 为辅料 h 的单位成本；$g_{k,i}^m$ 为能源 k 的单位成本；$g_{p,i}^m$ 为废弃物 p 的单位处置成本。

8）目标函数

$$TC = I + R + P = \sum_{i \in G_i} \left\{ \sum_{l \in W_i} \left\{ C_L^0 + X_{l,i} \left[\sum_h (g_{h,i}^m \times H_{h,l,i}^m) + \sum_k (g_{k,i}^m \times E_{k,l,i}^m) + \sum_p (g_{p,i}^m \times F_{p,l,i}^m) \right] \right\} + \sum_l (\varsigma_{l,i} \times X_{l,i}) \right\} \to \min \tag{5-8}$$

式中，P 为政策变量；$\varsigma_{l,i}$ 为固体废物 i 利用技术 l 处理的单位政策变量，如排污费用、垃圾处理费、产品补贴等。

9）项目建议规模（输出）

$$S_L = n \times S_{L,\min} \geqslant \frac{\sum_l X_{l,i} + \sum_n x_{l,\mathrm{n}}}{\Lambda_l} \tag{5-9}$$

式中，S_L 为技术 l 的建议项目规模；n 为副产品的个数；$S_{L,\min}$ 为技术 l 的最小生产线规模；$x_{l,n}$ 为利用技术 l 处理副产品 n 的量；Λ_l 为技术 l 的实际运行率。

5.3.2　技术选择

基于调研收集数据进行模型计算，初步建议各类固体废物采用以下技术方案进行处理。其中，园林农贸废物、建筑垃圾、钢渣等固体废物的处置项目建议不入园，具体见表 5-1。

表 5-1　技术和布局选择结果列表

分类	处理对象	处理技术	处置规模(t/d)
市政固体废物类	生活垃圾	焚烧发电技术	2000
	餐厨和厨余垃圾	厌氧消化制燃气技术	250
	地沟油	制生物柴油技术	35
	污泥	烟气低温干化复合生活垃圾焚烧技术 电厂协同焚烧技术(不入园)	300 190
	园林农贸废物	好氧堆肥技术(就近处置，不入园) 厌氧消化技术(处理能力不足部分入园)	200～300
	病死动物	热解炭化技术	4
再生资源类	再生资源分拣	分拣、打包等预处理技术(不入园)	1000
	建筑垃圾	物理粉碎制造环保建材技术(不入园)	10000
	电子废弃物	拆解再利用技术	20~30
	本地产报废车	压块粉碎再利用技术	130
工业固体废物类	一般工业固体废物	填埋处置技术、焚烧处置技术	40~110
	钢渣	高值化综合利用技术(不入园)	5000
	危险废物	新增综合处置技术	220
		原有焚烧项目(不入园)	80

5.3.3　园区功能区布局

园区功能区布局采用三个原则。一是同类集聚。焚烧类、填埋类、有机厌氧处置类、研发装备制造等应分类别集聚布局，便于规模化处置，提升处置效率。二是协同优化。存在物质或能量交换类的项目就近布局，如有机类与焚烧类靠近，便于协同处置沼渣；又如再生资源加工类与危废处置类靠近，便于协同处置机油、线路板等危险废物。三是安全保障。排放和风险相对较高的终端处置设施，应尽可能远离生活居住区；园区周边应设置足够距离和面积的绿化防护区。

依据上述三个基本原则，张家港城市固体废物协同处理静脉产业园区布局采取一园多区式布局，分为东部南区、东部北区及西部区三个地块，总面积约 1900 亩(图 5-8)。

图 5-8　张家港静脉产业园功能布局图

东部南区主要包括：填埋中心、能源中心、有机处置中心和污水处理中心-南区。填埋中心主要处置各类无法综合利用和填埋的最终废弃物，同时对原填埋区开展封场修复；能源中心综合处置可焚烧类固体废物、产业园填埋气等；有机处置中心综合处置全市餐厨垃圾、垃圾分类后厨余垃圾，以及未能及时处理的园林蔬菜废弃物等有机废物；污水处理中心南区处理东部南区各中心的渗滤液、废水等。东部南区布局情况详见图 5-9。

东部北区主要包括：危废处置中心、再生资源综合利用中心、管理生活中心和污水处理中心-北区。其中，危废处置中心综合处置全市危险废物，以及园区内其他项目产生的危险废物，残余难处置危废再到南区危废填埋区；再生资源综合利用中心围绕报废车、电子废弃物、新兴建筑材料(炉渣)等开展再生利用；管理生活中心涵盖智能化管理、环境监测、应急处置等功能；污水处理中心北区主要处理东部北区、西部区各中心废水等。东部北区布局情况详见图 5-10。

图 5-9　东部南区项目布局示意图

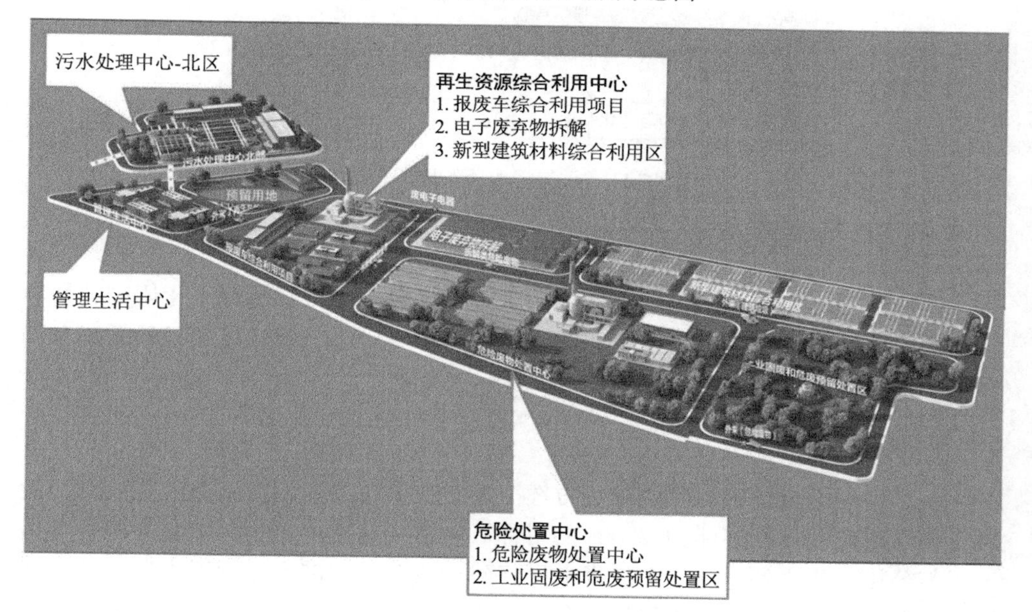

图 5-10　东部北区项目布局示意图

西部区主要包括：宣教展示中心、研发中心、中试/工程中心及环保装备制造中心。宣教展示中心主要负责引入先进龙头类企业并宣教展示，作为会议中心开展高端论坛等；研发中心主要负责开发技术研发试点，进行基础研究和后备人才培养并作为政策研究中心和信息化基地；中试/工程中心主要为环保装备制造中心孵化技术并为研发中心提供试验验证；环保装备制造中心主要负责引入先进龙头类企业并支持中小、高新技术企业等。西部区布局情况详见图 5-11。

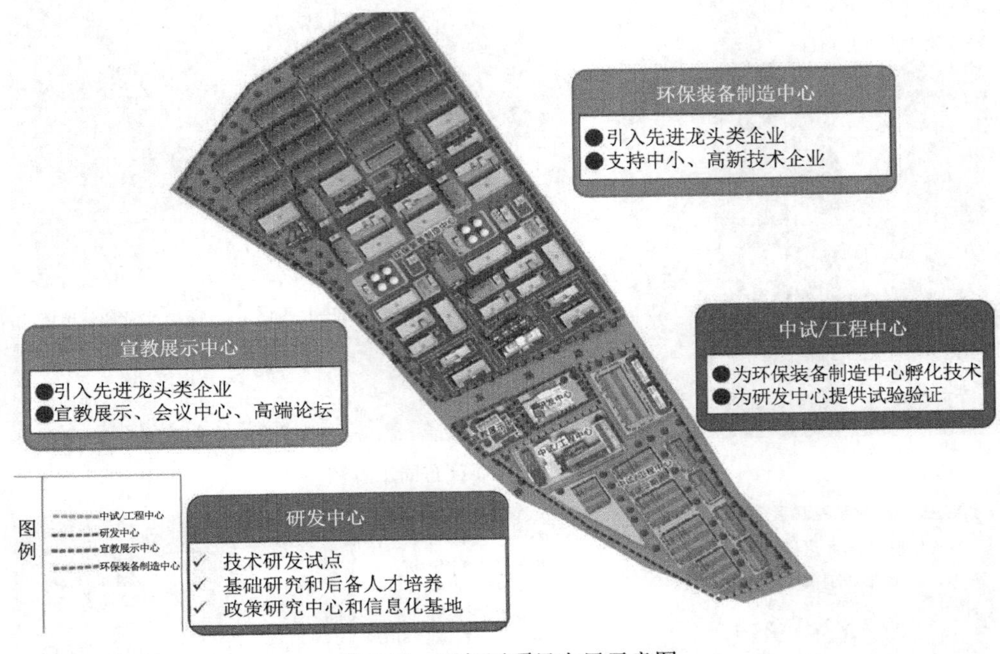

图 5-11　西部区项目布局示意图

5.3.4　清洁焚烧类系统处置方案

清洁焚烧类系统处置方案包括生活垃圾焚烧发电项目、污泥干化协同焚烧项目、病死动物炭化焚烧项目及工业废物气化热解项目等。各建设项目的系统布局详见图 5-12。

1. 生活垃圾

新产生垃圾全部采取焚烧处置方案。通过在静脉产业园内新建焚烧项目，最终实现生活垃圾年焚烧能力 2600t 的目标。除常规的主体工程、配套工程、环保工程与公用工程之外，新的焚烧发电厂将建设成为张家港市爱国卫生运动教育基地，主要宣教内容包括：生活垃圾分类、生活垃圾处理处置技术、模拟焚烧厂模型。定期向中小学生及其他市民开放，普及生活垃圾分类及处理处置的知识。同时，焚烧厂将与部分高校合作，建设研究生工作站，主要研究内容将集中于生活垃圾焚烧节能减排技术工作站、生活垃圾协同处置技术工作站及高温热解处置技术工作站等，进一步促进当地产学研工作的开展。

原有生活垃圾填埋场开展封场修复。产业园内一期焚烧项目建成后，利用每日焚烧余量逐步对陈腐垃圾开展处置，并对填埋场进行修复和绿化。同时，填埋气与产业园内其他沼气、裂解气等开展协同处置，通过发电实现高效利用和无害化处置。

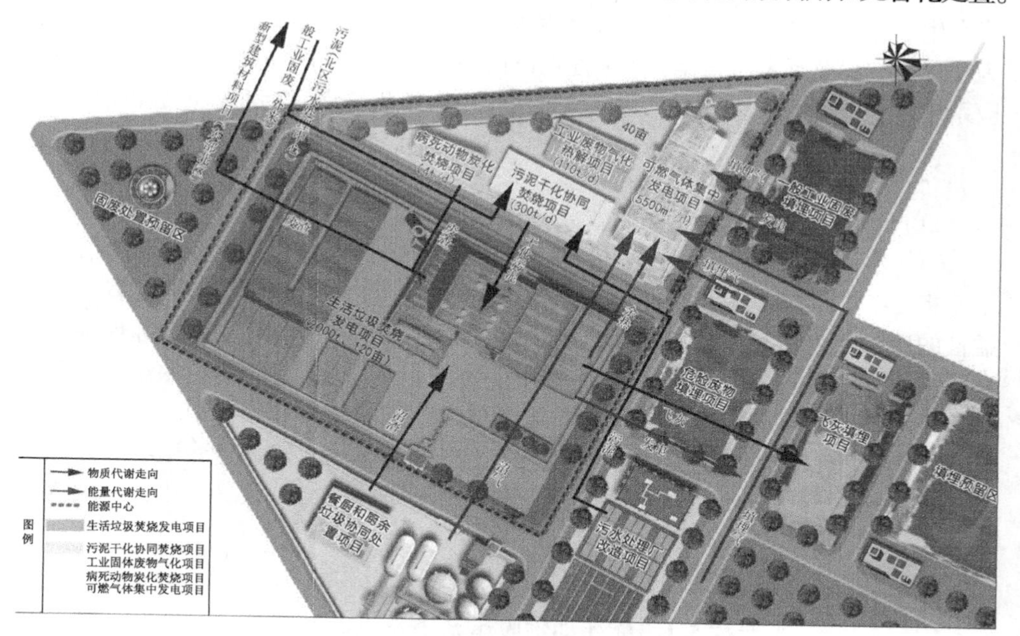

图 5-12　清洁焚烧类系统处置方案

2. 市政污泥

结合张家港市静脉产业园的实际建设情况，对于产量大、有机质含量较高的市政污泥，推荐采用“烟气低温干化+生活垃圾焚烧”的处理方案进行处理，市政污泥首先利用生活垃圾焚烧发电厂焚烧产生的余热进行前期干化，干化后的污泥又运至焚烧厂作为燃料焚烧，继续产生热能与电能，不产生任何残渣。污泥干化项目重点是污泥运输过程和干化过程中电力和烟气的保障。

（1）污泥运输过程风险分析及规避。从其他污水处理厂将污泥运输至污泥处置中心的过程中，存在污泥外漏和交通事故发生的潜在风险。对于污泥外漏风险，可采用专门的封闭式污泥运输车辆，防止污泥外漏事故的发生；对于污泥运输的交通事故风险，一方面加强驾驶员的交通安全意识，另一方面选择安全的运输路线，同时污泥运输时间避开交通高峰，从而减少交通事故发生的概率。

（2）机械设施或电力故障的影响及规避。项目建成运行后，因机械设施或电力故障而造成污泥处理厂不能正常运行时，会引起污泥堆积。为了尽量减少此类事故发生，本工程在设计中采用双电源供应，当一路电源出现故障或停电时，另一路电源仍能满足全厂用电的需要。同时要求管理人员加强运行管理，保证各种设备正常运行，尽可能降低这类风险。

（3）烟气供应中断的影响及规避。项目建成运行后，提供烟气的机组需要检修或发生故障停止烟气供应，而造成污泥处理厂不能正常运行时，会引起污泥堆积。为了尽量减少此类事故发生，本工程在设计中采用双烟气供应系统，当一路烟气供应系统停止供应烟气热量时，另一路烟气供应系统仍能满足污泥处理的正常运行。

3. 病死畜禽

1）收运模式：就地冷柜暂存、定期巡回收集

（1）建设冷柜暂存点。在生猪养殖规模存栏100～300头以上的养殖场配置1个冷柜，存栏3000头以上的养殖场配置一个冷库，在散养较多的地方配置一个公益性的冷库。养殖场自行将本场产生的病死动物放入冷柜（库）中，冷冻保存，由病死动物专业处理单位每月定期到冷柜暂存点巡回2次，将收集到的病死动物通过冷藏运输车运至最终处理场所，并适当付给养殖场保存管理费用。

（2）组建收运管理队伍。收运管理队伍由处理单位组建，各养殖场暂存点管理人员则由其自行配备，其余公益性冷库则由所在村庄村委会统一负责，纳入村级卫生管理工作范畴。

专栏5-1　病死动物收运系统专业设备配备

冷库（柜）。养殖场（户）的冷库（柜）可通过政府指令或项目申报强制要求养殖场（户）自行配备，每个冷库容积为45m^3左右。

运输车辆。由病死动物处理单位根据处置规模和全市服务范围，配备相应数量的专用运输车辆及相应的消毒防护等基本设施，运输车辆为全封闭式自卸式冷藏运输车，车厢四壁和底部使用耐腐蚀材料，并采取防渗措施，车辆驶离暂存点前应对车轮及车厢外部进行消毒，若运输过程中发生渗漏，应重新包装、消毒后运输，卸载后应对运输车辆及相关工具进行彻底清洗、消毒。

2）处理工艺：热解炭化

将收集的病死动物在分割间内分割，卸入冷库冷冻暂存后送往处理车间的堆料平台，由自动输送机构将料车送入热解炭化室。在无氧、常压的状态下，利用600℃的高温，使其中的有机成分发生裂解，最后成为炭化物，而热解产生的烟气焦油则通过管道送入燃烧室，停留2s以上，经900～1100℃高温的焚烧，大大减少了二噁英的生成，同时作为助燃燃料，既节能又环保。

3）运营管理机制：企业主导运营、政府统筹监管

（1）企业运营。充分发挥市场机制作用，采用政府购买服务的形式，引导具

备相应资质和成熟处置技术的环保企业入园建设病死动物无害化处理中心，同时由企业负责病死动物无害化处理的日常运行。

（2）政府监管。以病死动物集中无害化处理为主体，将畜牧、兽医、环保、城管等部门紧密连接，多方联动，对病死动物无害化处理进行共同监管，有效堵截监管漏洞。在畜禽饲养监管方面，根据养殖场的动物防疫条件及其养殖规模，对全县畜禽养殖场进行分类登记和分级监管，将病死动物无害化处理作为规模养殖场的基本职责；组织畜牧、公安、工商等部门联合执法，严肃查处随意抛弃病死畜禽、加工制售病死畜禽产品等违法犯罪行为；动物防疫部门结合春秋季集中免疫，组织做好病死动物无害化处理工作。按照“谁处理、补贴谁”的原则，以张家港市病死动物无害化处理中心为主体进行申报，按实际处理量给予补贴。

4. 一般工业固体废物

纺织行业废弃物采取再利用、与汽车破碎物协同焚烧两类处置方式。一方面，对于尚具有再利用价值的大块边角料等，由企业自行寻找出售途径，通过生产服饰配件、化纤丝等实现高值化再利用；另一方面，对于无法再利用的碎料、废毛纱等，通过统一收运后，进入静脉产业园进行集中处置，与汽车拆解破碎物等协同处置，采取气化焚烧方式进行利用。

冶金行业无机灰渣等废弃物，采取填埋处置方式。对于无法综合再利用和焚烧气化类的无机灰渣等，收集后进入静脉产业园进行无害化填埋。收运方面可与冶金、机电行业等集聚的园区管委会或镇区开展对接，定点定期统一收运。

5.3.5　餐厨和厨余协同处置方案

1. 收运模式：回收程序规范化，实现定时定点回收

（1）规范容器设置。为统一管理，市政府要指导餐厨垃圾产生单位本着便于收运的要求设置餐厨垃圾收集容器，并保持容器完好和正常使用，容器可由各区政府采取补助方式给予配置，设置标准由市容环境卫生管理处统一制定。密闭式专用收运车辆由处理厂自行配置，应与末端集中处理厂卸料系统相衔接，做到密闭化运输。

（2）明晰收运过程。对于大中型餐饮企业、企事业单位、学校食堂、居民社区等餐厨和厨余垃圾产生量较大的单位，由餐厨垃圾处理厂定时定点上门收集后由专用收运车辆运至餐厨垃圾处理厂进行集中处置；对于小吃街、美食街和其他零散小餐饮单位，考虑采用餐厨废弃物处理厂专用运输车辆移动收集的形式。

（3）组建收运管理队伍。收运队伍由餐厨垃圾处理厂统一组建，各餐厨垃圾

定点收集点管理维护人员由其所在餐饮企业或单位自行配备。

2. 处理体系

近期充分利用现有处理厂建设基础，远期入园集中处置。目前张家港市已建有一座餐厨垃圾无害化处理厂，由江苏晨洁再生资源科技有限公司投资运营，处理规模和技术尚能满足现阶段餐厨垃圾处理需求，规划近期仍采用该厂的高温干燥+生物处置的饲料化处理技术处理餐厨垃圾；规划远期，由于餐厨垃圾产生量将会进一步增加，同时为降低现有厂区对周边环境的不良影响，提升城市整体形象，考虑在园区建设有机垃圾处理中心，拟新建餐厨与厨余垃圾协同处置项目，采用厌氧发酵技术，充分利用餐厨与厨余垃圾中的有机组分实现资源的最大化利用，项目最终形成250t/d的日处理规模，从源头上杜绝“地沟油”“泔水猪”等餐厨垃圾再次回到餐桌的问题，保障食品安全和群众健康。

3. 信息化平台建设

建立餐厨垃圾收运监管与处置信息化平台，按照全市统一规划、市区分层同步建设、一体化操作使用的思路，依托GPS卫星定位系统，建立全市餐厨垃圾收运、处理电子监管系统，实现对餐厨垃圾收运处置全过程监控的要求。

4. 运营管理机制

推行餐厨垃圾管理责任制。明确张家港市城管局是张家港市餐厨垃圾收运处置的主管部门，规划成立以分管副市长为组长的餐厨垃圾管理工作领导小组，领导小组成员由城管局、环保局、食品监督局、质监局、卫生局、工商局、商务局、公安局和各区政府等领导组成；为保证餐厨垃圾被高效、便捷地收运处置，建议在环境卫生管理处下设餐厨垃圾管理科，各区城管局相应下设区餐厨垃圾管理科，主抓餐厨垃圾监督管理工作；明确环保、食品药品、质监、卫生、工商等部门具有协同监管职责任务，餐厨垃圾处置企业具有收运处置职责任务，保证餐厨垃圾处置无害化、资源化。由各乡镇市容环境卫生行政主管部门对辖区范围内的餐厨垃圾收运单位进行日常监管。

实行餐厨垃圾处理特许经营制度。规划将餐厨垃圾收集、运输、处置作为一个整体项目，通过引入市场竞争机制，经市政府公开招标，确定符合特许经营条件的企业单位，由市城管局与经营企业签订协议，明确企业的权责范围，确保全市餐厨垃圾统一收运、集中处置工作的正常进行。

5.3.6 危险废物综合处置方案

危险废物处置的总体思路以增加本地处置能力、采取综合处置措施为核心。

项目布局情况详见图 5-13。

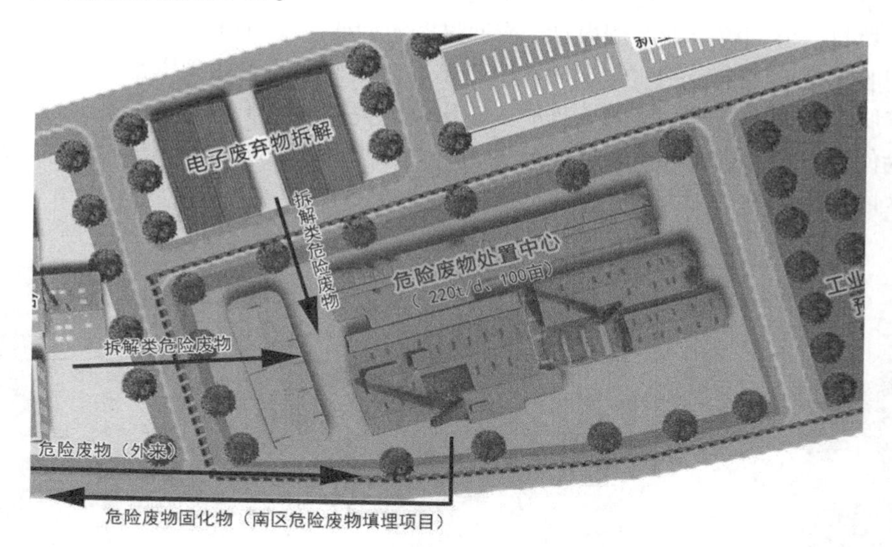

图 5-13 危险废物综合处置方案示意图

逐步关停原有填埋项目，扩建现有焚烧处置项目。一方面，张家港市格锐环境工程有限公司目前在凤凰山的填埋项目，将在达到容量上限前择期关停，进行封场等专业化处置；另一方面，由张家港市华瑞危险废物处理中心有限公司主导，在原 50t/d 处置能力的基础上，新建 50t/d 生产线一条，使得已有焚烧处置能力从 1.5 万 t/a 提升至 3 万 t/a，此项目可继续焚烧包括医疗废物在内的原有处置品种。

集中新建危险废物综合处置中心，降低跨行政区转移风险。在静脉产业园内选址，建设危险废物综合处置中心，引入具备资质的大型企业，采取综合利用、物理化学法、焚烧法等途径处置原有填埋类危险废物（HW17 表面处理废物、HW21 含铬废物、HW46 含镍废物等重金属类工业废物）和当前部分外运处置危险废物，逐步提升危险废物在张家港市内的处置占比。同时，利用园区集聚优势配套建设危险废物填埋场，用于填埋最终产生的固化物，做到全流程 100%无害化处置。

5.3.7 可再生资源综合利用方案

可再生资源综合利用包括废弃电器电子产品拆解项目和报废车综合利用项目。项目规划布局情况如图 5-14 所示。

1. 废弃电器电子产品

（1）完善收运体系。废弃电器电子产品的收运方式主要有两种。①居民、企事业单位等自行将废弃电器电子产品送往回收中转站；②居民、企事业单位等可通过拨打资源回收企业客服电话，或通过资源回收企业 APP 下单，预约回收人员上门收集至回收中转站。送至回收中转站后由资源回收企业采用密闭式收运车运至静脉产业园中的再生资源分拣中心，根据废弃电器电子产品收运量，合理调度车辆使用数量和运输频次。通过分拣中心对各类电器电子废弃物进行分类，运至园区内拆解中心。

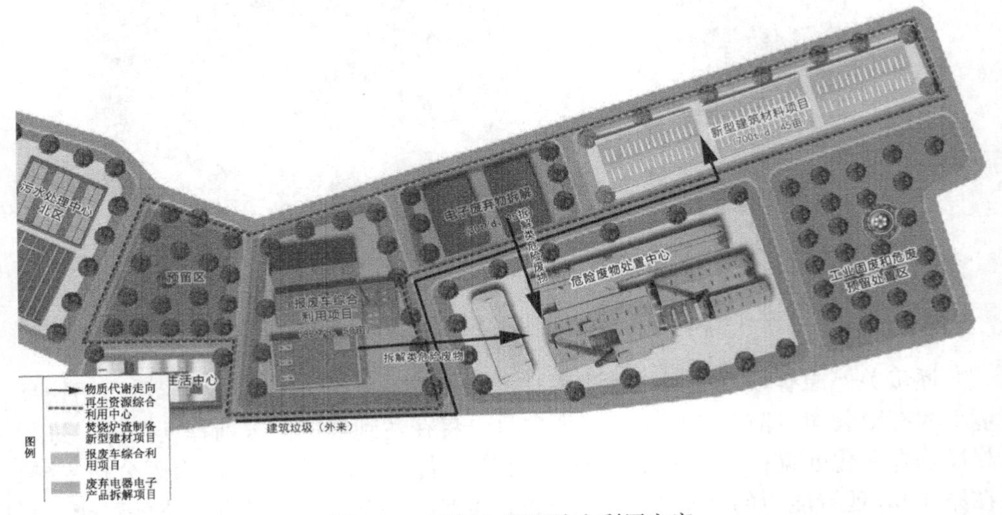

图 5-14　可再生资源综合利用方案

（2）建立回收中转站。以区、镇为单位各设置一个废弃电器电子产品的回收中转站，用于大件垃圾的集中、临时储存和分类整理。根据《大件垃圾收集和利用技术要求》(GB/T 25175—2010) 和《一般工业固体废物贮存、处置场污染控制标准》(GB 18599—2001)，回收中转站应距离居民集中区 500m 以外，占地面积 5～10 亩。

（3）处理体系。根据张家港市废弃电器电子产品的产生量预测，规划在静脉产业园中建设废弃电器电子产品拆解项目，其中，年拆解废旧家电 40 万台和废手机 25 万台。项目采用前期人力+机械初步拆解，后续破碎、分离的技术，引入先进机械设备，实现各类零部件和再生资源的精细化拆分和利用。规划 2025 年建设完成并实现运营。

2. 报废汽车

（1）收运体系。对于进入报废期的汽车，由车主主动到苏协报废汽车回收拆解有限责任公司张家港分公司进行报废登记。该公司对报废汽车抽出废油液体、卸除轮胎等预处理后，送往静脉产业园中的报废汽车拆解中心。

（2）处理体系。针对张家港市报废汽车产生量的预测，在静脉产业园中建设报废汽车拆解项目，年拆解能力为 5 万 t，主要为张家港市本地报废汽车的拆解破碎，还包括部分从周边城市回收的报废汽车。项目对经过预处理的报废汽车进行拆解、破碎，采用多级分选技术，将废钢、有色金属等大部分有利用价值的物质分拣出来，废铜线、塑料等通过进一步处理制成铜米、塑料颗粒等出售，实现精细化拆解与高值化利用。

5.3.8　二次污染物集中控制及资源化方案

1. 填埋气等能源利用方案

张家港市垃圾处置场处理的生活垃圾接近 15 万 t/a，如果充分运用其中的填埋气发电，每年可减少填埋场区约 10 亿 m^3 可燃易爆气体直接向大气排放。根据填埋气产气的规律，该工程首先将填埋场内的气体集中收集，经过预处理后，这些气体进入燃气内燃机发电机组，最终产生的电并入电网，可供市民使用。此外，将裂解气与餐厨垃圾厌氧产沼气等集中回收，进行发电。

2. 污水处置方案

张家港市静脉产业园中，已建有处置规模为 160 m^3/d 的渗沥液处置设施，为东沙垃圾填埋场的配套设施，同时在园区北部建有处理规模为 4000m^3/d 的工业污水处理厂。随着静脉产业园的规划建设，园区内将相继引进各类固体废物处置设施，为了满足各处置设施排放废水的处理需求，分别对两个污水处理设施进行提升改造。

1）南部污水处理站处理规模提升方案

原渗滤液处置项目采用“膜生物反应器（MBR）+纳滤（NF）+反渗透（RO）”处理工艺，出水水质可以达到《城镇污水处理厂污染物排放标准》（GB 18918—2002）一级 B 排放标准。根据建成后园区南部各固体废物处置设施的污水排放量，新增渗滤液处置能力 540 m^3/d，其他废水 460 m^3/d，东部南区生活污水产生量约 145 m^3/d。将现有处置规模提升至 1200 m^3/d，处理工艺不变，出水水质达到一级标准，作为再生水用于园区内道路清扫、景观用水、园林灌溉等。

2）北部工业污水处理厂提标改造方案

原工业污水处理厂的运营单位为张家港格林环境工程有限公司，采用“A/O+MBR”处理工艺，主要用于处理东沙化工园区基础化工和生物医药等企业排放的生产废水，处置规模为 4000 m^3/d，当前出水水质为二级标准，通过工艺提升，使出水水质达到一级 A 标准。

保留原有的一级处理工艺(初沉池)和二级处理工艺(A/O)，改进深度处理工艺，将原有 MBR 膜置换为分体浸没式 PTFE 中空纤维膜，高效去除各种溶解性无机盐类和有机物，使出水水质达到一级 A 标准，可作为对水质要求较高的工业企业的生产用水、园区绿化用水。

3. 填埋和最终废渣处置方案

（1）最终填埋处置方案。一方面，对原有的生活垃圾填埋区进行封场和生态修复，对原有的飞灰填埋区进行封场管理；另一方面，对于无法综合利用和焚烧的灰渣等一般工业固体废物进行填埋处置。

（2）最终废渣处置方案。园区内各生产环节产生的废渣主要包括餐厨/厨余垃圾协同处置产生的沼渣、生活垃圾焚烧产生的炉渣、工业固体废物气化处置产生的无机灰渣、危险废物综合处置后剩余的废渣等，其中，沼渣进入生活垃圾焚烧系统与生活垃圾协同处置系统，垃圾焚烧炉渣进一步再利用制备新型建材，而工业固体废物气化产生的无机灰渣与危险废物处置废渣则分别进入一般工业固体废物填埋场和危险废物填埋场填埋处置。通过以上的一系列废渣综合利用和处置措施，实现了园区废渣的零排放。

第6章 城市资源循环利用综合基地

面对我国固体废物产量大、组分复杂、可利用土地利用资源日益紧缩及环保要求不断提高的现状，资源循环利用基地作为一种新型环保基础设施，是我国未来城市固体废物管理最为有效的工具和手段。本章介绍了我国资源循环利用基地的整体实践发展，并以成都市资源循环利用基地规划作为案例进行研究。

6.1 城市资源循环利用基地实践发展

6.1.1 政策背景

城市资源循环利用基地是基于固体废物协同处置的理念，耦合城市生活垃圾、餐厨垃圾、市政污泥、危险废物及再生资源等各类固体废物的单一处理处置链条，以园区集中布局处置的方式，综合消纳各类固体废物，在废物减量化的前提下，通过不同处理处置工程间二次残余物及余热能源的资源化利用实现物质及能量回收效率的提高，防止环境污染及生态风险的发生，降低“邻避效应”。

国家发改委等14个部委联合印发了《关于印发<循环发展引领行动>的通知》，对“十三五”期间我国循环经济发展工作做出统一安排和整体部署，提出“在100个地级及以上城市布局城市资源循环利用产业示范基地。建设城市低值废弃物协同处理基地，对餐厨废弃物、建筑垃圾、城市污泥、园林废弃物、废旧纺织品等进行集中资源化回收和规范化处理，完善统一收运体系，建立餐厨废弃物、建筑垃圾等收运处理企业的规范管理制度，推动典型废弃物的集中规模化处理、利用”。

国务院印发的《关于深入推进新型城镇化建设的若干意见》提出，“加强垃圾处理设施建设，基本建立建筑垃圾、餐厨废弃物、园林废弃物等回收和再生利用体系，建设循环型城市”。

为落实《“十三五”规划纲要》和《国务院关于深入推进新型城镇化建设的若干意见》，大力发展循环经济，加快资源循环利用基地建设，推进城市公共基础设施一体化，促进垃圾分类和资源循环利用，推动新型城市发展，国家发改委印发的《关于推进资源循环利用基地建设的指导意见》(发改办环资〔2017〕1778号)提出，在全国范围内布局建设50个左右资源循环利用基地，各部门统筹基地建设规划，科学布局项目建设，推进基础设施共建、项目有效衔接、物质循环利用，严防“二次污染”，探索形成一批与城市绿色发展相适应的废弃物处理模式。

针对城市各类固体废物建设集中处置的城市资源循环利用基地是未来我国城市固体废物管理的重要举措。资源循环利用基地的建设应全面贯彻党的十八大和十九大精神，深入落实中共中央和国务院关于加强生态文明建设的决策部署，以“创新、协调、绿色、开放、共享”及“人与自然和谐共生”发展理念为指导，以生态化、协同化、创新化、市场化为方向，通过“链条设计、协同增效、区域统筹、系统优化、生态共生”等主要途径，完善各类处置设施、配套设施及“山水林田湖草”生态系统，因地制宜将资源循环利用基地建设成为区域城市系统及自然系统的生命共同体，为完善城市代谢体系、切实化解局部潜在环境隐患、推动生态环境质量持续改善提供有力支撑。

6.1.2 发展现状

为落实《“十三五”规划纲要》、《循环发展引领行动》和《关于推进资源循环利用基地建设的指导意见》(发改办环资〔2017〕1778号)要求，加快推进资源循环利用基地建设，国家发改委、住建部(以下简称两部委)将开展资源循环利用基地建设工作，分别从主体范围和建设内容、建设方式、备案程序、中后期监管及支持政策等五个方面进行说明。

1. 申报情况

按照两部委的通知要求，各地方组织实施了资源循环利用基地的备案工作，截止到2018年8月，资源循环利用基地共申报107家，涉及项目1119个，总投资达到2486.15亿元。初步估算，申报基地服务人口超过2.85亿人，所在地GDP总值超过19万亿元。其中，68个基地服务人口超过100万人，39个基地服务人口100万人以下。

其中，北京等26个省市申报备案了资源循环利用基地，上海、天津、辽宁、大连、黑龙江、黑龙江农垦、深圳、西藏、宁夏、新疆、新疆生产建设兵团等11个地方目前未上报相关备案材料，其中，北京朝阳区资源循环利用基地等57个基地位于地级市(区)，其余50个申报基地位于县级地区。

申报基地中，海盐县资源循环利用基地等20个基地为综合类园区，兼具综合处理利用生活垃圾与再生资源处理的功能；邯郸市资源循环利用基地等67个基地以生活垃圾处理为主；广灵再生资源循环利用基地等20个基地以“城市矿产”资源、工业固体废物处理利用为主。

按照收运体系建设、废弃物协同处理处置、公共服务平台和其他废弃物处理等四类项目类别，具体情况如下。

(1)收运体系建设。主要包括生活垃圾、再生资源分类收集、回收体系建设类项目，共60个，投资533437.99万元。

(2)废弃物协同处理处置。一是垃圾焚烧类，主要包括生活垃圾依托焚烧为主的项目，共81个，总投资4784498.02万元。二是垃圾填埋类，主要包括对生活垃圾依托填埋为主的项目，共19个，总投资424998.07万元。三是其他资源利用，主要包括针对建筑垃圾、餐厨废弃物、园林废弃物、废旧纺织品、快递包装物、生活垃圾、城市污泥、医疗废弃物等废弃物进行处理利用的项目，共228个，总投资2461855.38万元。四是再生资源处理利用，主要包括针对废钢铁、废有色金属、废旧轮胎、废塑料、废玻璃、废润滑油、废纸等类别废弃物综合利用和集中处置的相关项目，共254个，总投资达到6896660.53万元。

(3)公共服务平台。一是公用基础设施建设类，主要包括为防止“二次污染”，基地开展的相关废气、废水及固体废物集中处理处置的公共服务设施类项目，以及基地内部形成的二次能源、水、气共建共享的相关项目，共152个，总投资1805191.49万元；二是信息平台的搭建，主要包括城市废弃物收集、储运、处置信息，废物流监控、生产现场监控、污染排放在线监测相关的综合管理系统平台类项目，共44个，总投资173136.3万元。

(4)其他类。梳理发现，其他类项目主要包括产业类项目、大宗工业固体废物处理类项目、农业废弃物综合利用、园区基础设施类(绿化、道路等)项目共320个，总投资7051036.67万元。

资源循环利用基地申报项目类别信息统计见表6-1。

表6-1　资源循环利用基地申报项目类别信息统计

项目类别		项目(个)	投资(万元)
收运体系	收运体系建设	60	533437.99
协同处理	垃圾焚烧	81	4784498.02
	垃圾填埋	19	424998.07
	其他资源利用	228	2461855.38
	再生资源处理利用	254	6896660.53
平台建设	公用基础设施建设	152	1805191.49
	信息平台建设	44	173136.3
其他	其他类	320	7051036.67
合计		1158	24130814.5

2. 批复建设情况

2018年10月10日，国家发改委、住建部联合发布了《关于成都市长安静脉产业园等 50 家单位资源循环利用基地实施方案的复函》，函中指出两部委共同委托第三方机构组织专家对报来的资源循环利用基地备选单位建设方案进行了评估，同意成都市长安静脉产业园等 50 家单位的资源循环利用基地实施方案，并同步开展基地建设。基地建设单位名单如表 6-2 所示。

表 6-2　资源循环利用基地单位名单

序号	省/市	基地名称	所属地	
			市级	县级
1	北京	朝阳区资源循环利用基地	朝阳区	
2	河北	邯郸市资源循环利用基地	邯郸市	
3	河北	北方（定州）再生资源循环利用基地	保定市	定州市
4	山西	大同富乔驰奈资源循环利用基地	大同市	
5	山西	长治市资源循环利用基地	长治市	
6	吉林	长春宽城资源循环利用基地	长春市	
7	江苏	徐州市资源循环利用基地	徐州市	
8	江苏	新沂市资源循环利用基地	徐州市	新沂市
9	江苏	扬州市资源循环利用基地	扬州市	
10	江苏	常州市新北资源循环利用基地	常州市	
11	江苏	连云港市东海县资源循环利用基地	连云港市	东海县
12	江苏	江阴市秦望山产业园资源循环利用基地	无锡市	江阴市
13	江苏	无锡市惠山资源循环利用基地	无锡市	
14	浙江	衢州市资源循环利用基地	衢州市	
15	浙江	台州市资源循环利用基地	台州市	
16	浙江	金华市资源循环利用基地	金华市	
17	浙江	浦江县资源循环利用基地	金华市	浦江县
18	宁波	宁波市资源循环利用基地	宁波市	
19	安徽	黄山市资源循环利用基地	黄山市	
20	福建	漳州市陆海环保产业资源循环利用基地	漳州市	
21	江西	南丰县资源循环利用基地	抚州市	南丰县
22	山东	聊城市国环资源循环利用基地	聊城市	
23	山东	滨州市资源循环利用基地	滨州市	
24	山东	临沂市资源循环利用基地	临沂市	
25	山东	诸城市资源循环利用基地	潍坊市	诸城市
26	山东	肥城市资源循环利用基地	泰安市	肥城市
27	青岛	青岛西海岸新区静脉产业园	青岛市	
28	河南	濮阳市资源循环利用基地	濮阳市	

续表

序号	省/市	基地名称	所属地	
			市级	县级
29	河南	周口市资源循环利用基地	周口市	
30	河南	济源市资源循环利用基地	焦作市	济源市
31	河南	兰考县资源循环利用基地	开封市	兰考县
32	河南	镇平县资源循环利用基地	南阳市	镇平县
33	河南	光山县资源循环利用基地	信阳市	光山县
34	湖北	襄阳市老河口资源循环利用基地	襄阳市	
35	湖北	松滋市资源循环利用基地	荆州市	松滋市
36	广东	东莞市海心沙资源循环利用基地	东莞市	
37	广西	南宁市资源循环利用基地	南宁市	
38	广西	贵港市资源循环利用基地	贵港市	
39	广西	钦州市资源循环利用基地	钦州市	
40	重庆	洛碛资源循环利用基地	渝北区	
41	四川	成都市长安静脉产业园资源循环利用基地	成都市	
42	四川	绵阳中科绵投资源循环利用基地	绵阳市	
43	四川	南充市嘉陵区资源循环利用基地	南充市	
44	四川	四川宜宾资源循环利用基地	宜宾市	
45	云南	大理市资源循环利用基地	大理市	
46	陕西	韩城经济技术开发区资源循环利用基地	渭南市	韩城市
47	陕西	神木市资源循环利用基地	榆林市	神木市
48	甘肃	兰州市资源循环利用基地	兰州市	
49	甘肃	平凉市崆峒区资源循环利用基地	平凉市	
50	青海	青海云海循环经济绿色产业园区	西宁市	

6.2　成都市资源循环利用基地规划案例

6.2.1　背景现状

1．基地概况

成都市长安静脉产业园位于成都市龙泉驿区万兴乡和洛带镇交界处，地处中心城区东郊、龙泉山西麓，位于龙泉山城市森林公园中。园区区位优势突出，具备较大的发展空间。园区距成都市中心约 28km，规划总面积 4.6km^2，见图 6-1。该位置有龙泉山脉形成的天然屏障，而且主导风向是侧风向，将极大降低园区建成后企业可能产生的污染物对成都市中心城区的环境影响。该片区实施了长安垃圾场周边 800m 范围和周边 1000m 部分范围内村民的生态移民搬迁，成都市危险废物处置中心也划定了 1000m 卫生防护距离，上述卫生防护距离的划定及龙泉驿生态移民搬迁，为片区提供了近 2 万余亩的发展空间和土地资源。

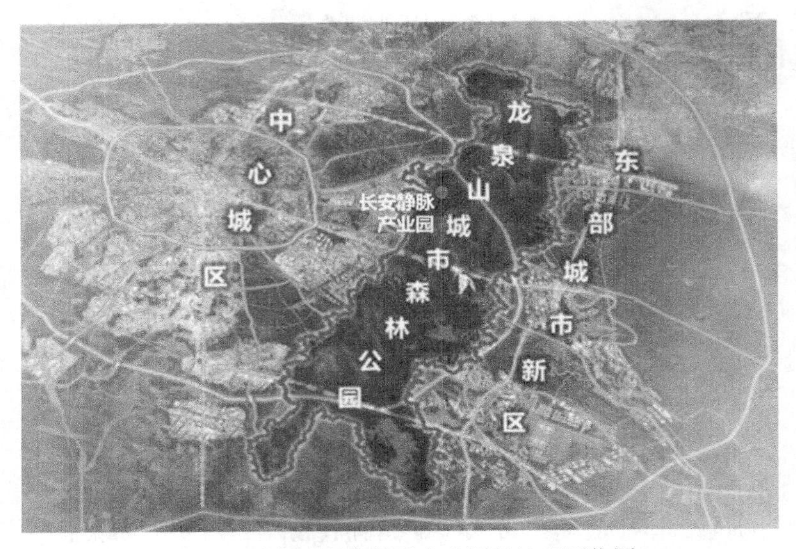

图 6-1　成都市长安静脉产业园的地理区位图

随着“东进”战略的实施，成都市的城市格局将由现在的“两山夹一城”转化为“一山连两翼”，龙泉驿区将成为“东进”战略的主引擎和排头兵，而龙泉山将成为城市中轴，连接两翼的中心城区和东部城市新区，旨在打造新的“城市会客厅”。长安静脉产业园位于龙泉山城市森林公园中，未来将位于成都市的中心区域，这种布局在国内外极为少见，其地理区位的变化为园区的发展提出了更高的标准和要求。

2. 园区发展现状

园区边界清晰，地形地貌复杂，适宜建设用地有限，约占总规划面积的 48.4%。园区内已建项目占地面积约 1466 亩，建设期间所有项目占地面积约 750 亩。目前，园区已形成对生活垃圾、危险废物、医疗废物、建筑垃圾、粪渣等多类城市废弃物的处置能力。园区内生活垃圾、餐厨垃圾、市政污泥、建筑垃圾的服务范围主要是中心城区，现状服务人口为 1031.5 万人。生活垃圾处理项目的进场量由成都市城市管理委员会按照中心城区优先、含水率低优先、兼顾属地的原则统一调配。危险废物、医疗废物服务范围为成都市全市，园林垃圾以城市森林公园及龙泉驿区为主。

园区是全市医疗废物和中心城区生活垃圾填埋的终端处理地区。园区当前的医疗废物处置能力约为 90t/d，能够承担全市医疗垃圾处置。同时，当前中心城区内生活垃圾日产生量约为 10769t，规范焚烧能力仅为 6000t/d，剩余 4000～5000t/d 运至园区填埋场填埋，见图 6-2。

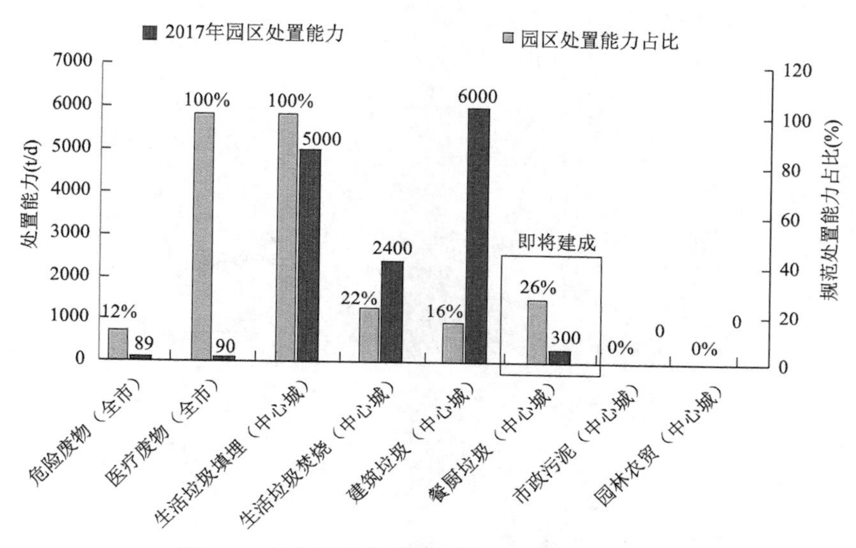

图 6-2　长安静脉产业园规范化处置能力现状图

生活垃圾、危险废物、建筑垃圾等固体废物处理处置能力占相应区域的产生量比例为 12%～22%。园区内已建生活垃圾焚烧发电厂、危险废物处置中心、建筑垃圾消纳场等设施，生活垃圾由城市管理委员会统一调度，危险废物产废企业与处置中心签订合同，由具备危险废物运输资质的企业将危险废物运输至处置中心。园区同时建有粪渣综合利用设施，日处理规模 10t 左右。生活垃圾焚烧、危险废物、建筑垃圾(填埋消纳)的处置能力分别为 2400t/d、89t/d、6000t/d，占相应区域产生量的比例分别为 22%、12%、16%。

园区已形成 10.95 万 t/a 的餐厨垃圾处理能力，处理量占中心城区产生量的 26%。园区内目前尚无对市政污泥、园林农贸等废弃物的处置设施。依托天然条件，园区初步形成功能分区。根据园区海拔地形及山脊线自然走向将园区大致分为西部区、南部区和东部区三部分。西部区以长安垃圾填埋场为核心，集中布局了医疗废物处置中心、渗滤液处理厂、废渣无害化处理厂及污泥暂存池等。园区南部布局了生活垃圾焚烧设施、危险废物综合处置中心、建筑垃圾消纳场等。园区东部区生态环境较好，尚未布局任何项目，见图 6-3。

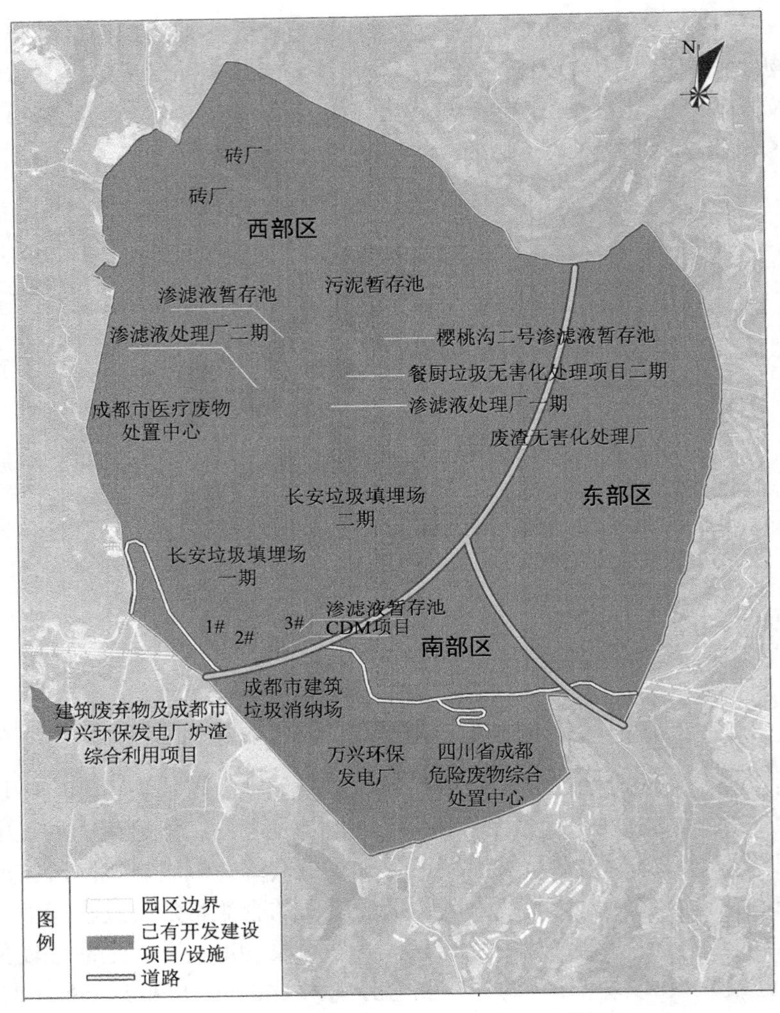

图 6-3　长安静脉产业园功能分区现状图

园区对外交通有待改善。目前淮洛路是连接成都城区与园区范围的唯一通道，生活垃圾清运车辆、医疗废物运输车辆等均通过成环路、成洛大道转淮洛路进入处置区范围内。该通道为双向两车道，道路宽度为6～8m，道路等级为四级，推算其设计交通量不超过400辆/d(小汽车)。根据现场踏勘，由于该道路负荷过重，路面破碎；部分路段坡度较大，转弯半径小，存在诸多交通隐患；垃圾清运车辆存在滴漏情况，路面及沿途环境受到污染；由于园内所有处置单位的来料进场均使用该道路，交通拥堵问题严重，目前采取错峰进场的方案解决。

3. 园区周边环境系统分析

1) 园区周边生态敏感性分析

园区周边景区较多，生态敏感性较高。长安静脉产业园位于龙泉花果山风景名胜区之中，其周边分布着一些重要的风景名胜区及人文景观。比较重要的有洛带古镇、龙泉湖自然保护区和桃花故里景区，如图 6-4 所示。

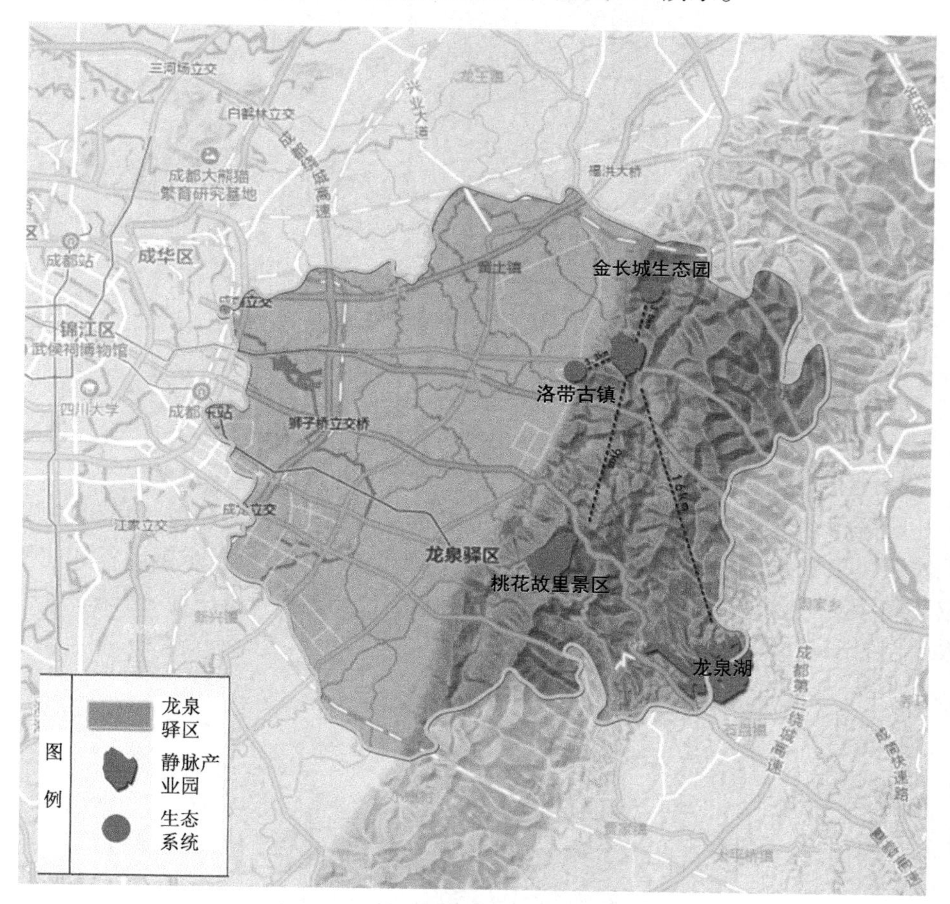

图 6-4　长安静脉产业园周边景点及村镇示意图

2) 园区内环境系统分析

园区为山地地形，地貌比较复杂。园区高程 529.89～780.62m，高差较大。场地内最低点位于东侧山谷谷底，高程 529.89m；最高点位于中部的山包顶点(即四面山)，高程 780.62m。山脊将整个场地划分为三个区域，均为山谷地形(图 6-5)。

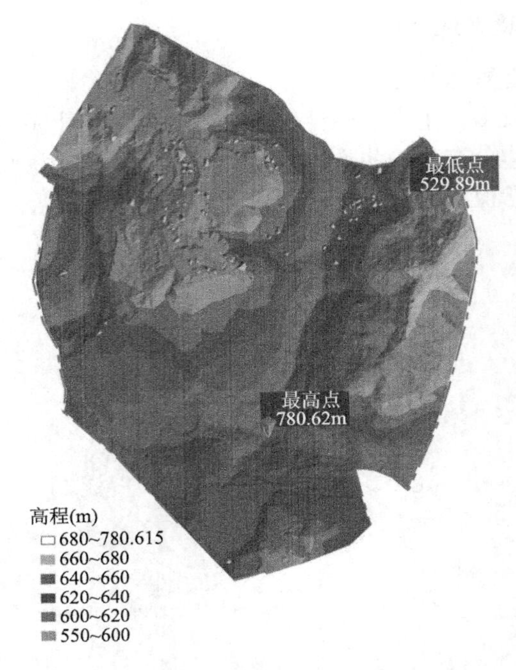

图 6-5 长安静脉产业园地形示意图

园区植被覆盖率高。园区内植被覆盖率约为 54%，以林地和道路绿化带为主，无农田，植被类型多为乔木、针叶林，集中分布在中部山包、东侧山谷和北侧区域，未被天然植被覆盖的区域主要为园内现存环卫设施及项目用地、道路、村庄（已搬迁）等（图 6-6）。

图 6-6 长安静脉产业园植被覆盖示意图

6.2.2 规划目标

1. 总体目标

在成都市整体推进绿色发展的大背景下，长安静脉产业园作为城市固体废物的集中处理处置中心，将是成都市实现绿色发展、推进生态文明建设的重要载体。

在 3 年建设期内，园区将通过优化空间布局，完善功能分区，实现土地利用集约高效。初步建立并完善以生活垃圾、市政污泥、餐厨垃圾、建筑垃圾、危险废物等固体废物处理处置为主的资源循环利用产业链条，推进固体废物协同处置、基础设施共建共享，提升成都市固体废物无害化处理和资源循环利用水平。加强园区污染防控，稳步推进生态修复，强化园区运营管理，将其建设成为集“生态修复、固体废物处置、生态环保、智慧管理、科技创新”功能于一体，与区域互利共融、与生态和谐共生的现代化绿色园区。

到 2020 年，实施 20 个重点项目，提升生活垃圾、市政污泥、餐厨垃圾的无害化处理能力，实现其资源化利用率达到 100%。

2. 具体规划目标

长安静脉产业园 2020 年发展指标体系见表 6-3。

表 6-3　长安静脉产业园 2020 年发展指标体系

<table>
<tr><th>分类</th><th colspan="2">指标</th><th>单位</th><th>2017 年</th><th>目标(2020 年)</th></tr>
<tr><td rowspan="18">固体废物处理处置</td><td rowspan="5">主要固体废物无害化处理能力</td><td>生活垃圾</td><td>万 t/a</td><td>270.1</td><td>197.1[a]</td></tr>
<tr><td>餐厨垃圾</td><td>万 t/a</td><td>—</td><td>10.95</td></tr>
<tr><td>市政污泥</td><td>万 t/a</td><td>—</td><td>45.87</td></tr>
<tr><td>危险废物(不包含固化飞灰填埋)</td><td>万 t/a</td><td>3.26</td><td>9.56</td></tr>
<tr><td>医疗废物</td><td>万 t/a</td><td>3.29</td><td>3.29</td></tr>
<tr><td rowspan="5">固体废物无害化处理率</td><td>生活垃圾(中心城区)[b]</td><td>%</td><td>68.7</td><td>47.2</td></tr>
<tr><td>餐厨垃圾(中心城区)</td><td>%</td><td>—</td><td>23.1</td></tr>
<tr><td>市政污泥(中心城区)</td><td>%</td><td>—</td><td>35.6</td></tr>
<tr><td>危险废物(不包含固化飞灰填埋)</td><td>%</td><td>12.5</td><td>25.3</td></tr>
<tr><td>医疗废物</td><td>%</td><td>100</td><td>100</td></tr>
<tr><td rowspan="3">主要固体废物资源化利用能力</td><td>生活垃圾</td><td>万 t/a</td><td>87.6</td><td>197.1</td></tr>
<tr><td>餐厨垃圾</td><td>万 t/a</td><td>—</td><td>10.95</td></tr>
<tr><td>市政污泥</td><td>万 t/a</td><td>—</td><td>45.87</td></tr>
<tr><td rowspan="3">主要固体废物资源化利用率</td><td>生活垃圾</td><td>%</td><td>32.4</td><td>100</td></tr>
<tr><td>餐厨垃圾</td><td>%</td><td>0</td><td>100</td></tr>
<tr><td>市政污泥</td><td>%</td><td>0</td><td>100</td></tr>
</table>

续表

分类	指标		单位	2017 年	目标(2020 年)
固体废物处理处置	资源化利用产品产量	电力(含沼气发电、污泥焚烧发电等)	GW・h/a	501.8	913.11
		油脂	万 t	—	2
生态环保	入园项目污染物达标排放率		%	100	100
	园区基础设施共建共享水平		—	具备	健全
	园区再生水回用比例		%	—	>40
	园区绿化(含防护带和隔离带)覆盖率		%	—	>35
	园区特色生态景观建设		—	—	具备
智慧管理	园区物联网设备配置水平		—	—	健全
	智能化综合管理平台建设		—	—	具备
	在线监测及应急体系建设		—	具备	健全
	园区接待参观交流人数		人次/a	—	2000

a 无害化处理能力和资源化利用能力均指在 2020 年前项目建成运营后所形成的能力。

b 生活垃圾填埋场填满封场后不再进行原生垃圾填埋，因此 2020 年生活垃圾无害化处理能力较 2017 年有所降低。

6.2.3 规划任务

1. 科学统筹基地建设，合理规划园区布局

长安静脉产业园地貌形态复杂，适宜建设用地有限且分布零散，且大部分适宜用地已被现有项目及设施占用，而园区已有建设项目未做系统性规划和整体功能分区，造成项目布局分散，设施间相互独立，无法实现废水废渣的协同处置和基础设施的共建共享，进而导致园区出现内部损耗和资源浪费。此外，由于土地平整成本高，还存在生态二次破坏的风险，致使新增项目用地选址困难。因此应充分考虑园区地形地貌特征，兼顾各项目工艺之间的协同耦合效应，重点考虑各处理处置项目之间的技术协同性及规模匹配性，促进各新增处理设施与存量项目集中布置、合理分区。

1)统筹地貌风向现状，优化空间结构

根据长安静脉产业园已有资料(图 6-7)，结合现场实地踏勘，可知园区内常年盛行东北风，具有明显的上-下风向，且园区的场地整体呈山地地形，地貌形态比较复杂，根据海拔地形及山脊线自然走向，山脊将整个场地较为清晰地划分为

西部区、东部区和南部区三大分区，各区域均为山谷地形。园区的分区定位和项目的具体布局应基本依照天然地貌，有序将三大片区打造为静脉产业的三大功能分区。

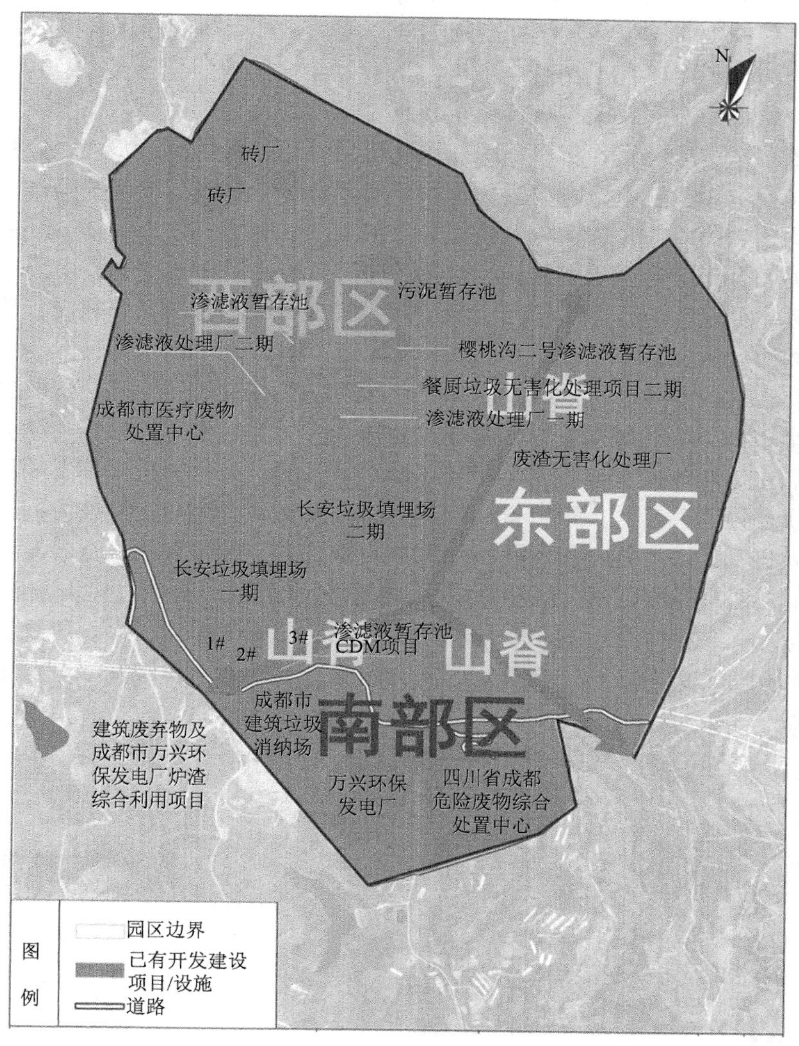

图 6-7　长安静脉产业园空间特征图

上风向东部区域集中布局清洁类建设项目。考虑到东部区域处于上风向，尚未布局项目，存在少量零散平整可用土地，适宜集中布局相对清洁类建设项目，如高端示范类再生资源利用项目、宣教展示类项目、管理平台类项目等，并结合生态要素打造特色旅游观光带。

下风向西部和南部区域宜布局处置类项目。西部和南部区域处于下风向区域，目前已布局填埋、焚烧、餐厨处置等多个项目，可集中连片利用的土地面积有限，需要进行土地平整或项目腾退，需在现有项目建设基础上，提升生活垃圾、污泥、餐厨等各种原生固体废物及其副产物的处理能力，配套聚类布局各类固体废物协同处置与综合利用项目。

2）兼顾项目协同效应，改善功能分区

设置技术标准门槛，实现资源能源利用高效化。根据园区发展定位和基地创建要求，科学设置技术标准门槛，对入园的企业和项目进行严格的筛选，项目处置技术均达到国内领先和国际一流水平，推动项目间形成分工明确、互利协作、利益相关的合作关系，各项目运行产生的废气、废水及固体废物，应集中收集、科学处理、循环利用，严防“二次污染”，实现资源能源的高效利用，着力发挥项目间的协同效应。

整合土地资源和项目协同效应，完善园区功能形态。结合土地空间结构分析，统筹存量项目类型及地理位置，改变见缝插针式的选址模式，依据功能分区和协同处置需求集约利用土地，聚类布局新增项目，同时充分分析识别不同类别项目间可以实现协同共生的关键节点，促进具有物质交换、能量交换或协同处置可能的项目就近布局，实现土地利用价值和项目协同效应的最大化，有效改善园区功能分区。根据布局原则及分区功能定位，结合各大分区原有项目建设基础，将西、南、东部区域依次定位为有机类固体废物协同处置产学研区、多源废物协同焚烧及综合利用区和宣教示范综合管理区。园区各分区功能定位和功能分区图分别见图 6-8 和图 6-9。

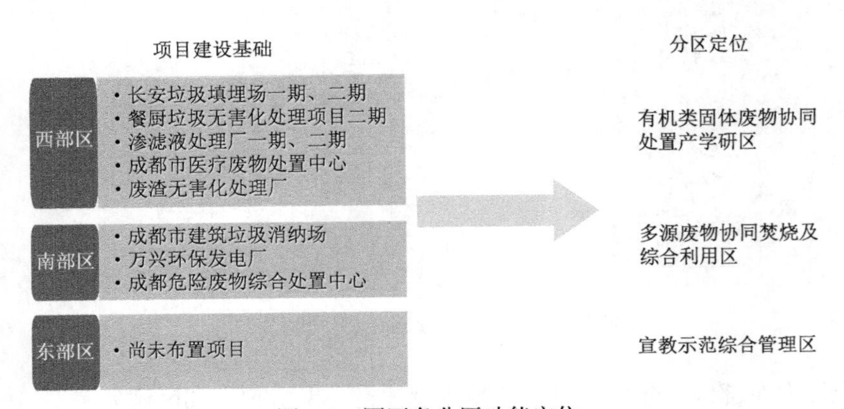

图 6-8　园区各分区功能定位

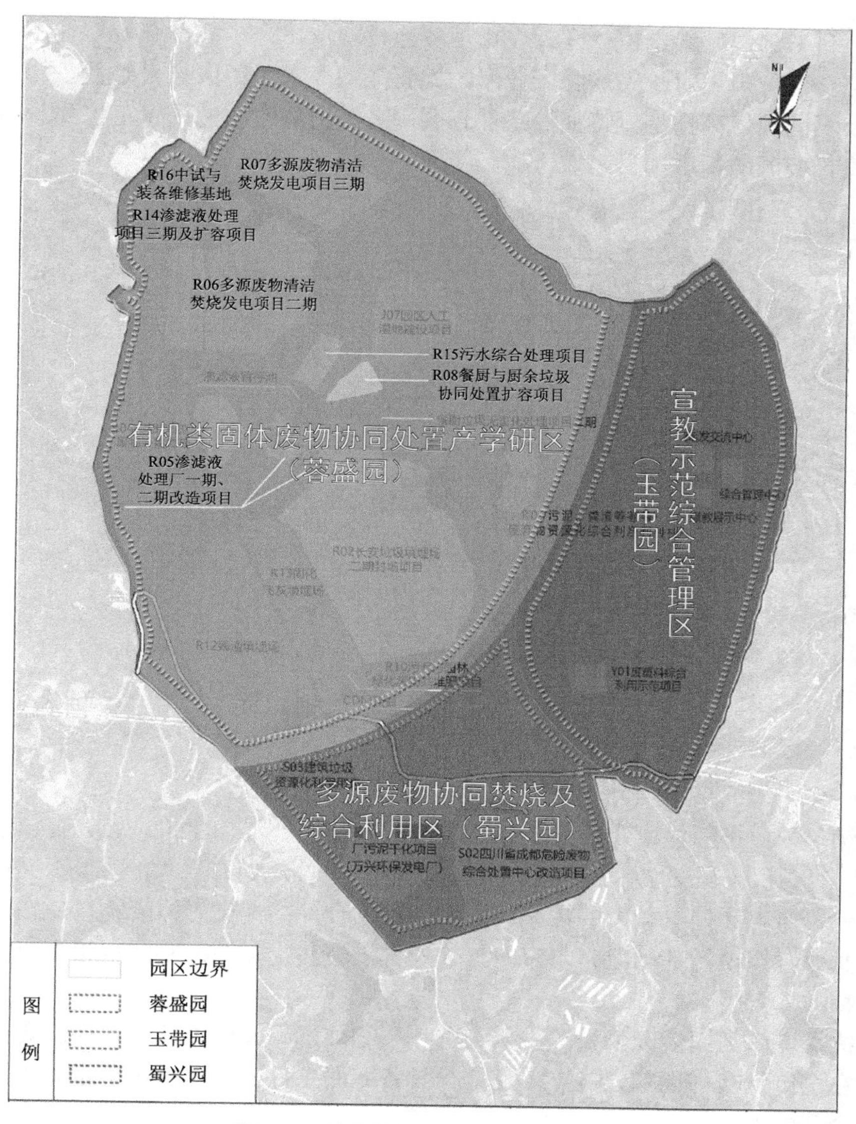

图 6-9　长安静脉产业园功能分区图

2. 明确新增处置需求，促进项目协同共生

面对成都市不断提升的区位及战略地位和日益增长的固体废物处置需求，园区在创建资源循环利用基地过程中将要满足更为严格的建设要求和更为丰富的功能定位，立足园区适宜建设用地紧张和已建项目统筹性较差的基本现状，亟待充分考虑新旧项目的技术协同性和规模匹配性，结合园区地形地貌和功能分区有机布局新增项目，进而实现与原有存量项目的共生协同，形成项目闭环链条。

1) 科学确定处置定位，合理安排项目建设

结合上位规划对长安静脉产业园的处置能力要求、园区自身处置条件和园区定位及不同固体废物处置特征等条件，明确各类固体废物的处置定位（图 6-10），合理安排园区的新增项目建设。

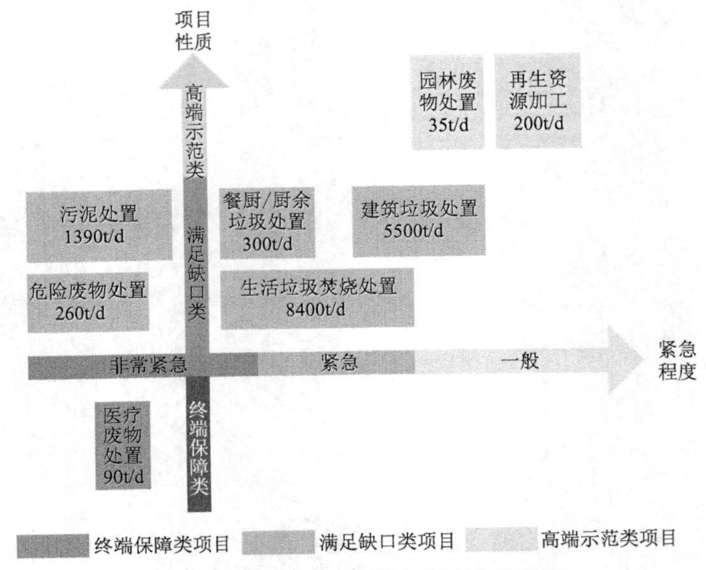

图 6-10　园区固体废物处置定位分类图

满足缺口类固体废物处置既包括生活垃圾焚烧处置、建筑垃圾处置、危险废物（不含医疗废物）处置、餐厨/厨余垃圾处置等上位规划有要求的废物，又包括园区有处置需求和处置能力的污泥类固体废物，合计共 5 类固体废物。应在科学确定自身处置规模的基础上，与市内其他处置设施共生互补，共同承担相应类别固体废物的处置需求。

终端保障类固体废物处置主要为医疗废物处置，园区内此类固体废物的处置设施在全市是唯一规范处置点，且自身具备兜底条件，能够承担全市此类固体废物的全部处置需求。

高端示范类固体废物处置包括园林废弃物、可再生资源类（报废汽车、废塑料）2 类废物的处置，应根据园区自身条件综合判断处置规模及技术，适宜就近处置或遵循市场原则合理确定处置规模，打造园区高端建设和示范运营类处置项目。

2) 承接项目共生节点，推动设施协同优化

深入分析新增项目与存量项目协同共生的关键节点，遵循“集约共生、协同高效”的原则，按照上述固体废物处置定位，结合存量项目布局情况、地形地貌及项目选址区域相应的环境容量有机布局新增项目，项目的工艺或污染防治技术

均须达到国际、国内先进水平(表 6-4)。

表 6-4　长安静脉产业园新旧项目协同关键节点识别

序号	存量项目名称	关键节点	可提升及协同内容	拟解决方案
1	万兴环保发电厂一期	垃圾处置规模	处置能力不足	新增生活垃圾焚烧发电项目
2		渗滤液处理	渗滤液中 COD 浓度过高，设备负荷高	与渗滤液处理厂进行组分调和
3		余热	未得到有效利用	可用于污泥干化
4		炉渣	未实现园内资源化利用	新增建筑材料资源化项目
5	长安垃圾填埋场	渗滤液处理	处理能力不足	新增渗滤液处理项目
6	渗滤液处理厂	处理能力	能力不足	新增渗滤液处理项目
7		运行成本	COD 浓度过低，需外加碳源	与垃圾焚烧发电厂进行组分调和
8	危险废物处置中心	处置能力	尚有较大缺口	新增危险废物处置项目
9	填埋气综合利用项目	填埋气收集处理	收集率不高，处理能力不足	增加收集和处理能力
10	粪渣处理厂	运行现状	场地部分闲置，处理能力剩余	利用现有场地与其他有机废物共堆肥

焚烧类固体废物协同处置链如图 6-11 所示。根据项目之间的协同作用合理确定建设和运行的先后顺序，优先完成一、二、三期焚烧发电项目的改建/新建：在 2018 年完成万兴环保发电厂一期污泥协同处置项目的改造，协同处置市政污泥；在 2020 年完成多源废物清洁焚烧发电项目(二期/三期)的建设，进一步协同处置市政污泥、陈腐垃圾及沼渣，充分解决园区内的陈腐垃圾、污泥、沼渣等处置问题，提高项目间的协同共生效应。

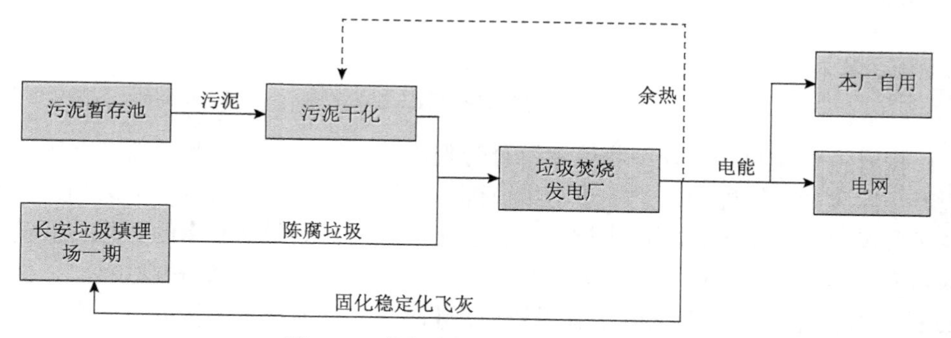

图 6-11　焚烧类固体废物协同处置链

有机类固体废物协同处置链如图 6-12 所示。在园区内原有粪渣无害化处理厂的基础上建设园林绿化废物、污泥、粪渣共堆肥示范项目，解决园区和森林公园中绿化废物的处置及成都市污泥处理处置的部分缺口问题，打造污泥、园林绿化废物、粪渣共堆肥的高端技术示范，生产的有机肥料和有机营养土主要用于园区和龙泉山森林公园的绿化，实现园林绿化废物的零排放和资源化利用。

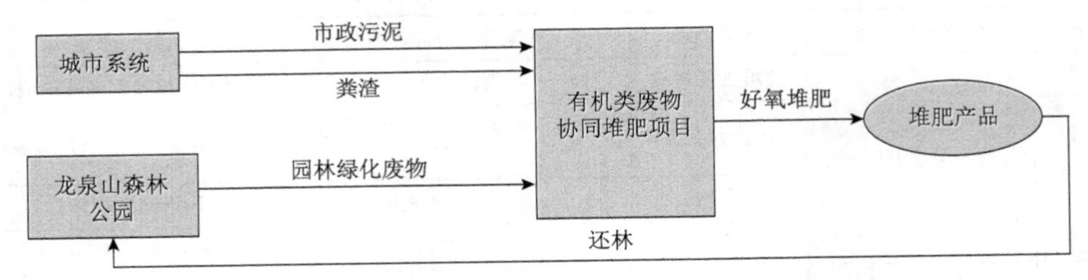

图 6-12 有机类固体废物协同处置链

在资源类固体废物协同处置方面，采用零废弃高环保标准，协同处置园区内现有和新建的生活垃圾焚烧发电厂的炉渣及成都市中心城区产生的部分建筑垃圾，打造建筑垃圾零废弃资源化利用示范（图 6-13），生产环保建材，分为两大模块，一是建筑垃圾破碎分选系统，主要产出再生骨料和粉料等初级产品，二是建材产品生产线，主要产品为干混砂浆、商品混凝土、道路用再生砖等增值产品。此外，面向消纳固体废弃物中具有资源化利用价值的废弃物，初步遴选报废汽车拆解和废塑料综合利用项目入园，建设报废汽车拆解和废塑料综合利用的示范性工艺设施，并提供技术示范。

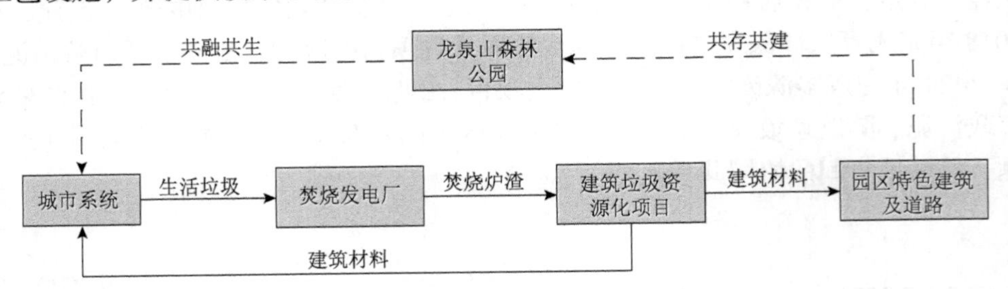

图 6-13 建筑材料资源化产业链

提升危险废物和医疗废物处置综合管理水平。扩建危险废物处置二期工程，提升危险废物处置能力，进一步消纳成都市经济发展产生的工业危险废物；提升技术和风险控制水平，严格排放标准，强化医疗废物泄漏和暴露的管理与洗消，加盖安全填埋场顶棚以将危险废物与整体环境隔离（配套必要的景观设计），引进ID 追踪等技术实现智能化的全过程管理，进而全面实现进入园区的危险废物的安全处置，控制处理处置过程中的各种风险。

3. 共建共享基础设施，改善园区发展环境

园区目前仍广泛存在基础设施规划和建设各自为政的现象，缺乏协调性、整体性，导致基础设施重复建设问题突出，土地资源被大量浪费，设施利用效率难以提

升，亟待从整合园区内土地资源和现有基础设施的角度出发，打破企业、项目种类的界限，重视园区道路交通系统、能源供应系统、给排水及环保设施等基础设施的可持续和共线性，构建符合园区整体发展定位、多种基础设施共建共享的综合基础设施体系，有效提高园区各类基础设施的利用效率，改善园区发展环境。

1）促进公共基础设施共建共享，提高利用效率

（1）道路设计人物分流，提高土地集约化利用水平。不同于普通工业园区，长安静脉产业园区的道路设计需要考虑不同功能的区分，按照人物分流原则，设置人、物分流的道路体系，分别构建垃圾运输通道和观光游览通道。垃圾运输通道用于各类入园废物的运输，道路红线宽度为 10.5m，为双向两车道。观光游览通道作为各类人群（工作、参观旅游、监管等人员）的入园通道，红线宽度为 5m，双向两车道，可人车混行，见图 6-14。两类道路采用不同的管理标准，在舒缓废物运输通道压力、减少安全隐患的同时，实现园区道路的清洁和美观，提高园区管理的规范性和科学性。

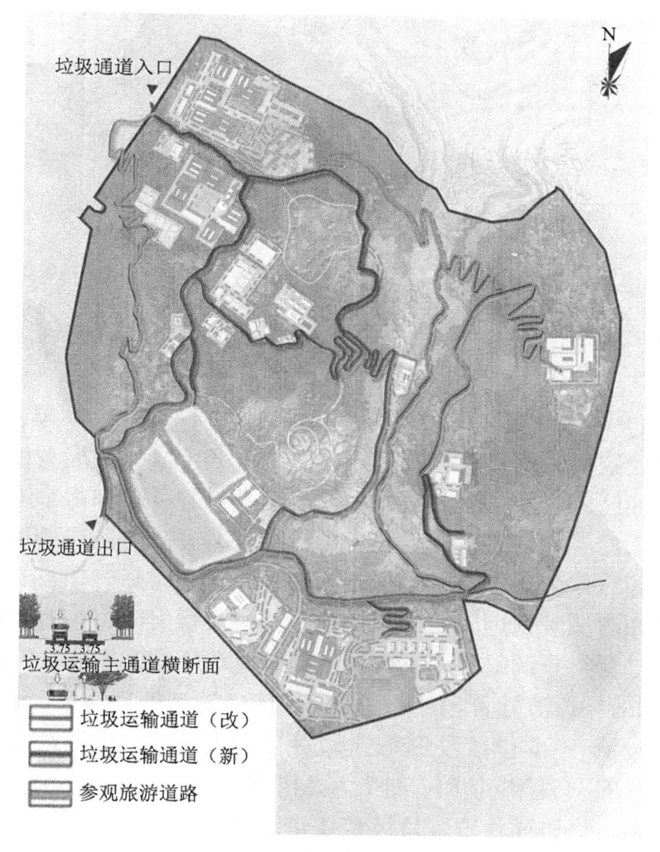

图 6-14　园区内部道路交通规划图

(2)管网设施统一设计、集中建设。为提高利用效率，减少整体投资成本，园区内各项目的给水、排水、电力和燃气管道及相关设施应统一规划设计、集中建设，充分实现共享。垃圾焚烧发电厂等建设项目所需天然气应通过统一专线管道由洛带镇输送入园；园区内生产及生活所需新鲜水也需专线管道由区外集中输送，入园后再根据地形实现分流；供电线路设置专线，同时园区内各项目(如垃圾焚烧发电厂、餐厨垃圾处理厂)所发电量也应由统一专线集中上网。

(3)优化能源供应系统，实现能源梯级利用。充分挖掘园区各项目间的能量交换潜力(图 6-15)，整合利用园区存量项目、新增项目的可回收余热用于其他有用能需求的项目(如污泥干化项目)，促进焚烧余热的梯级利用，搭建清洁能源供应网络，优化园区内部能源供应结构。

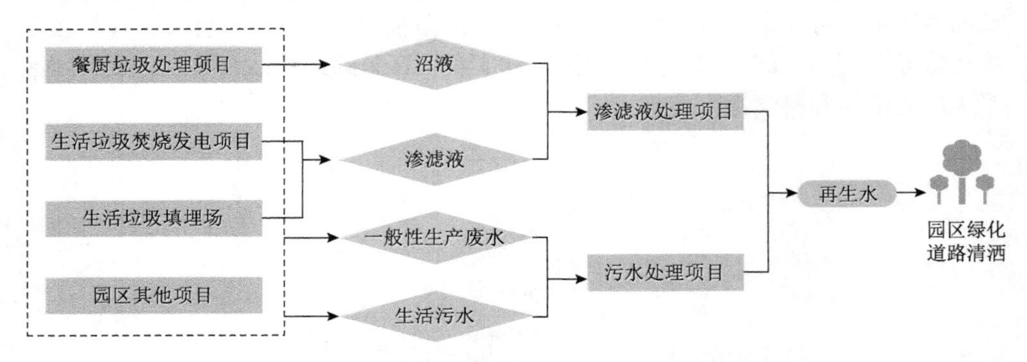

图 6-15 园区废水处理及循环利用示意图

2)优化环保基础设施配套建设，严防二次污染

以实现园区污染物近零排放为目标，构建固体废物和副产物协同处置、水资源循环利用的共生链条。

(1)污水综合处置。园区内已建有渗滤液处理厂一期、二期项目，随着未来各固体废物处理处置设施的建设，园区内的渗滤液和废水处理能力将无法满足未来的处理需求。在园区内新增渗滤液处理厂三期及扩容项目和污水综合处理项目，分别用于处理渗滤液和一般生产废水、生活污水，解决园区渗滤液和污水处理的缺口问题，处理后作为再生水回用于园区景观绿化，保障各项目和园区的正常有序运行。同时在渗滤液处理厂一期、二期与万兴环保发电厂配套渗滤液处理站之间连接管道，进行组分调配，减少渗滤液处理过程中碳源购置，降低处理成本。

(2)填埋和最终废渣处置。满足生活垃圾应急填埋处理需求，解决园区内各生产环节产生的废渣(主要包括餐厨/厨余垃圾协同处置产生的沼渣、生活垃圾焚烧产生的炉渣、飞灰、危险废物综合处置后剩余的废渣等)，其中沼渣进入生活垃圾焚烧系统与生活垃圾协同处置，垃圾焚烧炉渣进一步制备成新型建材，最终废渣外运进行资源化利用，而危险废物处置废渣则进入危险废物填埋场填埋处置。

(3)填埋气能源利用。采用全覆盖式收气系统进一步优化填埋气收集利用水平，减少填埋场臭气外逸，经过预处理后的气体进入燃气内燃机发电机组，最终产生的电并入电网，可供市民使用。

4. 构建公园式景观体系，促进周边和谐共融

鉴于成都市“东进”战略的推进，未来园区将位于新的城市中心地带，这对其建设提出了更高的生态要求；同时，作为龙泉山森林公园的园中园，受周边环境的约束，园区的生态敏感性不断提高，因此园区在资源循环利用基地创建工作推进过程中，应更加突出其公园式园区的发展定位，促进园区与周边环境的和谐共融，并将风险防控和生态修复作为园区未来建设和发展的第一优先目标，项目实施的先后顺序、功能分区布局、项目调整和引入等环节，都必须充分考虑其景观功能和对生态环境的影响，促进园区与周边环境的和谐共融。

1)美化处理设施外观，提升项目景观功能

(1)处理设施外观优化/美化。以“低碳、绿色、环保”为设计理念，充分考虑与周边森林公园景观相协调，加入创新元素，设计园区主题，对园区处理设施的外观进行设计和美化，例如，对建筑立面进行改造，提升厂区的绿化水平，凸显项目的建筑风格，建设与森林公园相协调的构筑物，提升项目整体观感，将生活垃圾焚烧发电厂等大型处置设施建设成为园区和成都市地标型建筑，打造优美、洁净、整体有序、协调共生并具有可持续发展特点的环保生态园区。

(2)构建核心项目生态缓冲带。在各核心项目范围外种植净化能力较强的植被，以灌木、草本等类型为主，辅以乔木，增加物种多样性，在降低园区内污染的同时，增加景观性，与园区整体景观融为一体。

(3)构建园区范围外植被缓冲带。园区周边缓冲带建设以控制建设与生态保育为主。限制缓冲带范围内新建游览项目与公共设施；进行生态保育，现状用材林、防护林依靠植被系统自身修复；现状经济林以人工种植的桉树与柏树等乔木为主，辅以灌木与草本，逐步恢复生态系统；其他植被覆盖系数较低的区域，进行生态系统培育与防护林建设，增加植被覆盖率与生态系统稳定性，见图 6-16。

(4)园区道路绿化景观设计。根据园区内处理设施的分布及周边特点，筹划与建筑风格一致的道路景观，注重树种的选择，营造丰富的季相景观效果，形成富有层次感和韵律感的景观生态走廊，提升园区整体环境。

2)打造特色景观节点，丰富园区生态内涵

(1)打造特色景观节点。结合东部区尚未开发的现状和天然景观优势，以现有道路作为景观轴线，打造资源循环利用基地观光旅游区，结合园区宣教、管理类项目，配套建设具有静脉产业文化特色的环保主题类公园，并依据地形条件，打造园区观景平台，有效提升园区整体景观水平。

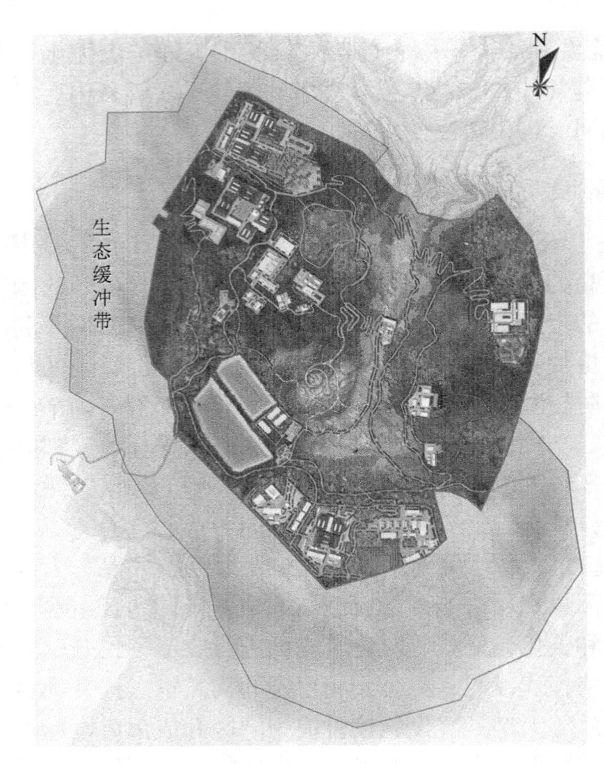

图 6-16 园区生态缓冲带示意图

(2) 园区小微绿地建设。以园区参观旅游线路为脉络，利用零散地块因地制宜布置小微绿地，打造与周边固体废物处置项目相一致的特色景观，为参观游览者及园区工作人员提供休闲游憩场所，在美化园区的同时，也起到防尘、阻隔噪声的作用。园区景观设计效果见图 6-17。

图 6-17 园区景观设计效果图

3) 明确生态安全隐患，逐步开展生态修复

由于园区内的已建项目未做系统性规划和整体统筹，各项目设施的建设标准不一，部分项目建设初期未充分考虑环境风险因素，导致项目运营过程中出现了一定程度的环境污染问题，严重影响园区环境。由于基地建设时间较短，受项目建设周期和存量项目处置能力所限，大部分生态修复工作仍无法大范围开展，因此本方案旨在基本明确园区主要生态环境安全隐患的基础上，合理评估其处置需求，制定科学合理的修复方案。

(1) 长安垃圾填埋场一期陈腐垃圾处置与场地修复。由于长安垃圾填埋场一期工程水平防渗处理工作不到位，为降低园区生态环境风险，改善园区生态环境，亟须采用“原位快速稳定化+腐熟垃圾分质化利用”工艺对陈腐垃圾进行处理处置。在陈腐垃圾处置完毕后，通过监测和实地勘察等措施，对污染情况做出评估，对污染场地土壤和地下水等环境介质进行科学修复；对陈腐垃圾处理之后遗留的土壤进行分析，确定土壤有机物和重金属等的污染程度，制定土壤修复方案；同时，根据监测和实地勘察的结果，制定周边地下水的修复方案。

(2) 长安垃圾填埋场二期封场。待长安垃圾填埋场二期库容基本填满之后，对填埋场地进行符合国家标准的封场覆盖，同时保留一部分专用的填埋空间用于处置焚烧残渣和飞灰，直至新的残渣填埋场和飞灰填埋场建设完成。

(3) 污泥暂存池综合整治。西部区的污泥暂存池中储存有 50 万 m^3 市政污泥，形成了较大的处置缺口，应合理清运处理处置樱桃湾污泥暂存池中积存的约 50 万 m^3 的污泥，由万兴环保发电厂、清洁焚烧发电项目二期/三期以生活垃圾掺烧积存污泥的形式共同参与积存污泥的处置，清理暂存场地；基地建设完成后，逐步根据污染风险评估结果进行修复，并将樱桃湾建设成蓉盛园中心的地标景观。

5. 完善固体废物收运体系，构建智能化信息平台

1) 推进生活垃圾分类收集

成都市作为 46 个强制实施生活垃圾分类的城市之一，应坚持“政府推动、源头减量、重点突破、系统推进、试点示范”的原则，按照“保障无害化，加强资源化，促进减量化”的工作思路，全面推进生活垃圾的分类投放、分类收集和分类运输，推动分类收运体系与长安静脉产业园的有效衔接，科学建立“全过程”“全链条”的生活垃圾分类体系。到 2020 年年底，在中心城区及各郊区(市)县城区的机关团体、驻地单位、学校院所、居民小区、城市商业综合体及农村场镇、集中居住区和开发小区等重点区域全面开展生活垃圾分类工作，基本实现全市城镇、乡村生活垃圾分类覆盖率达到 60%以上，中心城区生活垃圾分类覆盖率达到 70%以上。

推行“四分类”法，优化生活垃圾分类收运体系。①分类投放：城镇居住区

和农村集中居住区，按“可回收物、厨余垃圾、有害垃圾、其他垃圾”的“四分类”方法进行分类；农村散居区域按“可回收物、有害垃圾、其他垃圾”三类进行分类投放。制定并严格实施“不分类、不收运”制度，多举措推动党政机关、学校、医院、军队单位等公共机构和相关企业实行强制分类。②分类运输：建立与生活垃圾分类相衔接的运输网络，统一运输车辆标识标志，按分类要求逐步改造现有运输车辆，彻底解决“撒冒滴漏”问题，杜绝二次污染。优化完善生活垃圾分类转运站点布局，升级改造现有生活垃圾转运站(点)，加强生活垃圾分类运输过程监管，推行市场化分类运输服务。③分类处置：加快建设集垃圾焚烧、餐厨垃圾资源化利用、有害垃圾处置、建筑垃圾消纳于一体的固体废物协同处置利用基地，高标准建设长安静脉产业园。

2) 完善餐厨垃圾收运体系

扩大餐厨垃圾收运范围，逐步开展厨余垃圾单独收运。目前成都市中心五城区、双流区及新津县已经开展了餐饮业餐厨垃圾的统一收运和集中处理工作，在此基础上，逐步扩大餐厨垃圾的规范化收运范围，实现全市范围内全覆盖。对于大中型餐饮企业、企事业单位、学校食堂、居民社区等餐厨垃圾产生量较大的单位，由餐厨垃圾处理单位定时定点上门收集后由专用收运车辆运至餐厨垃圾处理厂集中处理；对于小吃街、美食街和其他零散小餐饮单位，可考虑采用专用运输车辆移动收集的形式，做到日产日清。生活垃圾实施“四分类”法分类后，厨余垃圾将进入餐厨垃圾收运体系。厨余垃圾可由经城管部门特许的餐厨垃圾处理企业负责收运，并与餐厨垃圾协同处理。

组建专业化收运队伍，提高收运标准。严格餐厨垃圾收运资质审核，设立准入制度，加强对从业机构和人员的监管。餐厨垃圾的运输依法实行准运证制度，运输车辆必须具有市容环卫行政主管部门核发的准运证件，并在车身明显位置设置统一的餐厨垃圾运输标识。运输车辆应采用具备防恶臭扩散、防遗撒、防滴漏功能的餐厨垃圾专用运输车，并配备车载 GPS 定位跟踪装置，信息实时传输到信息网络化平台，便于监督管理。

推进餐厨垃圾“收集—运输—处置”一体化运作，采用“政府监管、企业主导”的运营模式，政府部门制定相应的政策法规，将餐厨垃圾的收运处理纳入市容卫生管理体系，加强对餐厨废弃物的监管。由主管部门(城管委)委托专业公司负责全市餐厨垃圾的统一收集、运输、处置及资源化利用。

3) 建立建筑垃圾收运体系

优化现有建筑垃圾收运体系，改变建筑垃圾大部分被填埋处置的现状，建立工程渣土、拆迁废料、建筑泥浆及装潢垃圾分类回收和处理处置体系。居住小区和社区应设置装潢垃圾临时堆放点，用于居民投放建筑垃圾，居民也可通过手机 APP 或电话预约等方式，请专业公司清运自家产生的装潢垃圾，并支付相应的费用。各区(市)应在原有利用方式的基础上加强细化处理，增设规范集中回收点，进行建筑、装潢垃圾等的暂存和简单分拣。

成都各区(市)县政府要加快推进建筑垃圾消纳场建设，到2020年年底，二三圈层各区(市)县要建成1～2个建筑垃圾固定消纳场，形成覆盖全市的消纳网络。加强建筑垃圾的资源化利用技术研究，建立相应的资源综合利用设施，提升资源循环利用水平。

4)打造基地信息互联平台

加强信息化建设，构筑智能化信息平台。基地信息化平台作为城市环卫信息系统的一部分，应与环卫系统做好充分衔接，对园区内各类固体废物的收运量及各项目运行的实时数据进行采集、统计及分析；优化园区内各固体废弃物处置项目的运行和物质、能量交换；对园区废水、废气、固体废物进行实时监测和信息反馈，及时处理突发环境事件；跟踪物流运输过程中货物种类、交易情况、运输情况(流向、流量)等统计信息。以智能化信息平台作为载体，加快园区与企业间的沟通交流及快速学习，实现环保达标及废弃物的妥善处置，逐步形成集管理、监测、服务于一体的智能化信息互联平台。

6. 鼓励运营管理创新，强化部门协作沟通

1)实行多元化运营模式并存

建议基地采取“政府主导，地方国企承办，引入社会资本”的投资运营模式。政府主要作为园区的主导方和监督方，协调园区内的合作和衔接等重难点问题；成都环境投资集团有限公司作为园区的建设方和管理运营方，将全面负责园区的规划实施、企业引进和管理运营，以及配合政府对园区内各企业的监管。园区新建设施部分通过特许经营或者PPP模式(公共私营合作制)引入社会资本；园区内存量设施项目将维持现状，由现运营企业进行运营管理和提升改造。

共生关系项目采用特许经营模式。部分项目在技术工艺上存在耦合，考虑到项目间的共生关系，可作为整体由成都环境投资集团有限公司来进行运营。根据《基础设施和公用事业特许经营管理办法》(国家发改委2015年第25号令)，基础设施和公用事业特许经营期限最长不超过30年，在特许经营期内，政府授予特许经营者投资新建或改扩建、运营基础设施和公用事业，期限届满移交政府；或者政府授予特许经营者投资新建或改扩建、拥有并运营基础设施和公用事业，期限届满移交政府。特许经营项目由成都环境投资集团有限公司与政府签订特许经营协议，采用BOT模式(建设-经营-转让)负责此部分项目的投资建设运营，特许经营模式项目见表6-5。

表 6-5 特许经营模式项目表

序号	项目名称
1	成都市中心城区餐厨垃圾无害化处理项目（二期）
2	万兴环保发电厂污泥干化项目
3	多源废物清洁焚烧发电项目二期
4	多源废物清洁焚烧发电项目三期
5	园林绿化废物/污泥/粪渣共堆肥示范项目
6	污泥与园林绿化废物共堆肥项目
7	污泥暂存池综合治理项目
8	残渣填埋场
9	固化飞灰填埋场
10	渗滤液处理项目三期及扩容项目
11	污水综合处理项目

公共服务领域项目采用 PPP 模式。根据《关于在公共服务领域推广政府和社会资本合作模式指导意见的通知》（国办发〔2015〕42 号）（以下简称《通知》），在能源、交通运输、水利、环境保护、农业、林业、科技、保障性安居工程、医疗、卫生、养老、教育、文化等公共服务领域，鼓励采用 PPP 模式，吸引社会资本参与，为广大人民群众提供优质高效的公共服务。选择符合《通知》的公共服务领域项目采用 PPP 模式运营。为了方便园区的统一运营，园区的 PPP 模式规划建议由园区管委会牵头组织，成都环境投资集团有限公司作为政府方出资代表，社会投资人与成都环境投资集团有限公司暂定按照 90%：10%的股权比例组建项目公司，编制《PPP 实施方案》，具体的项目投资运营按照《PPP 实施方案》进行，PPP 模式项目表见表 6-6。

表 6-6 PPP 模式项目表

序号	项目名称
1	建筑垃圾资源化利用项目
2	餐厨与厨余垃圾协同处置扩容项目
3	报废汽车拆解示范项目
4	废塑料综合利用示范项目

存量项目由现状运营公司继续负责运营管理。若存量项目为特许经营或 BOT 类项目，则在经营期满后，与政府续约或者移交给政府或政府指定的公司，通过 TOT 模式，继续统一纳入园区运营管理。现运营企业因提升改造带来的成本增加，

政府通过增加运营补贴等方式进行补偿。存量项目表见表 6-7。

表 6-7　存量项目表

序号	项目名称	运营企业
1	四川省成都危险废物处置中心改造项目	成都环境投资集团有限公司
2	长安垃圾填埋场一期陈腐垃圾处置项目	成都环境投资集团有限公司
3	长安垃圾填埋场一期场地修复项目	成都环境投资集团有限公司
4	长安垃圾填埋场二期封场项目	成都环境投资集团有限公司
5	成都市医疗废物处置中心改造项目	成都瀚洋环保实业有限公司
6	渗滤液处理厂一期/二期改造项目	成都环境投资集团有限公司
7	垃圾填埋场景观提升项目	成都环境投资集团有限公司

2）政企分开型模式推动基地建设

（1）构建完善的园区管理机构。有效的管理和运行机制是园区成功建设的重要保障，应构建完善的园区组织管理机构和体系，真正形成“政府主导、企业运作”的模式。管理委员会作为地方政府的派出机构，行使政府监督职权，不运用行政权力干预企业的经营活动，只起监督协调作用，而企业作为独立的经济法人，实现企业内部的自我管理，从而实现政府的行政权与企业的经营权相分离。

（2）明确各部门责任。各级政府和有关部门相关领导对园区建设负总责，把建设园区业绩作为考核领导干部的重要内容，对重点区域、重点产业和重点工程实行项目管理，明确权、责、利，确保园区建设工作卓有成效地开展。各部门在相关规定中明确各种资源的处理和利用方式，由于涉及产生、运输、处理、再利用等各个环节，要明晰城管、住建、经信、发改等多个部门责任，保障整个园区高效和安全运行。

7. 加强环境监管措施，发挥辐射引领作用

1）完善环境监管和评价制度

（1）加强对入园项目的环境管理。对园区项目主体工程和污染治理配套设施“三同时”执行情况、环境风险防控措施落实情况、污染物排放和处置等进行定期检查，对入园企业定期开展清洁生产审核工作，完善园区环保基础设施建设和运行管理模式，确保各类污染治理设施长期稳定运行。

（2）完善环境监管制度。规范日常监管记录，依托园区内各处理设施的在线监测设备及集中监控中心，实现对园区各类污染物排放的综合监测，以及信息的即时反馈和定期记录。资源循环利用基地管委会每年定期向所在辖区环保主管部门报告建设项目环境监管情况，内容包括园区规划环评执行情况、园区内企业执行

环评情况、建设项目验收情况，并对相关数据和信息等进行公开。

(3)推行环境影响后评价制度。园区企业发展和开发深度存在一定的不确定性，对环境影响也带来一定的不确定性。在园区建设发展中，其对环境的影响如何，单凭一次区域环评是远远不够的，各进园企业的建设项目环境影响报告也不能涵盖全貌。因此，园区应推行环境影响后评价制度，在建设发展中每隔 2～3 年进行一次环境影响后评价，跟踪评价园区环境质量的变化、主要影响因素和污染防治对策。

2)加大社会监督力度

(1)加强公众交流。在园区规划、建设前期，与周边民众保持密切联系，认真开展矛盾纠纷排查化解工作，如征地补偿、拆迁安置、环境污染等可能影响社会稳定的纠纷，确保及时发现并妥善疏导、化解；做好环评公众参与阶段的舆情引导和宣传解释工作，公开征求公众意见；园区建成后，对园区内部重点问题进行全面排查，对排查出来的问题，逐事逐人建立台账，及时制定化解稳控方案，加强监督检查，限时解决有可能引发群体性事件的重大问题。

(2)完善信访机制。加强园区信访组织体系及干部队伍建设，通过培训、交流、锻炼等形式培养基层干部依法处理信访问题的能力；完善和创新信访工作制度，畅通和拓宽信访渠道，通过绿色邮政、群众热线、短信投诉、微信留言等渠道，引导民众理性合法表达利益诉求；建立难点、热点及重点信访案件排查化解常态化工作机制。

3)提升宣传教育和研发水平

(1)建设宣传教育示范基地。以高端环保宣传教育示范基地的标准开展建设。建设一个集中的宣教展示中心，为参观人员提供理论科普及互动体验等，同时有机串联项目实地参观和周边生态休闲；依托园区内各废物处置中心的运行，根据实际情况在焚烧发电中心、餐厨处置中心等设置参观通道，形成综合展示系统；结合龙泉山森林公园的优良生态环境，为前来参观的市民、游客等提供独具特色的生态观光和休闲体验，为打造公园式园区提供助力。

(2)设立技术研发交流中心。基地承担各类技术研发、样品测试、高端智库、交流学习等功能，发展成为循环经济产学研合作、环保领域高新技术研发转化平台。基地主要开展环境检测与信息公开工作、提供技术研究与实践应用方案等业务，打造成为咨询、交流、培训的高端智库。

6.2.4 重点建设项目

成都市长安静脉产业园在建设资源循环利用基地期间，建设重点支撑项目 10 个，投资额 62.45 亿元，基础设施类项目 9 个，投资额 13.83 亿元，共计 19 个项目，总投资额 76.28 亿元。项目总体情况详见表 6-8。

表 6-8 项目建设总表

序号	项目名称	建设内容	总投资	实施期限
1	成都市中心城区餐厨垃圾无害化处理项目(二期)	项目设计处理规模为餐厨垃圾 300t/d，地沟油 45t/d，占地面积约 41.7 万亩。包括预处理系统、厌氧发酵系统、沼气净化系统、沼气发电系统、固液分离系统、废水处理系统、臭气处理系统等	23220 万元	2017～2018 年
2	万兴环保发电厂污泥干化项目	新增污泥干化生产线，日处理湿污泥 420t/d(含水 80%)，设置 4 套污泥干化系统	22839 万元	2018～2019 年
3	万兴环保发电项目二期	建设 4 条 750t/d 生活垃圾焚烧线，同步建设 5 条污泥干化生产线，配 2 台额定 30MW 凝汽式汽轮发电机组，在发电厂内设 1 座 110/10kV 升压站	209309 万元	2018～2020 年
4	多源废物清洁焚烧发电项目三期	拟建厂址位于二期项目北侧，在现状砖厂位置进行扩建，建设 4 条 750t/d 生活垃圾焚烧线，形成 3000t/d 的生活垃圾处理能力	209309 万元	2020～2021 年
5	四川省成都危险废物处置中心二期项目	主要工程内容包括：危险废物利用工段(废有机溶剂利用车间、废包装容器综合利用车间)、危险废物综合处置工段(焚烧车间、物化车间、固化车间、安全填埋场)、管理及辅助设施的建设	28026 万元	2018～2019 年
6	建筑垃圾资源化利用项目	建设内容包括建筑垃圾处理系统、资源化产品生产系统及配套设施，形成建筑废弃物年资源化处理能力 200 万 t	80000 万元	2020～2021 年
7	污泥、粪渣等有机废弃物资源化综合利用项目	项目淘汰落后设备，对原有粪渣处理设备如固液分离设备、脱水设备等进行更新，新购置粉碎设备、翻抛机、分选机、装袋机等设备共 12 台，采用槽式或反应器式堆肥工艺，堆肥车间负压运行，杜绝臭气产生	3000 万元	2020～2021 年
8	渗滤液处理项目三期	用以处理垃圾填埋场产生的渗滤液，以及多源废物清洁发电二期、三期项目和餐厨与厨余垃圾协同处置项目的沼液，项目采用“水质均化+厌氧(UASB)+膜生物反应器(MBR)+纳滤(NF)+反渗透(RO)”处理工艺，出水满足绿化和工业冷却水回用要求	38343 万元	2018～2020 年
9	污水综合处理项目	项目采用“曝气沉砂池+膜生物反应器(MBR)+深度脱氮除磷”处理工艺，设计项目处理能力 600 m^3/d。主要用于处理基地内各类固体废物处理处置项目产生的一般生产废水和生活污水	2500 万元	2020～2021 年
10	废塑料综合利用示范项目	项目以热解为核心工艺，设计规模为 60t/d，对成都市废塑料进行处理处置，实现资源再利用。经分选等预处理环节后，绝氧热解，收集提纯挥发性产物可获得高附加值的产品柴油	8000 万元	2020～2021 年
11	中试及装备维修基地	形成集销售、运营维护、服务咨询于一体的综合服务基地，完善园区内部的产业体系；围绕研发中心或处置项目的技术验证等需求，提供开展实验的场地、设备等硬件支持	7600 万元	2020～2021 年
12	研发交流中心	建设统一的环境检测中心，对各类入园固体废物、最终排放废弃物等进行采样检测，保障各项目的高效稳定运营；构建产学研平台，开展重点品种固体废物无害化处置	15000 万元	2020～2022 年

续表

序号	项目名称	建设内容	总投资	实施期限
13	环境监测与应急中心	室内建筑面积约 3000m^2，同时在管委会大楼周边配套救援车辆停车场、演练场，以及绿化、道路等公共建筑设施	1450 万元	2019～2020 年
14	智能化信息监管平台	项目位于园区的综合管理中心大楼内，仅需要服务器等硬件设备采购	4000 万元	2019～2020 年
15	再生资源交易平台	平台项目的主体位于园区的综合管理中心大楼内，采购服务器等硬件设备，部分设施可与智能化监管平台共享	3000 万元	2020～2021 年
16	宣教展示中心	内含园区总体介绍厅、生活垃圾处置历史与现状展厅、各项目固体废物处置技术展厅、互动留念厅等。周边配套绿化、生态休闲等设施	3200 万元	2019～2020 年
17	道路交通工程项目	按照“客货分流”的原则，完善垃圾运输通道和观光游览通道，形成“网状+支状”的道路体系，实现固体废物的高效安全运输和游客的高效接送	4.5 亿元	2018～2020 年
18	园区景观建设项目	提升基地绿化景观，构建基地生态缓冲带，打造观光旅游区、观景台等景观节点，打造生态型、公园型基地。实现基地固体废物处置与生态系统的有机结合，打造与森林公园协调一致的生态景观	1.7 亿元	2019～2022 年
19	园区市政基础设施项目	完善基地供水、排水、供电及综合防灾工程等市政基础设施建设，实现基地内共建共享和统筹管理，保障基地内固体废物处理处置项目的高效有序运行	4.2 亿元	2018～2020 年

各重点项目的建设均符合成都市的实际需求，能够有效缓解当地固体废物处置压力。园区大部分项目由成都环境投资集团有限公司投资建设，集团资金实力雄厚，近年来在固体废物处置板块取得较大进展。同时，成都市环卫主管部门大力支持园区建设，在补贴机制、税收等方面能够给予诸多政策优惠，保障园区和项目的高效建设和稳定运营。

第7章　国家"无废城市"试点建设规划

"十九大"报告提出要加强固体废弃物和垃圾处置，国务院于2018年12月底正式印发《"无废城市"建设试点工作方案》。开展"无废城市"建设试点是深入落实党中央、国务院决策部署的具体行动，是从城市整体层面深化固废综合管理改革和推动"无废社会"建设的有力抓手，是提升生态文明、建设美丽中国的重要举措。"无废城市"建设试点的目标是通过在试点城市深化固废综合管理改革，总结试点经验做法，形成一批可复制、可推广的"无废城市"建设示范模式，为推动建设"无废社会"奠定良好基础。本章将介绍我国"无废城市"建设中面临的关键问题的解决路径，并以徐州市、盘锦市"无废城市"试点实施方案的规划为例，阐述城市如何紧密结合本地实际形成"无废城市"的系统性解决方案。

7.1　"无废城市"建设的关键路径

2019年5月，国家公布了深圳市等11个城市和5个区县作为首批"无废城市"建设试点，并印发了《"无废城市"建设试点实施方案编制指南》和《"无废城市"建设指标体系(试行)》等指导性文件，成立了"无废城市"建设试点咨询专家委员会，组建了技术帮扶工作组。5月13日，国家召开了"无废城市"建设试点启动会。9月上旬，"11+5"个试点城市实施方案全部顺利通过评审。目前，各试点城市基本完成实施方案的印发，试点各项工作正在如火如荼进行中。然而，"无废城市"在国内还是个新理念，"无废城市"建设的关键路径和重点任务还需要在长期探索与实践中摸索。首批公布的"11+5"个"无废城市"试点都有各自资源禀赋、产业特点和城市功能定位，在发展过程中面临不同的挑战。因此，试点城市应该因地制宜、因城施策，重点识别主要固体废物管理过程中的薄弱点和关键环节，紧密结合本地实际问题与全国共性难题，推动实现城市关键问题突破与解决方案创新，为"无废城市"建设提供样板。"无废城市"试点的规划建设，既要与前期循环经济和固体废物管理相关试点工作相衔接，更要与当下及中长期的经济社会发展总体规划、城乡建设、城市管理相呼应，统筹安排试点建设的重点任务。另外，还要通过制度体系、技术体系、市场体系和监管体系建设，构建保障"无废城市"实施的长效机制，推动一系列重点建设工程项目以支撑上述四个体系的建设。

7.1.1 试点城市工作基础梳理

自《“无废城市”建设试点工作方案》印发以来，生态环境部组织各省推荐“无废城市”试点候选城市，并会同相关部门筛选确定了广东省深圳市、内蒙古自治区包头市、安徽省铜陵市、山东省威海市、重庆市(主城区)、浙江省绍兴市、海南省三亚市、河南省许昌市、江苏省徐州市、辽宁省盘锦市、青海省西宁市等11个城市作为“无废城市”建设试点。同时，将河北省雄安新区、北京市经济技术开发区、天津市中新生态城、福建省光泽县、江西省瑞金市作为特例，参照“无废城市”建设试点一并推动。筛选确定的“11+5”个“无废城市”建设试点如图7-1所示。

图7-1 国家“无废城市”试点分布及代表性特征分析

上述入选的11个试点城市，是我国地级市中的典型代表，分布于不同的区域和省份，也具有不同的产业及经济发展特点。11个试点城市中，西宁是唯一一个地处青藏高原的城市，是我国西部生态脆弱、经济欠发达地区的城市代表；包头、盘锦、铜陵和徐州均被列入资源枯竭城市名单，进行生态修复和发展绿色经济的需求迫切，是老工业基地转型发展的城市代表；威海和三亚是典型的海滨旅游城市，恰好一南一北，是发展旅游服务业的城市代表；重庆(主城区)、绍兴是分处长江上游和下游的综合性城市；许昌是试点中唯一一个中部城市，也是农业主产区的城市代表；深圳是科技创新的新兴城市代表。

试点城市规模及城市发展水平不均衡，如图7-2所示。试点城市规模从数百万人口的大城市、超500万人口的特大城市到过千万人口的超级大城市不等，城市经济发展水平也有巨大差异，既有人均GDP突破15万元的科技创新城市深圳，也有地处西部欠发达地区的城市西宁。

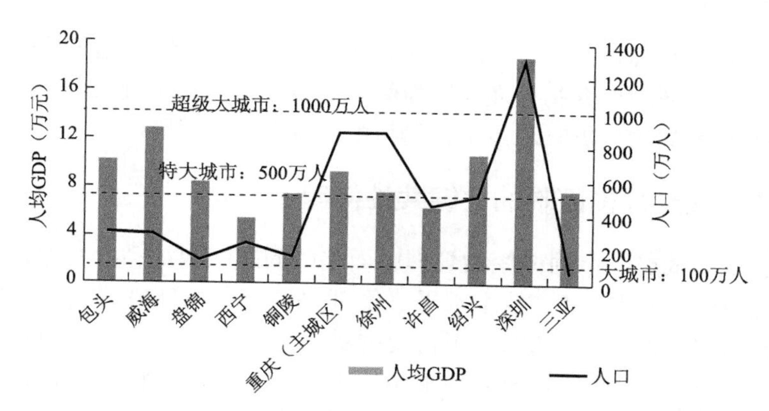

图 7-2　试点城市的人口规模及经济发展水平(2018 年统计数据)

各个试点城市基本形成了主要固体废物的处置管理体系，但与“无废城市”相关的前期工作基础也有差异。以生活垃圾管理为例，像深圳等人口过千万的超级大城市，前期循环经济产业的发展较快，垃圾分类、餐厨垃圾资源化利用等方面基础较好，已经获得了一些重点项目的支持。在发展循环经济和绿色发展方面，徐州、重庆等传统工业城市在前期的产业转型工作中获得了许多国家循环经济示范项目资金支持。但 11 个试点城市中，仅有 7 个城市建立了餐厨废弃物集中收运处置体系，仅有 4 个城市是垃圾分类重点示范城市，仅有 3 个城市布局了国家资源循环利用基地建设。

试点城市固体废物管理能力与工作基础也存在明显差异。“无废城市”的建设目标之一是实现原生生活垃圾零填埋。然而，图 7-3 中的 11 个试点城市的生活垃圾处置有全部填埋处置的(如西宁)，也有实现了全量焚烧零填埋的(如重庆)，大多数还是填埋和焚烧相结合,或辅以其他协同处置手段(如水泥窑协同处置生活垃圾)；试点城市中，深圳、西宁、许昌、包头的填埋处置比例较大，距 2020 年

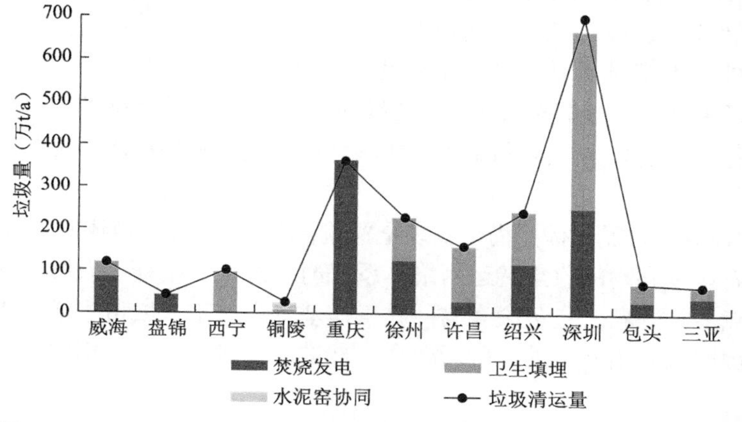

图 7-3　11 个试点城市的生活垃圾清运量及处置现状(2018 年统计数据)

实现“零填埋”目标仍有较大差距。部分试点城市在固体废物精细化管理上还有进步的空间，以餐厨废弃物处理处置为例，许昌、盘锦等城市至今还未形成餐厨废弃物的收运和集中处置管理体系，仍与生活垃圾混合处置。

7.1.2 试点建设面临的关键共性问题

梳理 11 个试点城市固体废物管理中面临的问题、困难和挑战发现，各试点城市因为其产业发展水平、技术水平、管理水平及资源环境特点等差异，在固体废物管理领域面临着不同的短板需要突破；但也存在一些关键的共性问题亟待解决。这些突出共性问题产生的根源，无外乎是固体废物的监管能力和统计基础较差，公众、企业、政府部门认识不到位，技术投入不足，体制机制不畅等原因。

(1) 从固体废物管理制度看，部门之间协调机制不畅，缺乏系统性统筹规划。多类固体废物及处置设施的相关管理工作涉及的职能部门分散在生态环境、住房和城乡建设、农业农村、商务等职能部门体系。就城市层面来看，大多数城市跨部门的协调分工机制未建立，部门之间的信息共享存在着制度性障碍，导致系统性固体废物治理体系规划缺位，多类固体废物从回收储运到处理处置各环节的监管链条处于断裂状态。

(2) 部分固体废物领域监管缺失，整体监管能力比较薄弱。在城市层面，一般工业固体废物底数不清、去向不明的问题普遍存在；快递包装废弃物、园林农贸垃圾、农药包装废弃物等固体废物更是缺乏统计数据；部分废弃物的统计口径不统一，如建筑废弃物；智能化监管手段不足，固体废物产生、转运、利用处置全流程管控体系不健全；监管执法领域普遍存在执法力量不足、联合执法机制不健全的问题。

(3) 固体废物源头减量措施重视不够，系统性整体规划普遍不足。大多数城市的生活垃圾分类、源头减量措施不足，推进力度不够。以生活垃圾分类为例，除深圳以外，大多试点城市的生活垃圾分类工作仅在分散的社区、单位进行试点，或者还未开展，缺乏分类收运处置设施；系统性规划与监督引导机制缺失，更导致固体废物分类投放系统缺少与后端再生资源分类运输、储存、处置系统的衔接。

(4) 固体废物收储运体系尚未实现全覆盖，部分环节缺失导致上下游衔接不畅。大多城市农业废弃物的收集转运网络体系普遍不健全，秸秆、农膜的回收处置仅在零星试点展开，农药包装废弃物回收工作基本未起步。城市生活垃圾清运网络和再生资源回收利用网络的“两网融合”推进面临诸多阻碍，影响后续的资源化处置利用。

（5）固体废物资源化利用关键技术需要攻克，资源循环利用产业培育不足。我国的大宗固体废物资源化利用以建材化为主，再生产品低值化且缺乏市场竞争力，在技术选择和适用性上也存在较多问题；仍有部分固体废物资源化利用的关键技术需攻克，如飞灰、农作物秸秆、医疗废物；相关产业、企业、市场的培育与扶持力度不够，需要从政策引导及市场机制优化入手，为固体废物资源化利用产业的发展创造有利条件。

7.1.3　“无废城市”试点建设的关键路径

按照《“无废城市”建设试点工作方案》《“无废城市”建设试点实施方案编制指南》等文件的部署，试点建设主要包括五个关键路径，如图 7-4 所示。

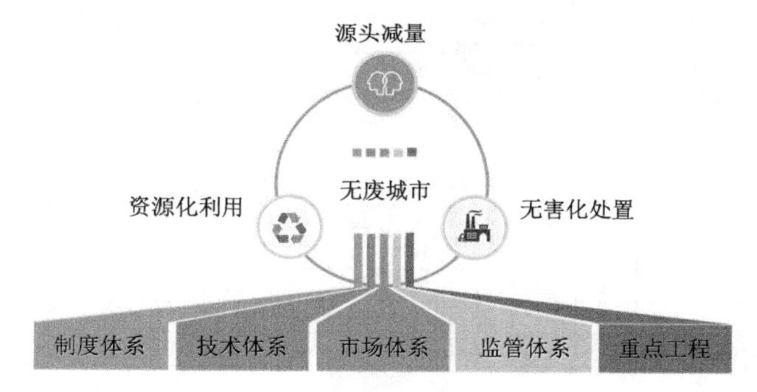

图 7-4　“无废城市”建设的五个关键实施路径

（1）通过“无废城市”技术体系建设构建固体废物处理处置的系统性方案，是探索大宗工业固体废物零增长、农业废弃物全量利用、生活垃圾减量化和资源化、危险废物全面安全管控的技术实现路径。

（2）通过将“无废城市”制度体系建设主要体现在顶层政策引导和协调机制构建上，是引导与保障固体废物管理体系优化运行的制度实现路径。

（3）通过“无废城市”监管体系建设强化城市固体废物风险防范基础保障能力，是实现固体废物风险防范机制的基本路径。

（4）通过“无废城市”市场体系建设探索产业化、市场化的解决机制，是从供给侧角度支撑“无废城市”的实现路径。

（5）为支撑上述“四个体系”的建设，还需要推动一系列重点工程项目建设。

梳理“11+5”个试点城市的实施方案，发现各个城市针对各领域固体废物处置面临的具体问题，因地制宜地规划构建包含四大体系的工作清单和工程项目任务（图 7-5），形成解决固体废物管理问题的综合性解决方案，探索“无废城市”

建设的创新模式。截至 2020 年年初，部分试点城市已取得积极成效，一是科技创新推动效果显著，垃圾源头分类、末端治理技术及处理设施不断完善；二是全民积极参与“无废城市”建设，初步构建起全民参与和监督固废管理的社会格局；三是“无废城市”相关制度建设不断完善，建立了重点工作清单和责任划分制度，明确了各部门工作提交的具体时间表和各项目牵头部门，形成了分工明确、责任清晰的综合管理制度。

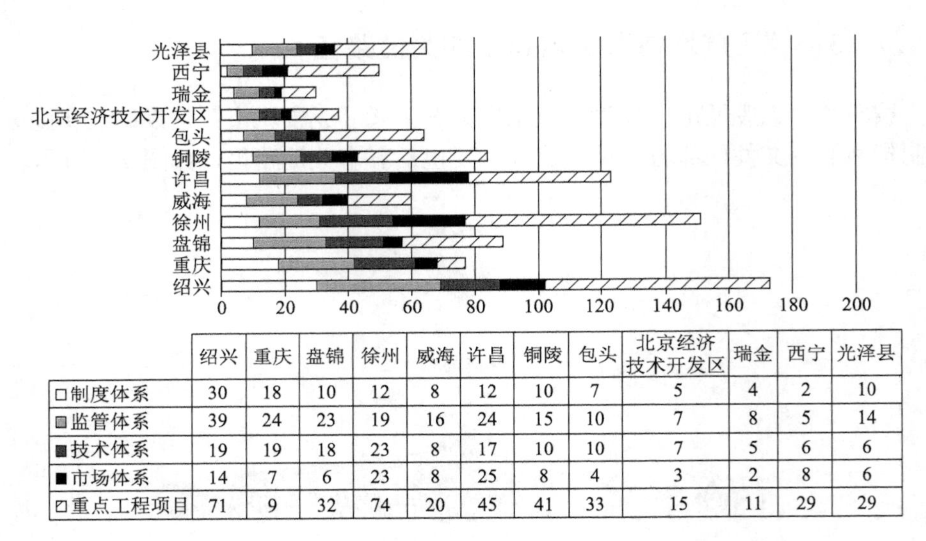

	绍兴	重庆	盘锦	徐州	威海	许昌	铜陵	包头	北京经济技术开发区	瑞金	西宁	光泽县
□制度体系	30	18	10	12	8	12	10	7	5	4	2	10
■监管体系	39	24	23	19	16	24	15	10	7	8	5	14
■技术体系	19	19	18	23	8	17	10	10	7	5	6	6
■市场体系	14	7	6	23	8	25	8	4	3	2	8	6
▨重点工程项目	71	9	32	74	20	45	41	33	15	11	29	29

图 7-5　部分“无废城市”试点的任务清单统计（2020 年）

图中数字表示各个城市所要实施的各类任务的汇总数目（项）

7.2　徐州市“无废城市”试点建设规划

徐州市是入选我国首批“11+5”无废城市建设试点中资源枯竭城市、老工业基地城市转型发展的代表。徐州市“无废城市”试点建设范围覆盖其 11258km^2 的全市域范围，包括城中心 5 区（云龙、鼓楼、泉山、铜山、贾汪）、2 市（新沂、邳州）及 3 县（丰县、沛县、睢宁）。根据徐州市的区位特征、经济发展及产业布局等基本情况，通过统计数据采集、现场调研、模型预测等方法掌握徐州固体废物底数，从产生源、物质流向、处置利用途径等系统梳理徐州市工业源、农业源、生活源废弃物物质流动及代谢情况，以物质流动分析为突破口抓准城市废弃物管理问题及解决的突破口，确定建设的主要任务和重点建设项目，打造创建“无废城市”的“徐州样板”。

7.2.1　徐州市“无废城市”建设基础

1. 社会经济发展概况

徐州地处苏鲁豫皖四省接壤地区，是淮海经济区的中心城市和全国重要的综合交通枢纽，也是依煤而立的老工业基地和资源型城市。2018 年，全市常住人口约 880.2 万人，城镇化率达 65.1%；全市人均地区生产总值为 76915 元，低于江苏省平均水平 11.52 万元。2008 年，江苏省委、省政府出台《关于加快振兴徐州老工业基地的意见》，开启了徐州老工业基地振兴转型的历史进程；2011 年，徐州被正式列入全国第三批资源枯竭型城市；2013 年，徐州被列入《全国老工业基地调整改造规划》和《全国资源型城市可持续发展规划》，成为江苏省唯一列入两个规划的城市。从产业发展阶段来看，徐州市已整体进入工业化中后期阶段，开始逐步向产业集约化和高端化方向转型升级。

从产业空间分布上看(图 7-6)，徐州市主要工业有分布于铜山区、贾汪区等地的冶金工业，和沛县、邳州的煤盐化工集聚；农业主要在市域的西北部(丰县、沛县)和南部(睢宁县)形成集聚格局；服务业包括贾汪区等中心市区的物流产业和沛县等地的文化旅游产业等。徐州市已经形成以装备制造、食品及农副产品加工、煤电能源、煤盐化工、冶金和建筑建材为主的六大优势产业；近年，徐州市也已经展开在新能源、电子信息、新材料、高端装备制造、新医药和节能环保六大战略性新兴产业的布局。

图 7-6　徐州市产业空间分布

2. 固体废物管理现状

徐州市 2018 年主要固体废物产生及处置情况如图 7-7 所示。

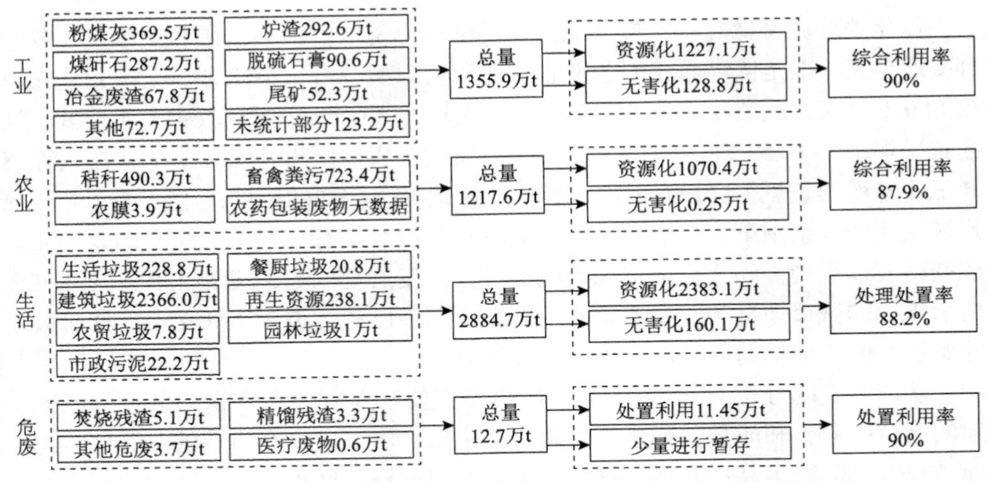

图 7-7 徐州市主要固体废物产生及处置情况梳理(2018 年)

1)工业源固体废弃物

2018 年，徐州市一般工业固体废物总产生量为 1355.9 万 t，主要来源于煤电能源、冶金和煤盐化工三大传统优势产业，但产量较 2017 年已下降 23.5%。其中，大宗工业固体废物主要为粉煤灰、炉渣、煤矸石、冶炼废渣和脱硫石膏，占一般工业固体废物总产生量的 94%(图 7-8)。从工业固体废物产排源头的空间分布上分析，沛县是煤矿集中地，也是煤矸石、尾矿主要产区；粉煤灰、脱硫石膏、冶炼废渣的主要产区是在煤电能源产业集中的铜山区、贾汪区(图 7-9)。目前一般工业固体废物综合利用率达 90%，但利用途径相对低值单一，主要用于制造新型建材和道路回填。

2)农业源固体废弃物

徐州市农业废弃物主要包含秸秆、畜禽粪污、农膜及农药包装废物等，以秸秆和畜禽粪污为主，利用途径多样化，已形成一定规模的农业废弃物循环利用体系。2018 年，农作物秸秆约 490.3 万 t(仅统计可收集量)，重点产生区域为邳州市、睢宁县、新沂市等区县，已基本建立秸秆收储运体系和收运模式，利用方式以机械化还田(还田率达 76%)和以燃料化、饲料化、肥料化、基料化、原料化等途径为主的离田秸秆利用方式，整体综合利用率达到 94.86%。畜禽粪污产生量为 723.4 万 t，全市全年畜禽粪污利用率达到 83.25%；其中，规模养殖场主要以能源化和肥料化利用为主，利用率为 86.8%；散户养殖的畜禽粪污以简易堆肥还田利用为主，利用率为 77%。2018 年农膜使用量 3.9 万 t，回收总量约 34958.17t，农膜回收率达到 90%；

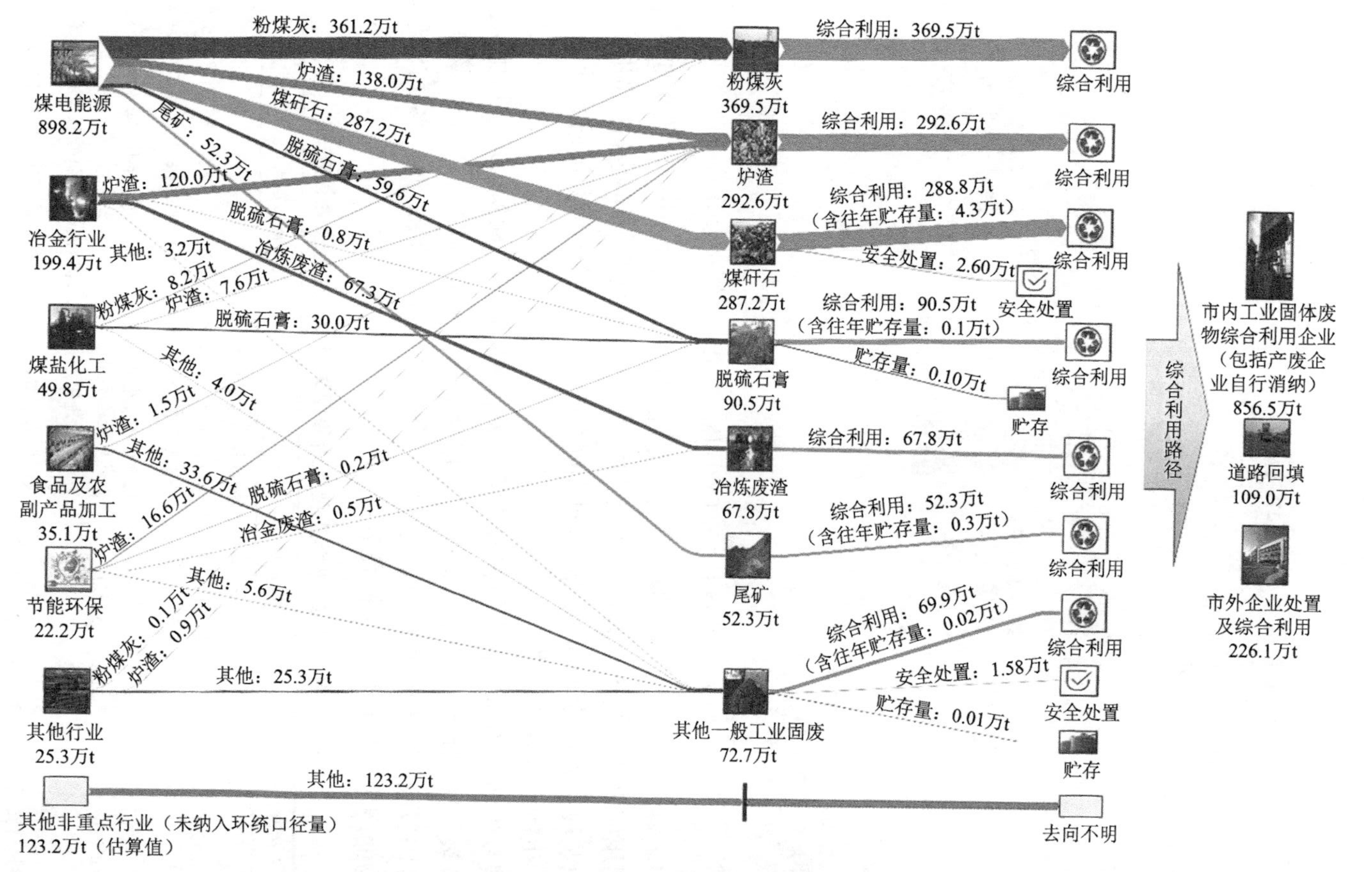

图7-8　徐州市一般工业固体废物物质代谢分析

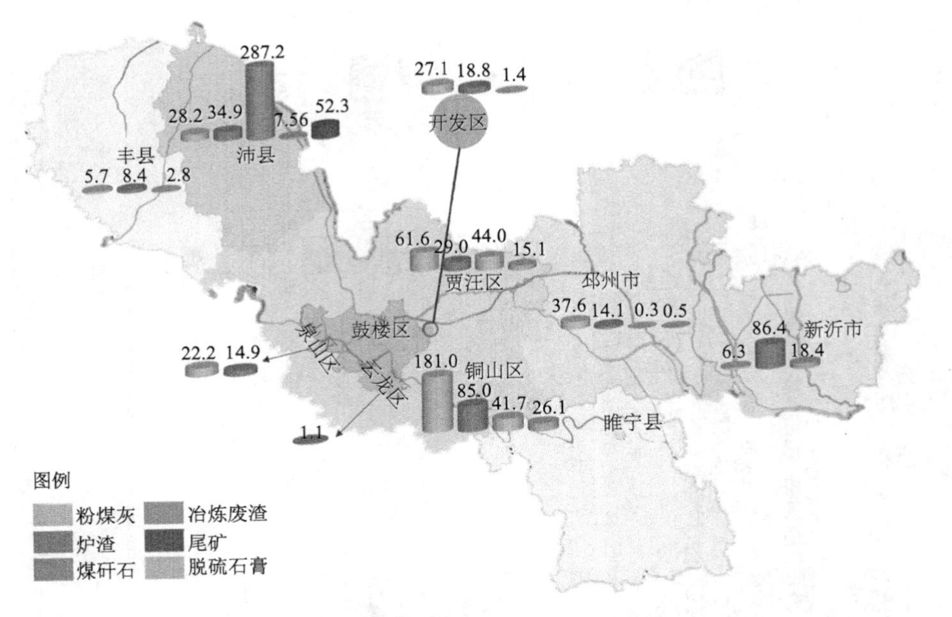

图 7-9　徐州市大宗工业固体废物空间分布图(万 t)

全市回收利用网络体系亟待健全完善，已建回收站、点 75 个，回收企业 4 个，回收利用网络体系尚不完善。农药包装废弃物的回收处置工作处在刚起步阶段，农药包装废弃物产生量和实际流向暂无调查统计，仅部分乡镇开设回收处置试点。

3)生活源固体废弃物

城乡生活源固体废物主要包含生活垃圾、餐厨垃圾、建筑垃圾、再生资源、农贸垃圾、园林垃圾及市政污泥等，2018 年，产生总量为 2884.7 万 t，资源化处置 2383.1 万 t，无害化处置 160.1 万 t，总体处理处置率达 88.2%。各类生活源固体废物的产生及处置情况详见表 7-1。

表 7-1　徐州市 2018 年主要生活源固体废物产生量及处置方式

生活源固体废弃物	2018 年产生量(万 t)	处置设施及方式
生活垃圾	228.8	城乡收运体系基本实现全覆盖 垃圾无害化处理设施：焚烧发电厂 5 座，卫生填埋场 5 座 处置量：焚烧 124 万 t，卫生填埋 104.8 万 t，焚烧占 54.2%
餐厨垃圾	20.8(收运量)	城区由国鼎盛和环境科技有限公司一体化收运处置，下属县市处理设施还不完善 无害化处理采用“油水分离+固液分离+残渣焚烧”技术
建筑垃圾	2366(工程渣土 1861)	采用以路基和宕口回填为主的消纳方式，另有 120.6 万 m^3 生产建材
再生资源	238.1(仅考虑本地回收量)	以废钢铁、废塑料、废纸为主，再生资源回收企业多，精深加工利用项目少

续表

生活源固体废弃物	2018 年产生量(万 t)	处置设施及方式
农贸垃圾	7.8(粗估)	尚未纳入统计监管，数据不完善，仅有个别资源化处置示范项目，利用途径、数量均不明晰
园林垃圾	1(粗估)	
市政污泥	22.2	来源于 19 座城区污水厂和 93 座建镇污水厂，处置方式是电厂协同焚烧(占 42%)、制砖(34%)、水泥窑协同处置、填埋等

4)危险废弃物

徐州市危险废物主要包括工业危险废物及医疗废物两部分。2018 年，工业危险废物总产生量为 12.17 万 t，主要来源于节能环保、煤盐化工和装备制造等行业；其中贮存量 1.53 万 t，处置利用量 10.85 万 t(含利用处置往年量)；受焦化等传统行业产能削减和转型升级影响，工业危险废物产生量较 2017 年下降约 41.5%，预计工业危险废物产量将在未来持续下降。医疗废物收集网络基本覆盖了各级医疗卫生机构，近年继续保持稳步上升趋势；2018 年，产生量为 5691.7t，统一由徐州市危险废物处置中心集中处置。

从危险废物处置设施及能力来看，全市持有危险废物经营许可证的危险废物经营单位 13 家，包括 4 座处置能力较强的危险废物集中处置设施，危险废物焚烧能力达到 11.66 万 t/a，填埋能力达到 2 万 t/a(图 7-10)。但目前 11.66 万 t/a 的危险废物焚烧能力中有 10 万 t 为水泥窑协同处置，危险废物实际处置能力和处置种类有限，亟须新建一批危险废物焚烧项目和填埋项目。

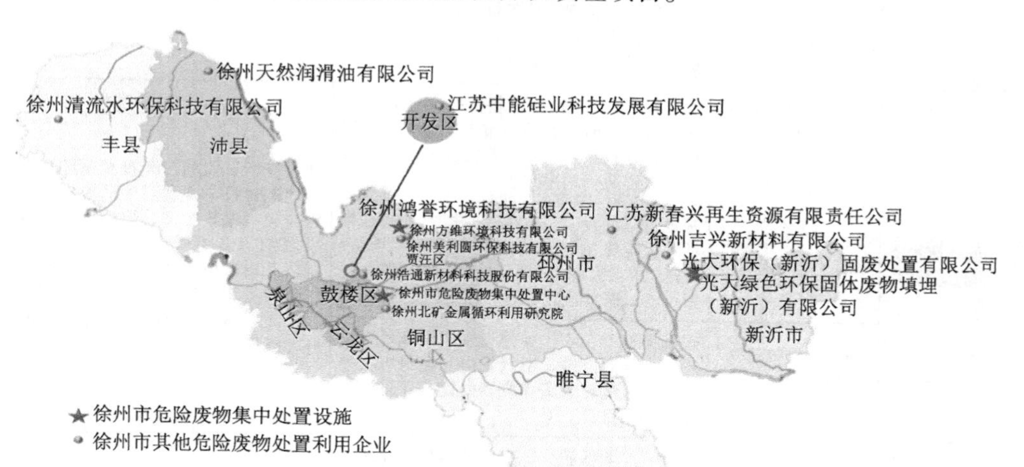

图 7-10　徐州市危险废物集中处置设施分布图

3. “无废城市”建设相关的前期工作基础

“十二五”至“十三五”期间，徐州市在清洁生产、循环经济、固体废物资源化利用、节能减排、乡村振兴战略和生态文明建设等领域开展了大量试点示范工作，为“无废城市”的建设打下了坚实的基础，从制度建设、能力建设、载体支撑等方面为全市开展系统性的固体废物综合处置工作奠定了全面扎实的基础（表 7-2）。

表 7-2　徐州市相关试点示范工作内容及效果

工作领域	试点名称	试点工作内容	与“无废城市”创建的关联
城市建设	联合国人居城市	重点开展生态修复和固体废物管理工作，在推动智能化管理和源头控制，垃圾联网收集、转运、循环利用等方面走在了全国前列	将生态修复与固体废物处理打造为城市名片，为“无废城市”建设奠定基础
循环经济	国家“城市矿产”示范基地(2011 年)	构建相对完整的再生铅产业体系，提升技术装备水平，完成 9 个重点支撑项目，投资总额达 19.94 亿元	通过循环经济相关工作的开展，重点针对工业固体废物减量化、资源化，推动区域产业间的关联度和耦合性大幅增强，推动生活源固体废物或再生资源的循环利用等基地建设，使得全市资源综合利用水平显著提高，为“无废城市”建设奠定了良好的工作基础
	国家“双百工程”示范基地(2012 年)	针对煤矸石、粉煤灰、工业副产石膏、冶炼炉渣等大宗固体废物开展综合利用，2015 年实现煤矸石综合利用率 93%	
	国家园区循环化改造示范试点(2015 年)	围绕优化空间布局、调整产业结构、产业链循环耦合共生、资源能源高效利用等方面开展工作	
	国家循环经济试点示范城(2016 年)	构建循环型产业体系，全面推行园区循环化改造，完善绿色化循环化城市体系，健全社会层面资源循环利用体系，构建循环型流通模式，推广普及绿色消费模式	
固体废物资源化利用	国家餐厨废弃物资源化利用和无害化处理试点城市(2013 年)	2014 年颁布《徐州市餐厨废弃物管理办法》，2017 年 7 月徐州市大彭垃圾处理厂(餐厨)项目正式运营，有效提升了全市餐厨垃圾资源化利用水平	通过餐厨试点城市和资源循环利用基地的建设，实现对生活垃圾、餐厨垃圾、市政污泥、建筑垃圾、危险废物等多类固体废物的处理处置，针对城市主要固体废弃物园区化集中处理处置建立了示范基地，为“无废城市”建设提供了重要的载体支撑
	徐州市国家资源循环利用基地(2018 年)	基地规划面积 157.67hm^2，拟建设第二生活垃圾焚烧发电厂、餐厨垃圾处理厂(已建成运营)、污泥处理项目、危险废物综合处置中心、医疗废物处置中心等项目	
	新沂市国家资源循环利用基地(2018 年)	规划面积 115hm^2，拟建设生活垃圾焚烧发电、生物质发电、沼气发电、餐厨垃圾处理、污泥处理、医疗废物处置、建筑垃圾处理等项目	
节能减排	节能减排财政政策综合示范城市(2014 年)	围绕“产业低碳化、交通清洁化、建筑绿色化、服务业集约化、主要污染物减量化、可再生能源和新能源利用规模化”六大方面，实施 1000 余项项目，投资 800 多亿元资金，制定 15 类差别化定价政策，出台 130 多份文件	为无废城市产业转型升级、体制机制创新做出了有益探索

续表

工作领域	试点名称	试点工作内容	与“无废城市”创建的关联
生态农业	国家农业可持续发展试验示范区（2017 年）	完善重要农业资源的台账制度，提高地膜回收利用率，严控化肥、农药施用，建立农业可持续发展预警机制和 15 大农业可持续发展新模式，落实现代农业园区建设示范、畜牧健康生态养殖示范等 2018 年度十大工程	生态农业领域的试点建设是转变农业发展方式、加快有机肥替代化肥、推进畜禽粪污及秸秆资源化利用、促进农业转型升级和可持续发展的重要抓手，也是“无废城市”创建的重要内容
	果菜茶有机肥替代化肥示范县：邳州（2017 年）	以大蒜、设施蔬菜等为重点，在全省率先建设了蒜田水肥一体化示范区 1 万亩，建立菜田健康卫士信息管理可视化监测数据系统，完善了白蒜全程生产可追溯大数据平台	
生态文明战略	国家水生态文明城市建设试点	建成云龙湖综合治理、南水北调清水走廊尾水导流利用、矿坑塌陷地综合治理示范工程等 6 大类、90 项示范项目，完成投资 113.51 亿元。落实最严格水资源管理制度，试点水流产权确权、创新河湖管护机制	实现经济建设与水环境改善协调发展，推动固体废物利用与生态修复，城市环境面貌和生态水平显著提升
	国家级生态工业示范园区——徐州经济技术开发区（2014 年）	围绕优化产业结构、构建生态工业发展模式、促进企业节能降耗、开展环境综合治理等几大方面开展工作，形成以高端装备制造、新能源、现代服务业为主导的生态工业园区	通过对园区生态化改造和项目实施，实现污染物排放的源头减量和资源循环利用，是“无废城市”建设的重要载体支撑

徐州市高度重视固体废物管理，在各专项工作和试点创建过程中，积极开展制度创新，出台了多项地方法规和政策文件（表 7-3），规范了固体废物的管理工作，多领域的固体废物管理制度体系初步建立。基本形成了政府统筹、多部门协同监管、联合执法的固体废物管理机制，监管能力不断提升，固体废物统计制度逐步完善。徐州市同时还定期发布年度固体废物污染环境防治信息，向公众公开信息，提高公众参与度。

表 7-3　徐州市固体废物管理机制的主要工作成效

序号	类别	法规/政策文件	备注
1	地方法规	《徐州市餐厨废弃物管理办法》（徐州市人民政府令第 136 号）	2014 年 4 月起施行
2		《徐州市城市生活垃圾处理费征收和管理办法》（徐州市人民政府令第 144 号）	2016 年 5 月起施行
3		《徐州市市容和环境卫生管理条例》	2018 年 11 月修正
4		《徐州市排水与污水处理条例》（徐州市第十六届人大常委会公告第 26 号）	2019 年 3 月起施行
5	细则/实施方案	《徐州市再生资源回收管理办法实施细则（试行）》（徐政发〔2008〕76 号）	2008 年 7 月发布
6		《徐州市城乡生活垃圾分类和治理工作实施方案》	2017 年 3 月制订
7		《市区餐厨废弃物专项整治工作方案》	2017 年制订
8		《徐州市畜禽养殖废弃物资源化利用工作方案》（2018～2020 年）	2018 年出台

续表

序号	类别	法规/政策文件	备注
9	细则/实施方案	《徐州市废旧农膜回收利用的实施方案》	2018年出台
10		《市政府关于加强全市危险废物污染防治工作的实施意见》（徐政发〔2019〕18号）	2019年起施行

4. 徐州市“无废城市”建设存在的问题

1) 固体废物处置能力仍需提高

一是部分固体废物领域的末端处置能力仍存在缺口，需要加强末端配套设施建设。例如，生活垃圾焚烧占比当前仅为54%；餐厨垃圾仅在市区建成了规范化的资源处置项目，处置能力占产生量比例为62%；危险废物焚烧能力中大多为水泥窑协同处置(占85.8%)，缺乏废盐填埋处置能力。二是生产生活方式转变和固体废物细化分类工作仍需加强。生产方式转型升级和推进绿色生活方式的进展还比较缓慢，源头固体废物减量不力对末端处置造成巨大压力；生活垃圾分类仍在零散社区试点中推进，没有在全市全面开展，“无废城市”创建期内需要进一步细化生活垃圾分类的要求，做好统筹规划和实施推广工作。

2) 综合管理制度系统性待完善

一是法律法规和政策措施的系统性需加强。徐州市尚未制订涵盖各固体废物品种、全处置流程的综合性地方法规，同时部门的配套规范性文件也待出台。二是固体废物申报、统计、监管等基础工作有待强化。例如，小微企业产生的一般工业固体废物尚未纳入环境统计，需要强化摸底和调查工作；园林绿化垃圾、社会源有害垃圾、农药包装废弃物等固体废物缺乏监管与统计。三是需要完善考核机制。徐州市还未将固体废物处置纳入考核，倒逼机制未建立，导致部分固体废物处置工作推进力度不强。

3) 技术创新实力有待增强

一是部分固体废物的综合利用水平有待提升。例如，秸秆综合利用率虽然达到94.86%，但其中秸秆机械化还田占比接近80%，燃料化、基料化等资源化利用不足。二是信息化监管水平待提升。危废监管工作还没有实现全流程可视化监管，固体废物智慧化管理平台仅在徐州经济开发区进行试点，其他区县待建设。三是已形成的技术标准体系需要进一步完善或推广。例如，采煤沉陷区生态修复技术标准待进一步向全国同类型城市推广。

4) 市场运作水平有待提升

一是面向固体废物处置的绿色信贷、信用评价、环境污染责任保险等政策力度待加大，环保行业退税政策的执行仍有优化空间，多元化融资渠道待完善。二是区域综合型固体废物处置基地和骨干企业的培育力度需增强，只有依托骨干企业开展技术示范和工程项目建设，形成资源循环利用产业集群，才能进一步提升徐州市资源循环利用产业发展水平。

7.2.2　徐州市“无废城市”建设目标及总体框架

1. 试点建设目标

结合徐州市的前期工作基础及当前存在问题，徐州市试点建设的主要目标为：一是通过推动固体废物产生量密集型的传统产业转型升级，发展壮大固体废物产生密度低的战略性新兴产业，倡导绿色低碳生活，实现城市固体废物的源头减量；二是通过完善配套固体废物收运和处理处置基础设施，全面提高各类固体废物的资源化和安全处置水平；三是通过系统性规划、精细化管理和“固产”融合发展，将“无废文化”融入城市建设及产业发展理念中，实现城市治理体系和治理能力现代化，达到国内领先的固体废物综合管理处置水平。至 2020 年，落实 75 项重点工程，初步形成支撑“无废城市”创建的 29 项制度体系、21 项技术体系和 22 项市场体系的建设内容，形成徐州市“3+3”无废城市建设创新模式(图 7-11)。

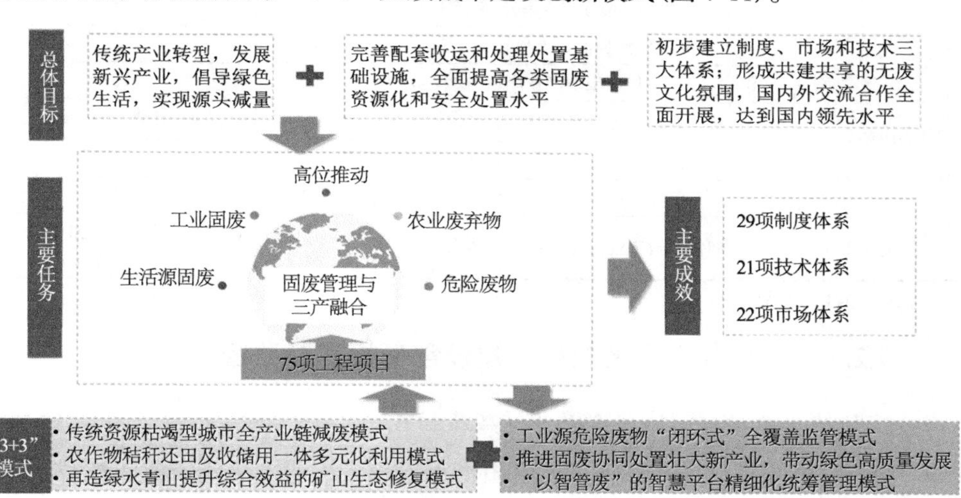

图 7-11　徐州市“无废城市”试点创建的总体框架

2. 试点建设指标体系

根据《“无废城市”建设指标体系(试行)》(环办固体函〔2019〕467 号)规定，徐州市设计了涵盖固体废物源头减量、资源化利用、最终处置、保障能力、群众获得感和自选指标六方面内容的“无废城市”试点指标。其中，必选指标 22 项、可选指标 20 项、自选指标 7 项(表 7-4)。根据现有的基础分析，在 49 项指标中，基本可实现的指标有 31 项，存在短板但通过未来两年建设期可确保实现的指标有 15 项，实现难度较大需要重点攻克的指标有 3 项。表 7-4 摘选了部分有徐州特色的代表性指标进行展示。

表 7-4 徐州市“无废城市”建设指标体系代表性指标

指标类别	代表性指标	2018 年基准值	2020 年目标值
固体废物源头减量指标 9 项	工业固体废物产生强度★(t/万元)	0.59	0.54
	生活垃圾分类收运系统覆盖率(%)	21	38
固体废物资源化利用指标 9 项	农业废弃物收储运体系覆盖率★(%)	80	90
	生活垃圾回收利用率★(%)	25	≥35
固体废物最终处置指标 6 项	工业危险废物安全处置量★(万 t)	12.17	14
	生活垃圾填埋量★(万 t)	104.8	80
保障能力指标 15 项	“无废城市”建设地方性法规或政策性文件制定★	10	12
	“无废城市”建设成效纳入政绩考核情况★	—	纳入考核
群众获得感指标 3 项	公众对“无废城市”建设成效的满意程度★(%)	—	90
自选指标 7 项	宕口和矿山修复示范工程数量(个)	3	5
	工程机械环保装备制造产值(亿元)	14.5	22
	固体废物产生量密集型产业产值占比(%)	10.5	10.2
	建立危废固体废物智慧监管平台	—	平台建成且纳入 150 家重点企业
	铅酸蓄电池回收利用率(%)	40	60
	美丽宜居乡村建设(个)	212	600
	细化一般工业固体废物分类体系	—	建立徐州市一般工业固体废物分类名录

注：★为必选指标。

7.2.3 徐州市“无废城市”建设创新模式及路径

1. 传统资源枯竭型城市全产业链减废模式

徐州是依煤而立的老工业基地和资源型城市，工业上传统资源依赖型产业占主导，如何实现传统资源型城市的产业减废是发展所要面临的重大问题。

1) 主要做法

紧抓资源依赖型产业全环节“减废”，促进工业固体废物源头减量和高值化利用，打造“矿山开采环节—煤炭消费环节—产业链下游环节—固体废物利用环节”的全产业链减废模式(图 7-12)。一是推进煤炭开采环节绿色转型，协同促进煤矿企业发展和职工就业转型。二是紧抓传统行业绿色转型，促进消费环节工业固体废物和大气污染物的协同削减。三是促进以煤焦化行业为代表的加工环节整合提升，协同实现危险废物源头减量和产废强度下降。四是促进煤矸石、粉煤灰等产业代表性固体废物的高值化利用。

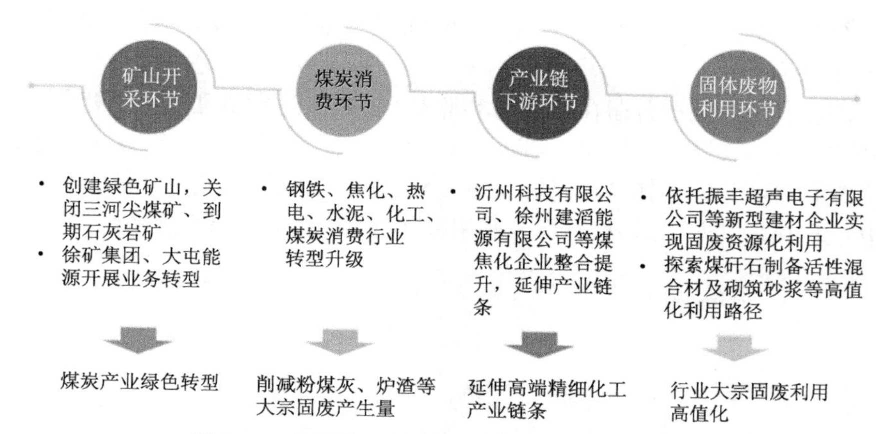

图 7-12　传统资源枯竭型城市全产业链减废模式

2) 推进步骤

上述"全产业链减废模式"已经取得了较好成效。试点创建期间将持续推进产业转型升级工作，调整优化固体废物产生量密集型产业，培育壮大战略性新兴产业，同时在技术体系、市场体系建设方面持续推进相关工作，推进步骤详见表 7-5。

表 7-5　传统资源枯竭型城市全产业链减废模式建设任务推进时间进度安排

工作阶段	预计时间	建设内容	建设效果
近期	2019～2020 年年底	优化产业结构：按原计划继续推进钢铁、焦化、水泥、热电等传统行业转型布局优化和转型升级工作，不断提升战略性新兴产业和服务业等低产废强度产业占比	协同实现大气污染治理与工业固体废物源头减量
		开展工业固体废物高值化利用技术研究：鼓励振丰新型墙体材料有限公司、恒基伟业建材发展有限公司、龙翔新型建材有限公司等固体废物综合利用企业开展煤矸石、粉煤灰、炉渣等大宗工业固体废物高值化利用技术研究，培育骨干企业	形成 5 项大宗工业固体废物减量化、资源化、无害化技术示范，培育振丰新型墙体材料有限公司、恒基伟业建材发展有限公司等工业固体废物综合利用骨干企业
中长期	2021 年及之后	完成振丰新型墙体材料有限公司工业污泥利用处置工程等相关项目建设和技术示范，逐步形成行业示范效应	形成行业示范效应，提升工业固体废物高值化利用水平
		依托已形成骨干企业的示范带动效应，持续开展相关工作	

2. 农作物秸秆还田及收储用一体多元化利用模式

徐州是传统的农业大市(第一产业占比 9.4%，高于全国的平均水平 7.2%)，也是国家粮棉生产基地、农副产品出口基地。徐州市农作物秸秆产生量大，2018

年可收集量达 490 余万 t。农作物秸秆多元化综合利用模式是推动徐州市“无废城市”建设的典型任务，也是全国“无废城市”建设中农业领域的共性难题。

1) 主要做法

针对秸秆综合利用普遍存在的技术路线不清晰、运营管理机制不健全等难题，徐州市立足自身实际，通过技术创新、多元化利用、市场化运作等方式，建立起较为完善的秸秆收集储运体系，以及以还田为主、“五化”利用为辅的秸秆“1+X”多元化利用格局(图 7-13)，秸秆综合利用率达到94.86%，远超全国平均水平(82%)。

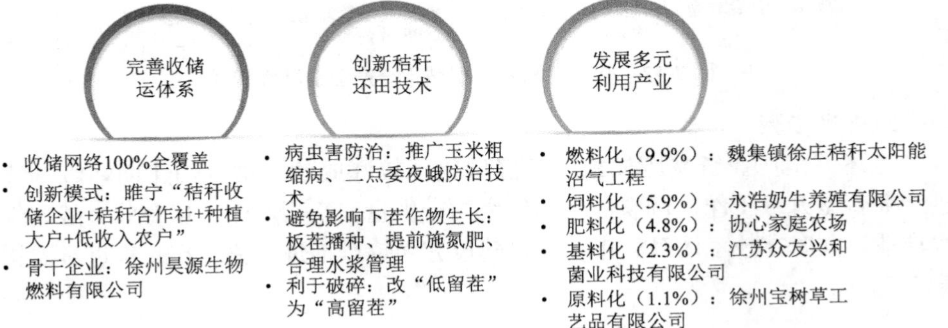

图 7-13　农作物秸秆还田及收储用一体多元化利用模式示意图

2) 推进步骤

试点创建期间在制度建设、技术提升等方面继续优化农作物秸秆还田及收储用一体多元化利用模式，在创建期结束后继续坚持推进相关农业源固体废物处置标准，推进步骤详见表 7-6。

表 7-6　农作物秸秆收储用模式建设任务推进时间进度安排

工作阶段	预计时间	建设内容	建设效果
近期	2019～2020 年年底	制定徐州市秸秆收储中心建设规范，允许符合条件的地区使用一般农用地建设秸秆收储转运中心	解决秸秆收储场所用地缺乏的突出问题
		统筹农业补贴政策，制定秸秆离田利用补贴标准，使其与秸秆机械化还田的标准一致	引导农业废弃物多元高值化利用途径
		在4个畜牧大县全面推进秸秆太阳能沼气工程建设	逐步形成可向徐州市全域及其他农业发达地区进行复制和推广的经验模式
中长期	2021～2022 年年底	修订完善并出台稻麦秸秆机械化还田作业标准，指导各地结合作物品种、茬口布局等特点，制定具体实用的技术规范，积极推广实施	继续提升秸秆高标准机械化还田技术水平
		积极引进秸秆离田五化利用新技术及项目	进一步提升秸秆离田五化高值化利用水平

3. 再造绿水青山提升综合效益的矿山生态修复模式

徐州依煤而立，在开采高峰期曾有 200 多家煤矿，待修复的枯竭矿山和采煤沉陷区数量众多，治理任务重，资金缺口大。传统矿山修复做法仍停留在耕地恢复、矿山地质环境治理等单一整治模式上，未能将整治与后续土地等资源综合开发统筹考虑，导致整治的规模效应不突出、整治效果难以持续、生态脆弱情况无法改变等问题。

1）主要做法

徐州市实施采煤沉陷区综合治理工程、采石宕口生态修复工程、关闭搬迁工业遗留地块整治工程等三大工程，推进山水林田湖草矿村城多要素国土综合整治，优化国土空间布局，改善矿区生态环境，提高矿产资源开发和土地利用程度，协同治理区域生态环境，盘活废弃土地资源。主要做法有五点：一是创新整治理念，提升规划设计标准；二是推动矿地融合，实现“三生”协调发展；三是再造绿水青山，提升城市生态修复综合效益；四是制定标准导则，为同质城市提供对标依据；五是多方协同推进，保障落地性和可操作性。目前徐州已经形成了一批以潘安湖、九里湖、东珠山等为代表的采煤沉陷区和矿山生态修复的经典案例，树立了传统资源型城市生态转型的典范。

2）推进步骤

徐州市矿山生态修复模式已经取得了良好成效，试点创建期间，将继续开展采煤沉陷地和采石宕口治理工作，并向全国其他同类型城市推广徐州标准，推进步骤详见表 7-7。

表 7-7　矿山生态修复模式推进时间进度安排

工作阶段	时间	建设内容	建设效果
近期	2019～2020 年年底	完成五山宕口修复工程、拖龙山宕口修复工程一期、卧牛山宕口修复工程、桃花源采煤沉陷地治理工程一期等重点项目，加快沛县北部区域采煤沉陷地综合治理	消纳部分工程渣土，拓展城市发展空间
中长期	2021 年及以后	向全国其他同类型城市推广徐州生态修复工作经验和《黄淮海平原采煤沉陷区生态修复技术标准》、《采石宕口生态修复技术标准》2 项城市生态修复标准	形成城市新名片

4. 工业源固体危险废物“闭环式”全覆盖监管模式

工业源固体危险废物具有更大危险性、长期性及污染后果难预测性、难治理性等特点，因此对工业源危险废物的全流程监管成为重中之重。徐州市是淮海经济区的重要工业城市之一，工业固体废物产生量大、面广，管理工作缺乏顶层设计及法治依据。

1) 主要做法

徐州拟率先开展以工业固体废物专项领域立法为顶层支撑，建立以“产生—贮存—处置利用—违规处罚”的闭环式全流程管理体系为主体，以环境污染强制责任保险制度为市场激励，以工业固体废物分类代码及危废管理平台两大技术支撑为保障的全覆盖监管模式(图 7-14)。具体而言，一是制定并颁布《徐州市工业固体废物管理条例》，实现上层立法；二是开展“闭环式”全流程工业源固体废物危险废物监管体系，构建包含“产生—贮存—处置利用—违规处罚”系统性完整性的闭环式全流程监管体系；三是保障全过程技术及体系监管保障，利用“危险废物环境污染强制责任保险制度”“危险废物排污许可‘一证式’”两项市场手段激励企业参与危险废物污染治理工作，通过“一般工业固体废物分类代码”“徐州市危险废物环境管理智慧应用平台”两项技术管理手段实现危废精细化管理。

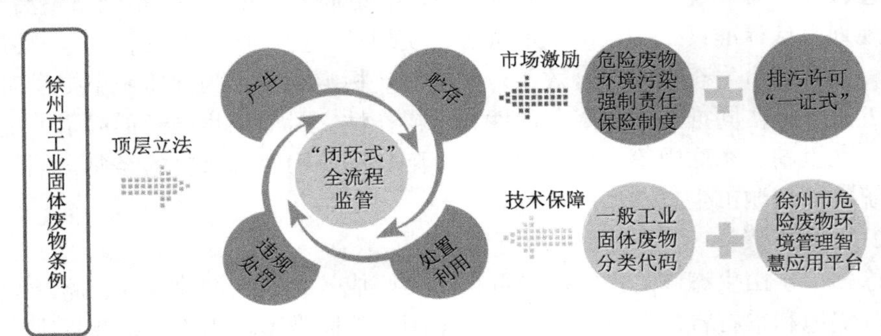

图 7-14　工业源危险废物“闭环式”全覆盖监管模式示意图

2) 推进步骤

工业源危险废物立法基本将在“无废城市”创建期内完成，根据不同环节对应开展相关工作，在创建期结束后具体落实各部分立法执行，推进步骤详见表 7-8。

表 7-8　工业源危险废物“闭环式”全覆盖监管模式推进时间进度安排

环节	时间	建设内容
顶层立法	2019 年	完成工业固体废物条例立法调研，完成草案编制
	2020 年	上半年报人民代表大会审议； 年底前完成立法工作，并颁布实施
	2021 年及以后	根据条例要求，厘清各部门工业固体废物管理职责，建立工业固体废物“减量化、资源化、无害化”的综合管理机制
全流程工业源危险废物监管体系	2019 年	完成化工企业和产废量 100t 以上企业的自查与核查工作； 完成工业危险废物贮存场所规范化整治，重点企业贮存场所设置视频监控； 将 100 家左右重点企业全部纳入信用管理体系； 按行业将排污许可证发放完毕，实现“一证式”管理； 推动产废企业投保环责险

续表

环节	时间	建设内容
全流程工业源危险废物监管体系	2020 年	推动其他危险废物产生企业开展第三方自查核查工作； 基本完成工业企业的危险废物自查核查工作； 工业危险废物贮存场所达到标准化管理要求； 将其他产废企业纳入信用监管体系，比例达到 70%； 实现重点产废企业投保环责险
	2021 年及以后	自查核查工作纳入危险废物日常监管，成为危险废物监管手段之一； 建立危险废物处置利用企业的市场化竞争机制； 实现产废企业环保信用管理全覆盖
技术及体系监管保障	2019 年	完成智慧管理平台搭建工作，将部分重点企业纳入管理平台； 根据徐州市现有开展的一般工业固体废物申报登记工作，摸清一般工业固体废物产生企业和主要种类
	2020 年	将 150 家左右的化工企业、涉重企业和产废量大的企业纳入管理平台； 初步建立徐州市一般工业固体废物的分类申报体系，接入“徐州循环经济产业园内建设园区智慧管理平台”
	2021 年及以后	实现所有危险废物产生企业全部纳入平台管理； 不断优化分类申报工作，进一步细化种类

5. 推进固体废物协同处置壮大新产业，带动高质量绿色发展

依照传统的城市规划思路，固体废物处置项目多处于独立而建、成效分类而估的情况，导致设施空间分布碎片化、协同处置成本高、全过程监管难、副产物二次污染等问题。而各类固体废物在处置过程中存在着物质、能量循环利用及协同共生的极大潜力，应当充分利用不同技术路线的互补优势，构建园区化协同共生的处理处置基地，提供系统性解决方案，从而形成若干产业聚集区，产生新兴经济增长点，这是徐州创建“无废城市”的重要突破。

1) 主要做法

从企业、园区、城市三个层面，利用不同技术路线的互补优势，以园区化的固体废物协同增效的共生处置基地为重点，形成若干产业集聚区，产生新兴经济增长点(图 7-15)。在企业层面，培育、扶持如江苏新春兴再生资源有限责任公司、江苏花厅生物科技有限公司、徐州工程机械集团有限公司等具有不同固体废物处置利用特征的骨干企业，在不同行业树立“无废”、绿色、循环化发展的标杆企业和典型模式(表 7-9)。全市统一布局，打造固体废物协同综合性解决方案，重点培育骨干企业，以新盛建设发展投资有限公司、新春兴再生资源有限责任公司、新沂花厅酒业有限公司等龙头企业为重要关键协同节点，形成有机类、无机类、复合类、制造类等具体有代表性的企业内部协同减废模式；在园区层面，开展智慧型监管、处置中心统筹设计、项目系统优化集成、基础配套共享等工作，通过

项目协同理念，建设协同共生型园区。通过集中化的资源循环利用产业基地及园区的建设，促进固废处置技术体系创新和转化，扶持固体废物协同处置的战略性新兴产业发展壮大，促进绿色低碳循环发展的经济体系的形成，推动徐州市经济社会绿色高质量发展。

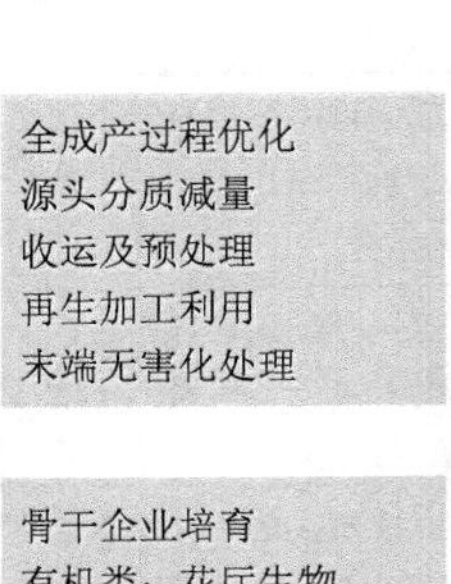

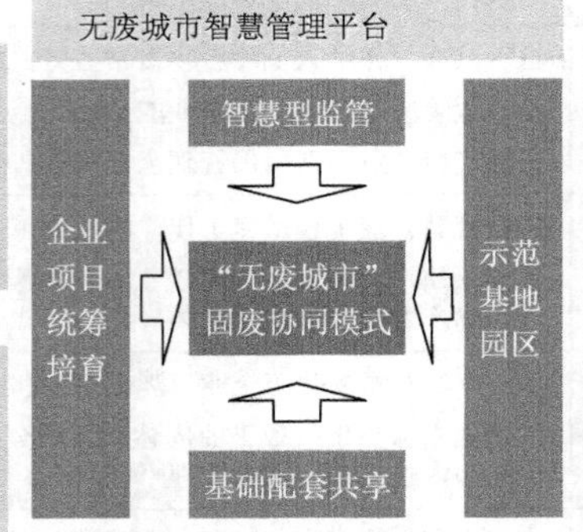

图 7-15 徐州固体废物协同综合性解决方案

表 7-9 代表性企业内部固体废物协同处理处置做法

企业名称	规模及内容	产值(亿元)		代表类型及特征
		2018 年	2020 年	
江苏新春兴再生资源有限责任公司	年处理 85 万 t 废铅蓄电池技术升级项目，年产铅及铅合金 55 万 t 围绕新春兴废铅酸蓄电池回收处置，形成邳州再生铅产业共生集聚区：废铅酸蓄电池拆解利用(新春兴)、再生铅生产蓄电池(西恩迪)、蓄电池废塑料外壳利用(金发科技)	62.48	100	无机型固体废物利用代表
徐州工程机械集团有限公司	中国工程机械行业规模最大、产品品种与系列最齐全、最具竞争力和影响力的大型企业集团，下设徐工环境研究发展环保装备及再制造行业	15.6	40	制造业固体废物利用代表
江苏花厅生物科技有限公司	坚持实施"三零排放"和"负能酿造"；生产酒精 18 万 t/a，有机肥 10 万 t/a，食品级二氧化碳 5 万 t/a，发电 5000 万 kW•h/a，可供企业生产使用	9.72	10.69	有机型固体废物综合利用代表

在园区层面，实现固体废物处置项目向园区集中，解决单一处置技术存在的固有缺陷，提高项目之间物质交换及设施共享的匹配程度。依托徐州循环经济产业园(图 7-16)等以固体废物处置为主的园区，探索具有协同效应统筹发展的共生园区建设路径。

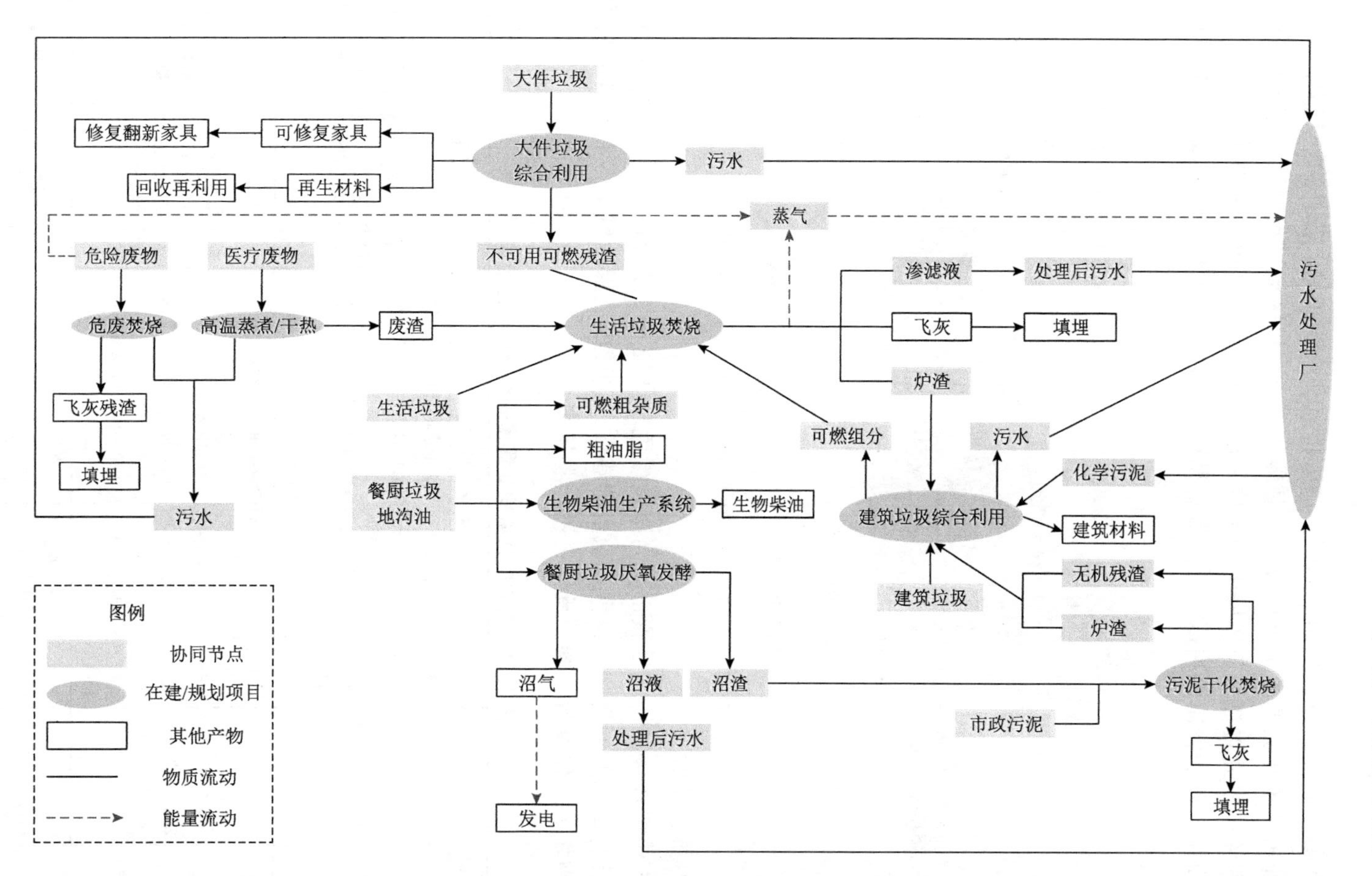

图7-16　徐州循环经济产业园协同共生的建设示范模式

在城市层面，研究徐州不同区县产废特点和产业布局，依托徐州现有的固体废物处理处置相关的5个全市域试点基地及7个(县)区域试点园区，挖掘各个园区的固体废物处置在城市发展中的定位和协同性，形成全市范围内的生产、生活领域固体废物处置协同格局，壮大资源循环利用产业，形成产业集聚(图7-17)。

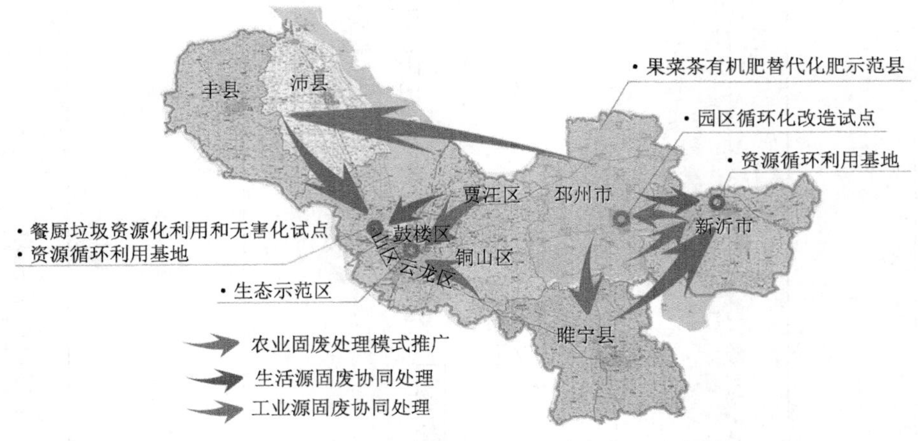

图7-17　徐州资源循环利用协同城市布局示意图

2)推进步骤

推进固体废物协同处置带动高质量绿色发展是一个系统性工程，在创建期内完成已有试点的创建和试点重点项目的建设，创建期后保障城市各类及各区域固体废物相关工作有效开展，具体推进步骤见表7-10。

表7-10　固体废物协同处置模式推进时间进度安排

工作阶段	时间	建设内容	建设效果
近期	2019～2020年	完成两大资源循环利用基地重点项目建设及验收； 培育新春兴再生资源有限责任公司、花厅生物科技有限公司等骨干企业； 确定全市各区县各类固体废物处理去向，签订相关合作协议； “无废城市”智慧管理平台开展一期建设工程	为壮大资源循环利用产业建设集聚点，打造先进企业发展模式，初步实现固体废物智能管理
中长期	2021～2023年	以优化的协同产业布局建设徐州循环经济产业园，实现协同共生链条； 将骨干企业已成型经验推广至同行业其他企业； 全市固体废物去向明晰，相关转运、监管设施及系统搭建完成； 完善“无废城市”智慧管理平台固体废物源头监测系统	推进各个行业完成固体废物协同化升级，全市固体废物协同体系基础建成，全面提升城市智能管理水平
	2023年以后	将园区协同共生模式推广至全市省级以上园区，实现园区循环化及协同化改造； 实现“无废城市”智慧管理平台智能升级迭代功能	在固体废物协同体系构成基础上进行升级提升

6. “以智管废”的智慧平台构建精细化统筹管理模式

“无废城市”涉及的城市固体废物数量大、种类多、流向和底数不清且监管无序；固体废物管理部门涉及面广、工作统筹难，信息孤岛形成管理障碍；因此传统的管理模式已经无法达到“无废城市”精细化、精准化的管理需求。以徐州为例，现阶段徐州农业包装废弃物、园林废弃物、农贸垃圾等还未完成数据摸底，且园林废弃物及建筑垃圾在城区与各区县未统一数据口径，分端而治，数据统计既有重复又有缺漏，因此实现高效、科学、现代的城市信息管理手段是徐州创建“无废城市”的重要攻克方向。

1) 主要做法

将无废城市建设试点过程中涉及的农业源、工业源、生活源等所产生的各种废弃物种类纳入无废城市智慧管理平台，通过多维逻辑拓扑运算技术、知识图谱、集成 3S(地理信息系统、遥感、全球定位系统)、物联网等技术搭建智慧平台底层数据架构，开发融合城市固体废物时间空间维度的数据集合，实现集固体废物追踪溯源、全过程监控、任务监测考核、统筹优化管理等功能于一体的智慧化平台，并将其作为无废城市建设过程中的主要抓手和评估验收展示成果的核心窗口(图 7-18)。

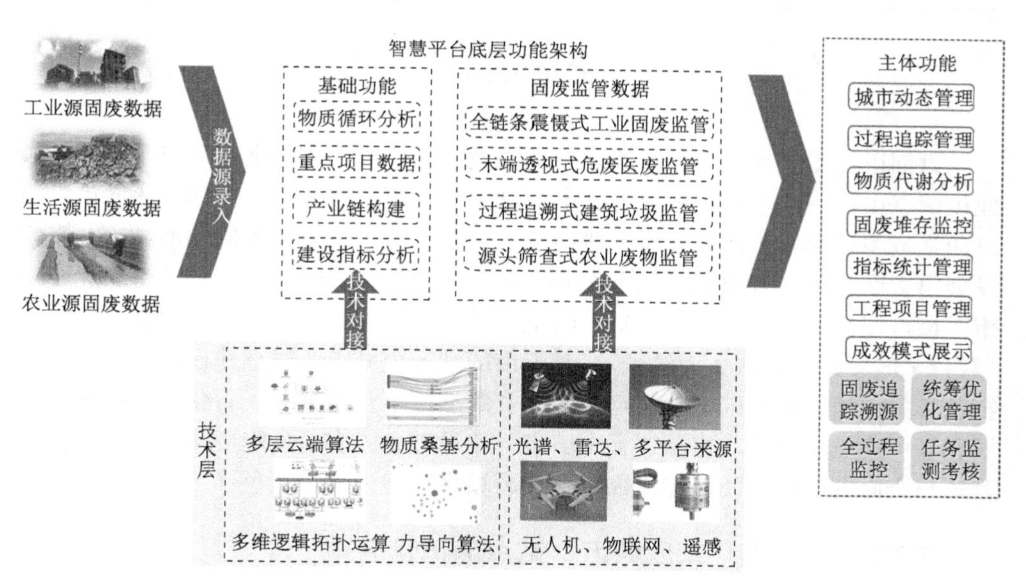

图 7-18　“以智管废”智慧平台统筹模式结构图

2) 推进步骤

整体平台建议分三期五年完成整体建设任务，一期搭建七大功能基础模块，初步实现管理平台上线运行；二期融入一体化监测技术实现城市固体废物源头系统化监测；三期通过大数据沉淀挖掘结合 AI 技术，推动平台智能升级迭代，详见表 7-11。

表 7-11 智慧平台推进时间进度安排

阶段任务	预计时间	建设内容	建设效果
一期：功能基础模块搭建	2019～2020 年年底	依托数据时序性多维融合数据架构全生命周期、具有多源多相态海量异构特点的城市固体废物数据仓库，构建完善的多层云端算法库技术和多维逻辑拓扑运算技术，构建物质循环分析、产业链逻辑拓扑分析和指标算法分析等基础引擎框架实现	初步实现徐州无废城市管理平台上线运行，服务“七大模块”展示
二期：完善固体废物源头监测系统	2020 年年底～2023 年年底	集成 3S 信息、BIM 虚拟化集成、无人机和物联网等“天地空”一体化监测技术，构建城市典型固体废物高分辨率固体废物源清单，重点监管城市中固体废物堆存及违规堆存问题，配合物联网技术等发展实现全固体废物领域全产业链条系统化监管	推动城市固体废物管控框架的升级、提档和转型，进一步支撑“无废城市”建设升级
三期：智能升级迭代	2023 年年底～2025 年年底	通过大数据沉淀挖掘结合 AI 技术不断发展，基于虚拟化模式模拟，实现全产业链自主化资源对接处理，不断挖掘城市固体废物管理资源化、减量化智能策略，逐步开放数据订阅购买，实现智能提取高价值策略落地	推动无废城市管理模式严谨有序升级迭代

7.3 盘锦市“无废城市”试点建设规划

盘锦市位于辽河三角洲中心地带渤海湾北部，是入选首批“11+5”无废城市建设试点中唯一位于东北地区的城市。盘锦市是试点城市中唯一的石化城市，更是面临资源枯竭城市转型发展的典型代表之一。作为一个典型的湿地城市，盘锦发展出了产业化、规模化的生态农业体系，农业品牌优势突出。盘锦市“无废城市”试点建设覆盖了其 4102.9km^2 的全市域范围，包括下辖的一县(盘山县)三区(双台子区、兴隆台区、大洼区)。盘锦市的“无废城市”试点建设在紧抓其区域特色和关键问题的基础上，确定了围绕资源型城市转型升级、石化产业高质量发展和城乡高质量融合，遵循“无废城市”建设理念，实现危险废物全过程规范化管理与全面安全管控，构建盘锦市“无废城市”建设的“五色锦”模式。

7.3.1 盘锦市“无废城市”试点的工作基础

1. 社会经济发展概况

盘锦市处于辽宁省沿海经济带主轴和“渤海翼”的重要节点，其面积和城市人口规模均为辽宁省最小，但经济发展水平位于辽宁省前列。2018 年年末，全市常住人口143.9万人，城镇化率为73.1%，高于辽宁平均水平(68.1%)；全年GDP总量达1216.6亿元，位于辽宁省第五；全市规模以上企业达到252户，规模以上工业增加值和增速均位居辽宁省第三位；人均地区生产总值高居辽宁省第二，仅次于大连市。

盘锦市是辽宁乃至东北最重要的石化产业基地，有“石油之城”“湿地之都”“鱼米之乡”的美誉。盘锦市于1984年6月建市，是一座缘油而建、因油而兴的石化之城，中国石油天然气股份有限公司辽河油田分公司总部就坐落于此，产业结构以第二产业为主，以石油开采、石化和精细化工为主导产业。盘锦市境内湿地广布，拥有我国面积最大的湿地自然保护区——辽宁双台河口国家级自然保护区，自然湿地和人工湿地约占市域面积的80%，生态环境较为敏感脆弱。盘锦市是国家优质稻米生产基地、中国北方最大的河蟹人工孵化和养殖基地，农业综合生产能力和产业化发展水平领跑全省。

在产业空间布局上(图7-19)，盘山县和大洼区的水稻和畜禽养殖等产业形成了农业集聚发展的格局；服务业以兴隆台区的批发零售、金融、交通运输、仓储和邮政等为代表，形成集聚发展格局；从工业发展空间格局看，油气采掘业主要分布在兴隆台区，石化及精细化工产业主要在辽东湾新区（即大洼区最南部）。根据《盘锦市产业发展“十三五”规划》，到2020年实现产业布局优化，辽东湾石化及精细化工产业园高端化发展，打造辽宁沿海绿色产业新基地。

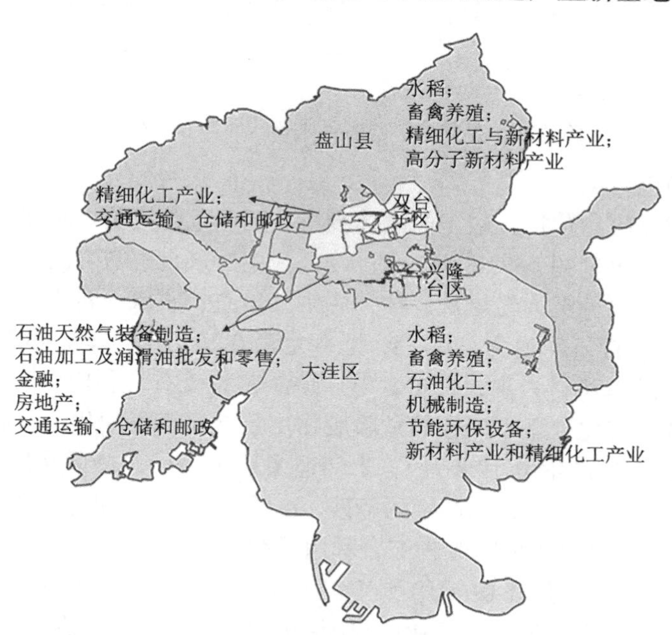

图7-19　盘锦市产业空间布局情况

2. 盘锦市固体废物管理现状

2018 年，盘锦市城乡主要固体废物总产生量约 430 万 t。其中，农业源固体废物产生量最大(181.6 万 t)，其次为一般工业源固体废物(157.58 万 t)。生活源固体废物处理处置率较高，达到 99.3%，农业源固体废物综合利用率略高于全国平均水平(图 7-20)。

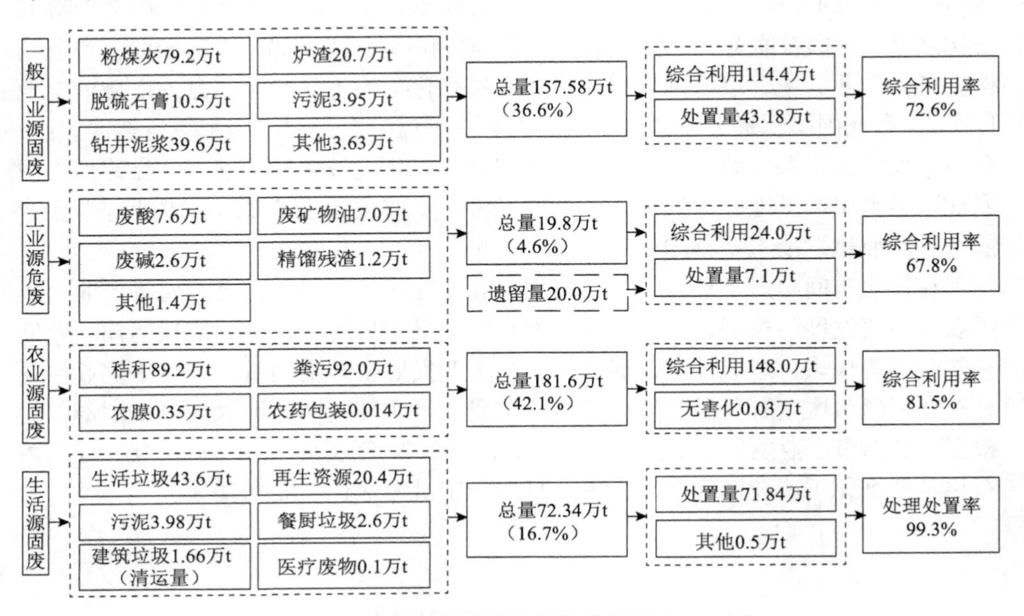

图 7-20 盘锦市主要固体废物代谢图(2018 年)

1) 工业源固体废物

工业源固体废物包括一般工业固体废物和工业危险废物。2018 年，全市一般工业固体废物产生量约 157.58 万 t(图 7-21)，主要来自电(热)力、原油开采和石油化工行业，主要种类为粉煤灰、钻井泥浆、炉渣、脱硫石膏等。综合利用量约为 114.4 万 t，处置量约为 43.18 万 t，贮存量为 0.26 万 t，综合利用率为 72.6%，资源化利用产品以建材为主；其中，电厂炉渣、脱硫石膏利用率为 100%，钻井泥浆全部实现无害化处理。工业源危险废物主要来源于石油化工、原油开采等行业。2018 年，全市产生量 19.8 万 t，上年遗留量 20 万 t，总量共计 39.8 万 t，主要包含油泥、油脚、精炼石油产生的釜残、废酸、废碱、废催化剂等 17 大类。通过物质代谢分析，2018 年危险废物综合利用量约 24.0 万 t，综合利用率达到 67.8%，处置量约 7.1 万 t，贮存量 8.7 万 t(同比下降 57%)；其中企业内部自行消纳比例约为 43%。目前全市持证经营工业危险废物的单位共 7 家，危险废物利用处置能力 51.25 万 t/a，但全市危险废物实际处置能力与产生量之间错配明显。

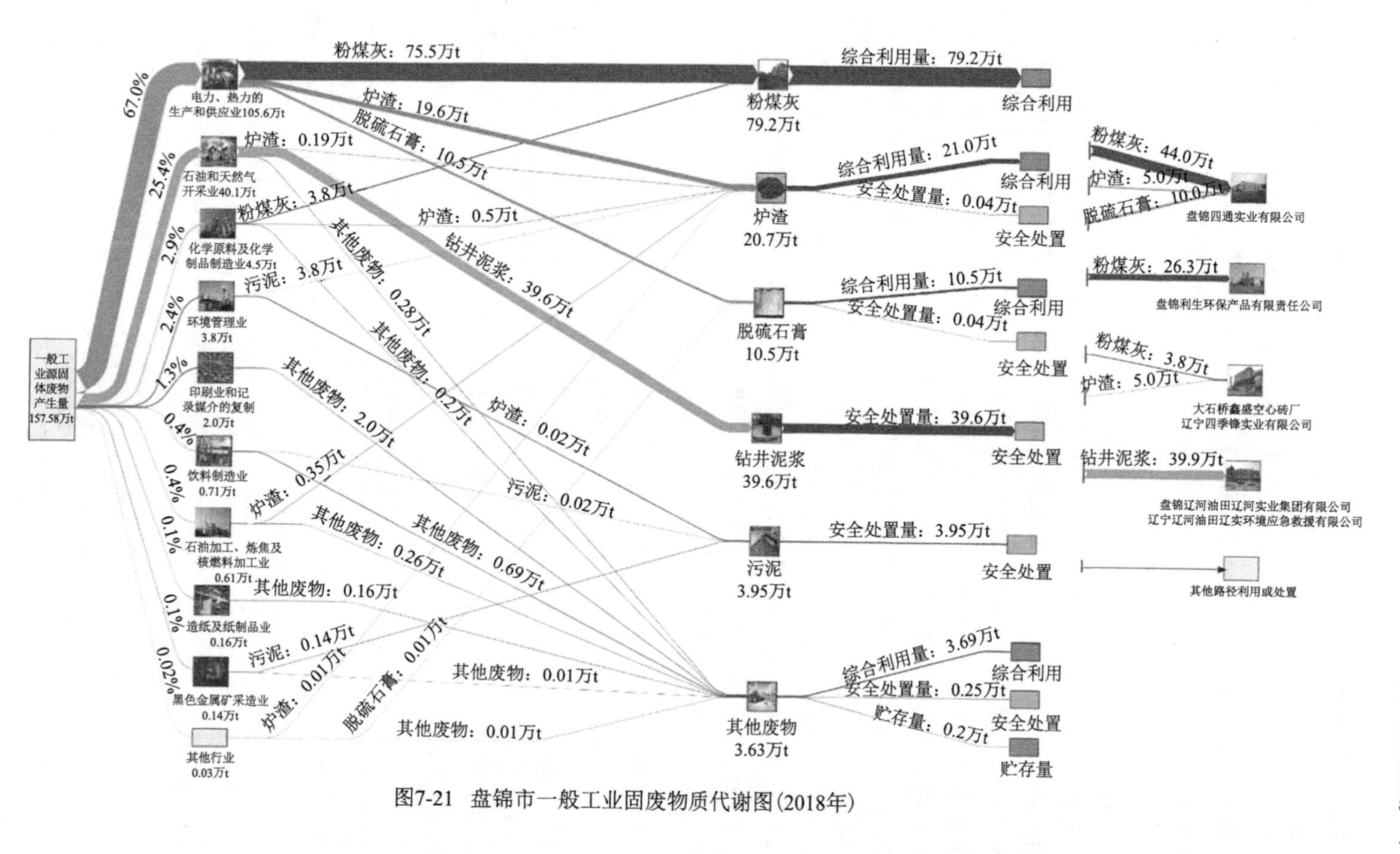

图7-21　盘锦市一般工业固废物质代谢图(2018年)

2) 农业源固体废物

2018 年，盘锦市农业源废弃物产生量为 181.6 万 t，主要包括秸秆、畜禽粪污、废旧农膜及农药包装废弃物等。其中秸秆和畜禽粪污占比高达 99.8%，产生量分别为 89.2 万 t(仅统计收集量) 和 92 万 t，综合利用率分别达到 91.6%和 72%。农膜全年使用量 3492t，废旧农膜的综合回收率 88.8%；农药包装废弃物的处理处置工作刚起步，尚未纳入调查统计。

3) 城乡生活源固体废物

盘锦市生活源固体废物主要包括生活源垃圾、餐厨垃圾、再生资源类废物、建筑垃圾、城镇污水污泥及医疗废物等 6 类。2018 年，城乡生活垃圾清运量合计 43.6 万 t，在全部生活源固体废物中占比约为 60.3%，全部填埋处置；随着垃圾清运覆盖率的上升及城乡居民生活水平的提升，垃圾清运处置量将在未来 3 年内保持上升趋势。再生资源以废钢铁、废纸、废有色金属为主，占生活源固体废物的 28.2%，几乎全部(约 99%) 运至外地回收利用。餐厨垃圾来源于各型餐馆，2018 年约产生 2.6 万 t，其中 81%填埋处置。建筑垃圾产生量未做统计，2018 年清运 1.66 万 t，一般先运输至消纳场堆放暂存，主要用于路基回填。2018 年产生污泥约 4 万 t，集中收运后统一填埋处置，尚未进行资源化利用。2018 年产生医疗废物 1055.5t，预计未来 3 年内将稳定在 1000t/a 左右，由盘锦京环环保科技有限公司统一收运后热解无害化处理。

3. “无废城市”建设相关的前期工作基础

盘锦市在制度体系、技术体系、市场体系、监管体系四个方面开展了一系列的工作，以石油石化、水稻种植等重点行业为抓手，推进循环经济、清洁生产、固体废物资源化利用等工作，初步建立了各类固体废物分类处置、综合利用的体制机制，构建了城乡一体化大环卫体系，能够实现全域生活源多类固体废物的系统化管理(表 7-12)。

表 7-12 盘锦市固体废物管理领域已有创新工作简介

序号	重点领域	主要改革创新情况及成效
1	制度体系	(1) 颁布了《中共盘锦市委关于加快推进生态文明建设的意见》，从宏观层面指导城市资源循环利用体系等建设； (2) 完善考核机制，制定了《盘锦市党政领导干部生态环境损害责任追究实施细则(试行)》，明确各级党委和政府职责，将“党政同责”落到实处； (3) 分期制定《盘锦市节能减排综合工作方案》，推进石化、热电等重点耗能行业的升级和技术改造； (4) 重点出台了《盘锦市人民政府办公室关于推进农作物秸秆综合利用工作的实施意见》等文件，有效促进了秸秆多元化综合利用； (5) 依托北京环卫集团构建了城乡一体化大环卫体系，实施了《盘锦市城乡生活垃圾分类和资源化利用实施方案(2017—2020 年)》，实现全市生活垃圾 100%无害化处理

续表

序号	重点领域	主要改革创新情况及成效
2	技术体系	(1) 重点在辽东湾石化基地依托炼化一体化发展，延伸生产合成材料及其他石化产品、促进产业链条高值化延伸和副产品充分利用； (2) 在水稻种植业试行清洁生产，通过产前控制生产土壤及选育优良品种、产中应用生物肥和深施肥、产后稻草还田等措施，有效节约肥料成本、减少秸秆焚烧； (3) 以宜居乡村建设为有效载体，着力推进生活垃圾收集、运输、处理的城乡一体化体系，农村生活垃圾分类收运体系初步建立
3	市场体系	(1) 在 2003 年颁布了《盘锦市清洁生产工作实施意见》，市政府设立了清洁生产专项基金，每年资金额度约 2000 万元，促进了石化等重点行业企业清洁生产的推行； (2) 深化环卫体制改革，与北京环卫集团签署了《盘锦市城乡一体化大环卫项目特许经营协议》，构建了全省第一个城乡一体化大环卫体系，有效改善了城乡环境卫生状况，初步建立了生活源多类固体废物收运处置体系
4	监管体系	(1) 实行危险废物处置入园机制，建立了盘锦市再生资源产业园和辽东湾新区再生资源产业园，实现危险废物处置企业的集聚化管理； (2) 启动“链长制”推动产业链建设战略部署，编制了《盘锦市工业产业链汇编材料》，以产业链延伸为导向有效提升招商、培育、引才等工作的精确性

盘锦市先后获得了“国家生态文明建设示范市”、“国家级海洋生态文明建设示范区”、全国首批“国家有机食品生产示范基地”等荣誉，重点在生态环境领域目标责任考核、城乡环卫公共服务均等化、石化及水稻等重点行业循环型产业链打造等领域，开展了先行先试并取得一定成效，为“无废城市”建设奠定了扎实的工作基础(表 7-13)。

表 7-13　盘锦市相关示范试点创新工作简介

工作领域	试点名称	试点工作内容	与“无废城市”创建的关联
生态文明战略	国家生态文明建设示范市(2015 年)	完善生态文明系统规划和制度体系，编制《盘锦市国家生态文明建设示范市规划》，成为全省首座在法治化、规范化、制度化层面实施生态文明建设的城市； 陆续出台《关于推进资源环境供给侧结构性改革，补齐生态环境短板的实施方案》《盘锦市生态文明建设目标评价考核办法》《盘锦市党政领导干部生态环境损害责任追究实施细则》等制度，把环境保护目标完成情况纳入年度考核指标，有效推动环境保护工作“一岗双责”“党政同责”的贯彻落实	推行“无废城市”建设，是中国新时代生态文明发展的需要，盘锦市在生态文明建设方面已经取得了一定的成效，为“无废城市”建设奠定了扎实的基础
	国家级海洋生态文明建设示范区(2015 年)	探索海洋产业和生态环境相协调、陆地与海洋相统筹的发展道路，出台海洋功能区划、海洋经济发展规划，优化沿海辽东湾新区的产业结构，转变重点产业集聚区发展方式；加强污染物入海排放管控，改善海洋环境质量	

续表

工作领域	试点名称	试点工作内容	与“无废城市”创建的关联
循环经济	国家循环化改造重点支持园区：辽东湾新区(2017年)	已形成以益海嘉里集团“水稻循环经济模式”为代表的粮油深加工循环经济产业链，以中国兵器工业集团有限公司、辽宁宝来石油化工集团有限公司等为代表的石化及精细化工产业链，并推进盘锦北燃贸易有限公司等一批工业废气、废酸的回收利用补链； 园区层级加快建设共享型循环经济基础设施体系，已建成生活净水厂、工业污水处理厂、危险废弃物处置中心等项目	实现城市生产无废的关键，应推进城市生产领域(主要是工业园区)的循环经济
生态农业	国家有机食品生产示范基地(2002年)	建立了盘锦大米质量安全追溯体系，严格规范“盘锦大米”证明商标的使用和管理。无公害大米、绿色大米、有机大米的生产面积比重逐年增加，提升了农产品附加价值和区域农业品牌影响力	农村经济结构调整、控制农村面源污染，是“无废城市”建设的一项重要工作
人居环境	中国人居环境范例奖(2016年)	盘锦市城乡一体化大环卫项目获奖，促进了盘锦市环境卫生事业不断向专业化、社会化、市场化发展，真正实现了盘锦市城乡环卫公共服务均等化	群众获得感是“无废城市”建设的一项重要指标，这几项试点通过对城市和农村环境的改善，提高人民群众对人居环境的满意度，提高群众获得感
	全国文明城市(2017年)	体现了盘锦市在建设小康社会的过程中，市民整体素质和城市文明程度在国内已达到了较高水平，为进一步改善城市环境设施、推动城市生态环境可持续发展等工作奠定了良好基础	
	国家卫生城市(2017年)	初步建立健全了城市卫生长效管理机制，推动了城市基础设施建设，有效改善了环境卫生面貌，提高了人民群众的健康水平和文明卫生意识	
	国家园林城市(2017年)	近3年，盘锦城市园林绿化累计投入建设维护资金达15亿元，城市建成区绿化覆盖率达41.2%，绿地率达到38.3%，形成了“长街披绿带、鲜花伴高楼，三季有花、四季有景”的城市美景	

盘锦市在“十三五”期间制定了总体规划及各领域专项规划，其中总体规划、生态市建设规划、产业发展规划等与“无废城市”试点建设工作关联度较高，重点在产业转型升级、污染物治理、城乡一体化发展等相关领域的工作中形成了发展合力(表7-14)。

表7-14 盘锦市相关规划与“无废城市”协同建设简析

序号	相关规划	协同建设主要领域
1	国民经济和社会发展“十三五”规划	(1)着力完善体制机制，以辽东湾开发开放为重点建成体制机制创新先导区，此区域也是重点石化产业集聚区，与“无废城市”在工业固体废物和危险废物管理领域探索体制机制创新理念一致； (2)在加快推进生态文明建设中，提出推动低碳循环可持续发展、促进资源节约、减量化和再利用，与“无废城市”的减量化、资源化发展理念一致

续表

序号	相关规划	协同建设主要领域
2	“十三五”盘锦生态市建设规划	(1)提出了生态经济实现绿色低碳循环可持续发展、构建现代化工业产业新体系、打造全国优质农产品生产基地等目标，与“无废城市”促进绿色产业发展和固体废物源头减量目标一致； (2)提出了生态环境质量显著改善、到 2020 年固体废物得到妥善处置、全市生活垃圾收集率达到 100%的目标，与“无废城市”促进固体废物资源化利用、安全化处置目标一致； (3)提出了生态建设制度建立健全，到 2020 年优化行政监督管理方式，实现综合运用行政、法律、经济手段和更多运用市场机制推进生态环境保护与建设目标，与“无废城市”加快监管系统和市场体系建设的发展目标一致
3	盘锦市产业发展“十三五”规划	(1)提出的石化及精细化工行业通过加大产业链延伸到 2020 年主营业务收入达 2400 亿元等目标，与“无废城市”降低工业固体废物产生强度的目标一致； (2)提出的发展质量提升，省级以上企业技术中心达 40 家以上，研发投入占销售收入的比重达到 2.8%以上，与“无废城市”的创新引领、完善技术体系建设目标一致
4	盘锦市城乡一体化发展“十三五”规划	提出的到 2020 年城乡供水、燃气、公交、垃圾收运处理等市政设施服务覆盖率达到 100%目标，与“无废城市”建设中推进城乡有机融合的建设目标一致

4. 盘锦市“无废城市”建设存在的问题

1) 固体废物管理领域的体制机制亟待完善

一是固体废物领域齐抓共管的综合体制未建立。各类固体废物管理目前还分散在生态环境、农业农村、住房和城乡建设等多个市级部门及辽河油田等重点单位。统一协调、分工机制未建立，相关部门的联合监管及信息共享机制尚不畅通，需要市级层面建立统一协调机制及协调机构。二是法规政策和执法考核体系待完善。盘锦市目前还未制定综合性的固体废物管理办法；执法领域存在执法力量不足、联合执法机制不健全等问题；围绕固体废物管理的专项考核指标体系、考核方法还未建立。

2) 固体废物处置水平有待提升

一是部分固体废物处置能力不足。生活源固体废物中生活垃圾、餐厨垃圾、污泥当前均采用填埋处置方式，处置技术落后，资源化能源化回收利用率低。全市危险废物集中处置设施平均负荷率不足 30%，废矿物油、废碱液等的处置能力尚有较大富余，而废催化剂的处置能力不能满足需求，危险废物实际处置能力与产生量之间错配明显。二是综合利用技术水平待升级。一般工业固体废物综合利用率为 72.6%，以生产建材的再利用方式为主，秸秆综合利用率虽已达 91.6%，但机械还田比例高达 72%。此外，固体废物处置领域的技术研发和示范能力还需加强，现有技术装备水平不能提供有效支撑，尤其缺乏大规模、高附加值利用且具有带动效应的重大技术和装备。三是综合监管能力待增强。目前一般工业固体废物、危险废物、污泥等类别已纳入生态环境部门的监管平台，但生活源、农业源固体废物的统筹工作还未开展，应建设市级统一平台以提升监管效率。

3) 市场活力激发不足

一是龙头企业培育不足。目前固体废物综合利用领域仅有 8 家龙头企业，本地固体废物处置企业多规模小、链条短，针对固体废物主要是收集转运至外地处置利用。二是未形成有效的产业化模式。大宗工业固体废物综合利用企业以中小型为主，缺乏具有较强市场竞争力和资源整合能力的大型专业化企业集团，规模效益不够明显；有机肥、砌块砖等再生产品缺乏市场竞争力、经济效益低。

7.3.2 盘锦市“无废城市”建设目标及框架

1. 试点建设目标

立足盘锦发展实际，围绕资源型城市转型升级，遵照“无废城市”建设理念，系统规划绿色引领，构建为盘锦市无废城市建设服务的制度体系、技术体系和监管体系，将源头减量化、资源化、高值化利用和最终安全化处置的绿色发展理念贯穿于各领域的全流程管理，重点以石油石化行业废弃物(黑色)减量化和高值化处理为抓手，为资源型城市转型发展提供助力；以园区化、精细化、智慧化管理为抓手，实现危险废物(红色)全过程规范化管理与全面安全管控；以农业废弃物(金色)源头生产绿色化、过程回收规范化及综合利用高值化为思路，助力生态农业体系建设和品牌效应的增强；以生活源废弃物(蓝色)全域化、协同化治理为手段，促进城乡一体化融合发展，最终形成全流程、全产业、全社会的精细化绿色管理方式,构建以石油开采和石油化工为主导产业的资源枯竭城市转型升级的“五色锦”模式(图 7-22)。到 2020 年，完成盘锦市“无废城市”建设的 33 项制度体系、17 项技术体系、6 项市场体系及 18 项重点工程，实现 40 项创建指标全部达标，探索形成盘锦“无废城市”建设的“五色锦”模式，推动盘锦市固体废物源头减量、资源化利用和安全处置水平达到国内领先。

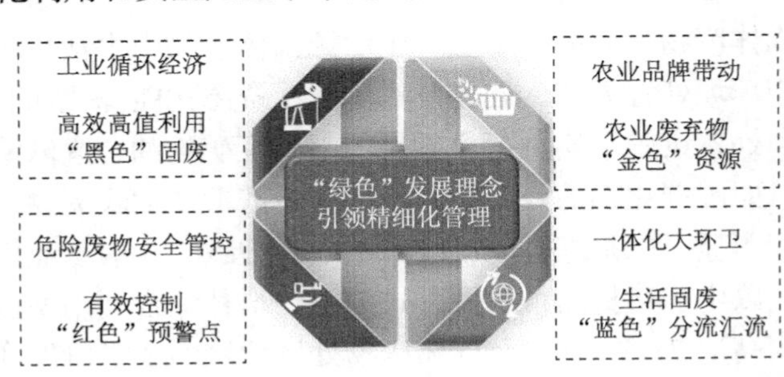

图 7-22 盘锦市“无废城市”建设“五色锦”试点模式

2. 试点建设指标体系

盘锦市“无废城市”试点指标涵盖固体废物源头减量、资源化利用、最终处置、保障能力、群众获得感、自选指标六个方面，总共 42 个指标，其中，必选指标 22 项、可选指标 17 项，另有反映盘锦特色的自选指标 3 项(表 7-15)。

表 7-15　盘锦市“无废城市”建设指标体系代表性指标摘选

指标类别	代表性指标	2018 年现状	2020 年目标
固体废物源头减量指标 8 项	工业固体废物产生强度(t/万元)	0.298	0.263
	人均生活垃圾日产生量[kg/(人・d)]	0.84	0.9
固体废物资源化利用指标 9 项	农业废弃物收储运体系覆盖率(%)	70	75
	生活垃圾回收利用率(%)	6.09	25
固体废物最终处置指标 6 项	一般工业固体废物贮存处置量(万 t)	0.26	0.2
	生活垃圾填埋量(万 t)	43.56	38
保障能力指标 15 项	地方性法规或政策性文件制订(个)	0	12
	固体废物回收利用处置骨干企业数量(个)	8	15
群众获得感指标 1 项	公众对建设成效的满意程度(%)	—	85
自选指标 3 项	开展“泥浆不落地”采油厂比例(%)	90	100
	钻井泥浆综合利用率(%)	50	70
	纳入固体废物危废一体化平台的企业数量(个)	65	300

7.3.3　盘锦市“无废城市”建设路径及模式创新

1. 辽河油田打造“无废矿区”模式

辽河油田是全国最大的稠油、高凝油生产基地，目前原油生产能力 1000 万 t/a，已进入开发中后期。2018 年，辽河油田产生固体废物约 43.7 万 t，主要有含油污泥、钻井废弃泥浆等。这些固体废弃物若随意排放，一方面会造成资源浪费，另一方面会污染环境，所以油田需要完善和重视油田的资源可持续和开发可持续工作。

1) 主要做法

以盘锦市“无废城市”建设为契机，以实现源头“减量化”、综合利用“多元化”、油田区域“协同化”、监督管理“智能化”为建设路径，到 2020 年，持续提升工业固体废物减量化、资源化、无害化水平，打造辽河油田“无废矿区”模式(图 7-23)。其中，“减量化”是推广采用热清洗井筒技术、带压作业技术、地膜隔离技术等清洁技术减少油泥产量；“多元化”是从含油污泥分类处置入手实现分类分级达标处置与资源化利用，同时做好钻井泥浆不落地、多元化资源利用；“协同化”是依托曙光采油厂、兴隆台采油厂落地油泥处理项目协同处置盘锦地区其他采油厂油泥；“智能化”是对接固体废物危废一体化平台，实现全过程信息化监管、危险废物信息实时上传。

图 7-23 辽河油田打造“无废矿区”模式

2）试点期间任务

一是通过不断提升科技创新水平，以源头控制为重点，研发清洁作业配套技术，形成“无废矿区”管理运营机制。二是在锦州采油厂试点创建“绿色矿山”的基础上，在曙光采油厂、兴隆台采油厂率先推进绿色矿山建设工作，全力推进盘锦地区采油单位绿色矿山建设工作，对照绿色矿山创建标准，完成“无废矿区”创建。

2. *石化及精细化工产业绿色高质量发展模式*

盘锦缘油而建、因油而兴，是一座新兴石化及精细化工城市，已形成基本有机化学品、润滑油基础油等较为完整的产业构成。2018 年，盘锦市石化及精细化工产业拥有规模以上企业 89 户，完成主营业务收入 1898.2 亿元，占全市工业的 74.2%，其一般工业固体废物及危险废物产量亦居全市前三。

1）主要做法

近年来，盘锦市以炼化一体化、高端化、绿色化为主攻方向，着力打造世界级石化及精细化工产业基地。从企业、园区、产业三个层面持续推动石化及精细化工产业的生态化转型（图 7-24）。企业层面，以辽宁宝来生物能源有限公司、辽宁海德新化工集团有限公司为示范，带动全市石化企业开展绿色工厂创建，推行清洁生产，使企业在生产过程中废物最小化、资源化、无害化。园区层面，通过“源头减量、过程控制、末端循环”3 个环节推进产业链延伸，打造世界级石化产业循环经济示范基地。产业层面，创新“链长制”推动石化全产业链精细化管理，以石化和装备制造园区为“主阵地”，推进产业链垂直整合、横向集聚，构建良好的产业链生态。

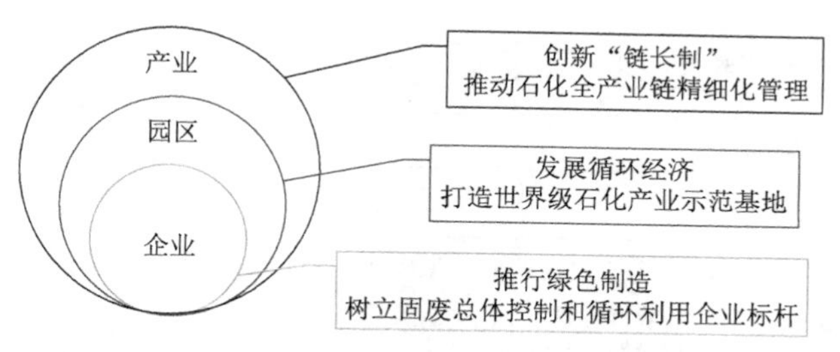

图 7-24　石化及精细化工产业绿色高质量发展模式

2) 试点期间任务

着力突破园区石化产业固体废物处理处置核心技术和人才支撑力度不足的瓶颈，依托大连理工大学(盘锦校区)、辽宁省农业科学院盘锦分院、清华大学等高校和研究机构，建立固体废物综合型研究中心，不断深化产学研合作，打造高端创新平台载体，为打造东北地区乃至全国石化及精细化工园区循环发展排头兵注入可持续动力。

3. 城乡固体废物一体化、全过程、精细化的大环卫模式

盘锦市面积较小，全市常住人口 143.9 万人，生活源固体废物产生量不大，2018 年，生活垃圾、市政污泥等 6 类废物合计约 72 万 t，公共服务均等化水平较高。盘锦是辽宁省“城乡一体化”试点市，城乡一体化程度高度发达，公共服务均等化水平较高，开展城乡一体化环卫具有良好基础。

1) 主要做法

盘锦市政府与盘锦京环环保科技有限公司签订了《盘锦市城乡一体化大环卫特许经营协议》，负责全市生活源垃圾的收运及处置，构建起包含垃圾分类、清扫、收集、转运到后端处置的全产业链条。针对全市固体废物管理形成“前端收集收运城乡全覆盖”+“末端多源固体废物园区化协同处置”的系统化解决方案，高效创新并因地制宜地构建了特色大环卫模式(图 7-25)。一是采取政府主导、企业专业化推进模式，实现全市生活源垃圾的“大环卫、全覆盖、精细化”收运处置；二是创新外包服务模式，实现环境和社会双重效益；三是因地制宜、采用互联网+信息化等手段提升分类收集效率；四是统筹建设终端综合处置园区，并分期逐步优化。

2) 试点期间任务

一是要进一步完善再生资源回收系统，建设一批再生资源压缩打包转运站和大型回收站；二是加强各类废物收集收运过程的监管，从监管制度建设、技术支撑手段等方面完善各环节，防范环境风险发生；三是向同类中小型兄弟城市推广盘锦创新的“城乡一体化”服务外包模式，切实改善城乡清洁水平，降低最终生活源垃圾填埋量。

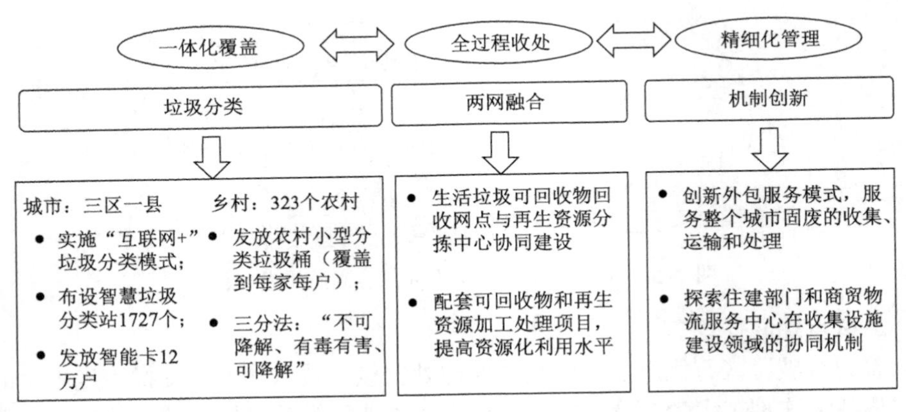

图 7-25 城乡固体废物一体化、全过程、精细化的大环卫模式

4. 种养结合整县推进畜禽粪污资源化利用模式

盘锦市畜禽养殖业发展势头迅猛，已成为其农村经济中最活跃的增长点和支柱产业，为推动农村经济发展、调整产业结构做出了巨大贡献，但与此同时也产生了大量畜禽粪污。2018 年，盘锦市畜禽粪污产生量为 92 万 t，主要集中在大洼区和盘山县(占比约 70%)，规模养殖场粪污处理设施装备率达到 78%以上，资源化利用率为 72%，但仍存在技术水平较低、二次污染突出等问题，有较大提升空间。

1) 主要做法

以大洼区人民政府为实施主体，以辽宁振兴生态集团发展股份有限公司的 3 个畜禽粪污区域处理中心和 30 个散养密集区、163 家规模化养殖场为建设主体，坚持种养结合、循环发展的理念，统筹考虑规模化养殖场和散养密集区畜禽粪污的资源化利用路径(图 7-26)，实现粪污全量收集利用后就近还田或加工成商品有机肥售卖。在运营上，由养殖场、有机肥厂、种植大户之间签订粪肥输送合同，培育粪污资源化利用服务第三方机构，建立粪肥收集、处理、运输、还田利用的市场化服务体系。在监管上，大洼区政府成立畜禽粪污资源化利用工作领导小组，实现由政府主导的日常监管机制，并联合农业农村、财政、生态环境、自然资源等部门建立政府年度目标考核机制。

2) 试点期间任务

2020 年年底前，在大洼区养殖重点区域和规模养殖场全面配套建设盘锦市畜禽粪污处理与有机肥生产设施，开展立体养殖、有机肥加工等畜禽粪污减量化、资源化利用技术示范，2021 年以后持续开展相关工作，力争在全域实现推广。

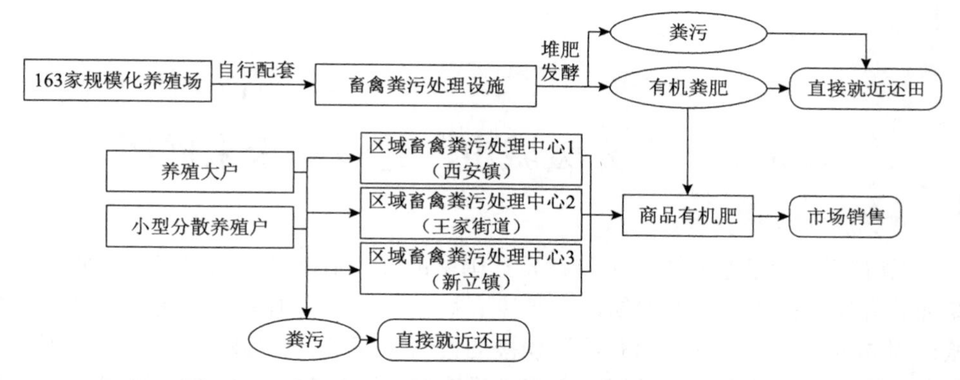

图7-26　种养结合整县推进畜禽粪污资源化利用技术模式

第8章 “无废城市”建设的未来展望

“无废”理念已基本成为世界各发达国家的发展战略和努力愿景。日本、欧盟、新加坡等发达国家或地区纷纷以“零废弃社会”“无废国家”等理念为引领，在城市固体废物综合管理方面开展了积极的尝试与探索。“无废城市”是“零废弃”理念和实践经验的继承和发展，应将“无废城市”拟解决的固体废物减量化、资源化、无害化与经济社会可持续发展有机融合，融入社会治理、产业布局和产业结构升级、公共意识提高和思想文化建设等各个层面。因此，“无废城市”建设不仅要解决城市固体废物问题，还要解决包括环境、社会、文化等在内的多维城市治理问题。我国开展“无废城市”试点建设以来，各试点因自身城市定位、发展阶段、资源禀赋、产业结构、经济技术基础等差异，在城市固体废物管理领域面临着各自特有的短板或挑战，同时存在一些关键共性问题亟待解决。展望未来，“废物城市”迫切需要加快推进固体废物分类回收管理体系，应用先进适用的资源循环利用技术，优化处置设施实现集约化和协同性处置，构建不同固体废物重点领域的综合性管理政策，系统性地推动城市资源代谢体系的优化提升。

8.1 “无废城市”建设的共性问题及解决对策

8.1.1 “无废城市”规划建设的系统性

城市固体废物处理处置是“无废城市”建设的重点领域，与大气、水、土壤的污染治理有较大不同。首先，固体废物产生的来源比较复杂和广泛，工业固废、农业固废、生活固废的收集方式也不尽相同，具体的处理处置技术同样存在较大差别。其次，固体废物处理处置系统体现在源头减量化、分类回收、收集运输、资源化利用、无害化处置等多个环节上，而这些环节相互衔接、分工明确，共同组成了一个复杂系统。不同固体废物在处理处置环节上有各自的特点，资源、环境和经济属性也有显著差异，使得有些城市固体废物处理处置比例很高(如再生资源类)，而有一些则很低(如废弃农膜等)。缺乏城市固体废物处理处置的系统性、综合性的整体规划，导致我国固体废物综合利用率近些年提升幅度非常缓慢，或者带来了突出的二次污染问题。总体而言，城市固体废物处理处置的系统性首先体现在总体规划与处理处置设施建设上，其次是回收处理模式、商业化的建设和运营模式，最后是分类回收、收集收运、资源化和无害化等全过程的系统集成。从目前的主要大中型城市的现状看，城市固体废物处理处置的系统性缺失问题尤其突出。

要编制好城市固体废物处理处置的整体性规划，提出可操作的、分部门的、实施战略图清晰的整体实施方案。这里需要强调的是，“无废城市”规划一定是系统性的整体规划，绝不是各部门自行其是。一是底数要清楚，应全面调研城市各种固废产生的来源、种类、流动方向及如何处理处置的现状。二是建设目标要明确，要把“无废城市”的理念按照指标体系制定成明确的可量化的建设目标。三是重点任务要清晰，规划要围绕国家“无废城市”重点领域和指标体系去制定和实行，一定要能够对不同类型的固废提出具体的、可操作的解决方案，且不能把过去的项目和专项规划拿过来拼凑在一起来“应付差事”，这无法解决“无废城市”建设的实际问题。四是更值得强调的，要避免各类固体废物从收储运到处理处置各环节的监管链条之间相互断裂，全面考虑从固废产生、分类、收运、资源化利用和无害化处置全过程，在集中化处理处置环节要规划建设可以实现协同处置的资源循环利用基地，构建处理处置设施之间的固废-能-水的相互耦合共生网络，全面考虑基础设施建设、回收处理模式、商业化的建设和运营模式。按照城市特点因地制宜、按照固体废物属性分类施策，系统性地形成“无废城市”规划建设方案。

8.1.2 固体废物综合性管理的能力建设

“无废城市”建设成功与否主要取决于固体废物的综合性管理能力。一是末端配套设施建设方面仍存在诸多缺口。部分领域处置能力待提升，一般工业固废、生活垃圾、餐厨垃圾、园林垃圾、建筑垃圾、危险废物、市政污泥等仍存在处置能力不足或者低端粗放处置的问题，成为制约城市高质量发展和全面建成小康社会的重要因素。二是固体废物监管力量薄弱，但是固体废物种类多，行业分散，管理难度大，固体废物监管人员严重不足、技术力量缺乏，执法领域存在执法力量不足、联合执法机制不健全、科技支撑执法力度不够等问题，无法满足固体废物全过程精细化管理的要求。当前一般工业固废底数不清、去向不明的问题普遍存在，快递与农药等包装废弃物、园林农贸废弃物等更是缺乏统计来源。三是在固体废物资源化、无害化及减量化的诸多领域，标准缺失和老化问题突出，部分标准还是空白，尤其是现有国家和行业相关产品质量标准中，回收利用再生产品的质量标准还不够完善。例如，普遍缺乏以危险废物为原料时再生产品中有害物质的控制要求，潜在环境风险不容忽视。

首先，应在源头减少固体废物的产生量，加快建设规模化的处理处置设施。重点行业应不断提高清洁生产、产品绿色设计等管理要求，落实生产者责任和生产者责任延伸制，提高再生原料使用比例；在农业领域积极构建种养结合的生态循环农业模式。按照固体废物产生量分类施策，加大设施建设投资力度，提升处理处置规模。例如，促进尾矿、废石及粉煤灰、工业副产石膏等在矿山生态环境综合治理中的应用；把推进秸秆综合利用与农业增效和农民增收结合起来，因地制宜地推广秸秆肥料化、饲料化、能源化、原料化、基料化利用路线。其次，应完善城市固废"闭环式"全覆盖监管，清晰掌握固体废物从产生到处置全过程链条的流向。尤其是完善一般工业固体废物、危险废物、污泥等监管平台，加快启动生活源、农业源固体废物监管系统，建立健全"源头严防、过程严管、后果严惩"的危险废物环境监管体系，实现全国固体废物信息化管理"一张网"，加强各类固体废物产生、贮存、转移和利用处置的全国过程监管，规范地方信息系统与国家信息系统互联互通。最后，应推动"无废城市"标准体系的实施落地，重点在绿色生活和消费领域，强化原材料设计、规范化使用、回收利用及环境污染控制等标准建设，制定绿色企业管理评价标准体系，促进源头减量；强化工业固体废物的高值化综合利用技术及再生产品的鉴定和质量控制；根据生活垃圾和建筑垃圾的产生特点，建立相应的分类收集、清运、运输、资源化利用、无害化处置标准体系；加强农村废弃物和再生资源的综合利用技术标准。

8.1.3 "邻避效应"等深层次社会因素

"无废城市"建设以源头减量、综合利用、无害化处置来规范工农业和生活等领域的固体废物管理。实现资源综合利用和固体废物的无害化处置，通常应当建设城市固体废物集中处理基地。这种行之有效的管理方式在选址上往往会因"邻避效应"而受阻——公众不愿意把固体废物处置设施建在自己家的附近。这导致出现了固体废物处置设施落地困难或者产能闲置的突出问题。"邻避效应"的深层次问题是民众与企业在固体废物处置过程中的参与程度低、处理处置基地系统性设计不完善。例如，推动多年的生活垃圾分类之所以效果不理想，与公众参与程度低、宣传教育不到位有直接关联。政府和企业在固体废物分类回收及处置的系统规划建设上重视程度也不高。因此，公众、企业和政府的联动和公众参与程度低，是"无废城市"建设面临的较为突出的社会发展瓶颈。

关于破解"邻避效应"等当前突出存在的社会问题，一是除了进一步完善固体废物处理处置费用外，由固体废物产生地向处置设施所在地进行财政补贴，专项用于附近区域生态建设和环境治理，缓解处置设施选址难、落地难的"邻避效应"。二是要对各种固体废物处理处置设施落实信息公开和监督机制，让公众知晓设施的污染排放情况。只有公众清楚掌握了设施运行对当地的空气、水、土壤等造成的环境影响程度，才能感到踏实并减缓"邻避"心理。运行单位要积极主动为公众创造实现监督的有利条件，例如，在固体废物处置设施附近建各种健身、娱乐设施，让公众近距离感受固体废物处置设施真实的排放情况，主动面向公众开放污染治理设施，努力塑造和谐气氛，尽量减少公众矛盾。三是固废处置技术要先进适用，并加强对公众的科普宣教。因地制宜选取合理科学的工艺技术，降低对当地生态环境的二次污染和破坏。由于工艺技术水平高和监控管理能力强，国外不少发达国家的中心城区也建有许多垃圾焚烧等固体废物处理处置设施。通过科普宣教让公众客观公正认识固体废物处理设施，是解决“邻避效应”非常重要的一环。

8.1.4 固体废物处理处置技术及其适应性

“无废城市”建设需要源头减量、资源回收、综合利用、无害化处置等多个环节，城市固体废物来源分散、成分复杂，其中有的还含有危险、有毒有害成分，先进适用的技术支撑尤为关键。然而，我国目前固体废物处置方式以低端粗放为主，技术装备较为落后。例如，生活垃圾的非焚烧处置方式占比高；秸秆综合利用多以机械还田为主的肥料化方式，秸秆的资源化、高值化利用技术水平待提升；大宗工业固体废物多采用烧砖、铺路、水泥配料等综合利用方式，缺少规模化、集聚化、高值化利用途径；部分污泥现有处置设施建设较早、技术装备较为落后，导致运行不稳定，污泥处置能力不足；建筑垃圾主要采用破碎工艺制备铺路填料及制备环保砖，存在一定量产业升级的空间；农村生活垃圾就地处理技术及装备缺失；畜禽粪污尚未建立集中收集处理体系，规模化、规范化综合利用能力不足，未形成畜禽粪污高值资源化利用体系，资源化利用技术水平低。我国固体废物资源化利用技术总体上与发达国家存在10年左右的显著差距。根据2019年第五次国家技术预测结果，我国生态环境技术有16%左右在全球处于领先，47%左右处于并跑水平，37%左右属于落后的跟跑水平，而美国的环境技术水平遥遥领先，45%的技术被认为处于领先地位。

城市固体废物处理处置的发展方向是过程更清洁、分离分选更彻底、综合利用价值更高。在“无废城市”具体工作过程中，建议开展以下工作。一是要科学筛选，国内外并不缺乏固体废物处理处置的先进适用技术，但一定要认真筛选适合具体国情、适合城市实际情况的技术，尤其是综合考虑国内外不同地区、国内不同城市的经济社会发展阶段、固体废物分类分质水平及资源环境属性等特点，以及技术经济性等因素，科学选用工艺技术。另外，尽量减少城市固体废物处理处置设施建设的地方保护主义，加快国家层面对“无废城市”建设适用性、针对性强的技术，搭建转化平台推介给“无废城市”建设地区。二是大力支持技术研发创新，有针对性地开展产学研用结合的试点探索，充分利用国家和地方各种类型的科技研发计划项目，依托城市资源循环利用基地或静脉产业园区联合建立研发中心或研究院。三是加快制定“无废城市”有关技术标准以支撑产业化的推广应用，重点是建立健全回收利用再生产品质量的现有国家和行业标准。例如，利用尾矿、粉煤灰、脱硫石膏等制备土壤改良剂等成熟技术，由于缺少相关产品环境风险控制标准使得公众和地方质疑普遍存在；以危险废物为原料时再生产品中有害物质的控制要求空缺较多，危险废物再生产品潜在环境风险还不容忽视。

8.1.5 固体废物管控政策和长效机制

“无废城市”建设是一个系统工程，涉及环保、发改、商务、工业、农业等多部门和多领域，管控政策能否协调各部门形成合力，而长效机制能否形成，是关系到“无废城市”建设能否持续推进和取得预期成效的重要保障。首先，目前我国城市固废管理缺乏组织架构清晰、责任分工明确、工作无缝衔接的工作机制，信息共享、部门协作机制尚未建立。例如，生活垃圾收运处置存在多部门职能交叉问题，生活垃圾、餐厨、污泥、农林废弃物等多类固体废物由部门管理壁垒问题导致协同处置机制不顺畅等。其次，各地方还未制定综合性的固体废物管理办法，管理政策的可适用性有待优化，仍需要根据固体废物产生、处置基础进一步优化，提高政策的可落地性。再次，资金保障机制比较薄弱。固体废物收集转运、处理处置设施建设、运行维护管理等的建设资金缺口大、欠账多，资金不足已经成为制约“无废城市”建设的瓶颈。最后，建设项目的市场化运作水平有限、运作不规范、配套机制不明确。基于固体废物处置的专项资金、绿色金融、激励性政策仍旧不清晰或者力度不足，规范化的市场管理机制未建立，导致各类龙头企业培育不足，高质量产品受低次品排挤，进而降低企业处置的积极性。例如，建筑垃圾资源化利用产品缺乏具体的鼓励和支持性政策支持，再生产品销路受影响；畜禽粪便制备的有机肥缺少相应的生产使用技术手册、设施设备和扶持政策，有机肥施用劳动强度大、施用成本高，影响了农民使用有机肥的积极性。

城市固体废物管控政策的制定和“无废城市”试点建设长效机制的形成，必须按照“无废城市”建设系统性解决方案的要求，着力促进固体废物源头减量化、资源回收再利用、无害化处置等三个梯次环节，按照企业主导、市场引领、政府推动的模式形成商业模式和运行机制。如何制定有利于固体废物从分类到运输、回收再利用、无害化处置等全过程的配套政策和长效机制是“无废城市”建设的难点之一，也是需要发挥各地积极性主动开展创新的重点任务。第一，地方城市一把手要重视。“无废城市”建设是系统工程，需要有多个部门协同推进，需要一把手能高位推动，而不是仅依托生态环境部门；亟须建立统一协调机制，建立相关部门的联合监管及信息共享机制畅通、分工协作的固体废物管控机制。第二，建立城市固体废物申报登记制度和精细化管理的信息化系统，准确掌握固体废物分类收集、分类贮存情况，对各类固体废物产生量、综合利用量、无害化处置量、暂存量等信息及去向、运输企业、综合利用企业、无害化处置企业等建立全过程覆盖的电子台账，便于落实产废单位固体废物污染防治主体责任，从而鼓励地方开展强制分类、特许经营、推行生产者责任延伸制度或者押金制等有关固废管理机制的试点创新，也便于加强资源回收、环境卫生和生态环境等不同系统之间的相互衔接。第三，要加大财政投入，针对“无废城市”建设涉及的种类繁多复杂的固废，通过系统评估资源、环境和经济属性，建立环境影响责任分担机制，对于环境效益明显、经济效益不明显的固废处理处置项目给予必要的财政补贴。

8.2 “无废城市”建设管理体系的未来展望

8.2.1 系统性构建高效的城市资源循环利用体系

(1) 从全生命周期和多主体行为角度推进“无废城市”系统工程。“无废城市”旨在最终实现整个城市固体废物产生量最小、资源化利用充分、处置安全的目标，推动传统的“资源—废物”线性发展模式向“资源—废物—再生资源”循环发展模式转变。因此需要从资源代谢的全生命周期角度出发，在资源利用过程中形成绿色发展方式和生活方式，大幅减少固体废物的源头产生量；在废物回收利用过程中构建及完善资源循环利用体系，针对不同类型废物的特点建立相应的资源化、能源化利用模式，发展循环经济；在污染最终处理处置环节，提升固体废物处理无害化水平，最大限度减少固体废物填埋量。同时，应统筹所涉及的多主体的行为方式，协同促进城市资源循环代谢效率。在政府管理方面，要综合考虑废弃物产生、分类、收运、处置、监管等全过程的特征与需求，积极完善城市资源循环利用的处理处置系统的法律法规体系，在全社会倡导绿色生产、绿色消费的理念；在企业生产层面，组织产品设计和生产时应考虑产品废弃后的回收再利用问题，完善产品的循环/再利用链；在家庭消费层面，应倡导以减小资源、环境压力为目标的绿色消费模式转变，降低资源使用量，促进资源的二次利用和废弃物的分类回收。

(2) 从多部门、跨介质角度开展城市资源代谢过程的统筹管理与优化。资源代谢过程往往涉及生产、消费、回收、废物处理等多个社会经济部门，且代谢废物的处理处置过程经常伴随着污染跨环境介质的迁移，引起环境目标的隐性转移。因此，在城市资源代谢过程的管理与优化中，一方面要从资源代谢的全过程出发，解析各部门间的物质代谢联系与相互影响，充分考虑技术或管理措施的应用可能对多部门产生的水-能-其他资源联动效应，寻求资源、能源、环境和经济综合效应最大化的管理途径；另一方面以区域整体环境质量改善为目标，关注治理污染过程中水-气-土环境介质污染物削减的整体性和协同性，考虑污染控制技术应用全过程中发生的污染跨介质迁移转化，服务于实现城市生态环境质量改善的系统目标，强化城市固体废物管理的环境风险防控。

8.2.2 建立健全分类施策的法律法规及管理机制

(1) 构建地方固体废物管理法律法规，实现顶层机制的宏观引领。目前“11+5”个“无废城市”试点实施方案已出台，在生活垃圾分类管理、工业固体废物全过程管理等方面推进地方立法，使得地方固体废物治理实践有法可依。重点要加快地方生活垃圾分类与减量治理的立法，实现生活垃圾产生、投放、收运、中转、利用、处理、处置的全过程实施管理，解决当前的突出问题——后续处理处置配套基础设施的建设滞后或不匹配严重制约前端源头分类，造成大量的人力与财力浪费；源头分类的参与度及投放准确率低，对末端处理设施的稳定运行也将带来很大的挑战。除了地方性法律法规外，试点城市还应加快制定并出台一些规范性文件、管理办法、专项规划与行动方案、组织管理与考核制度等，从行政管控上使得地方固体废物治理实践有章可循。

(2) 彻底解决固体废物管理职能部门交叉、协调机制不畅的突出问题。城市固体废物管理涉及生态环境、城管、住房和城乡建设、农业农村、商务、水务、园林等十多个部门，多个部门固体废物管理数据交叉统计，全过程监管更需要多个部门分工协作。然而，目前大多数城市部门之间存在制度性的信息壁垒和合作障碍，围绕固体废物污染防治与循环利用的体制和长效机制，要尽快建立跨部门的协调分工机制，构建典型固体废物从产生到处理处置全过程的政策管理体系，梳理制定固体废物管理职能部门的责任清单，实现多部门多领域统筹规划和统一行动。充分识别制度政策、技术规范、监管执法、市场调节等的需求和有效措施，建立利益相关方责任划分方法，提出责任分担机制。

(3) 针对重点领域配套规章制度和细化政策要求，增强政策制度的可操作性和系统性。对于一般工业固体废物，建立精细化分类管理政策体系；完善大宗工业固体废物综合利用政策体系；加快构建绿色制造、生态设计和绿色供应链管理体系，扩大生产者责任延伸制。建立健全危险废物“源头严防、过程严管、后果严惩”的环境监管体系，建立区域和部门联防联控联治机制，强化信息化监管制度要求。对于农业废物，构建种养结合生态农牧业模式，完善秸秆全量综合利用政策体系，完善畜禽粪污综合利用政策，强化废旧农膜及农药包装废弃物污染防治和再利用政策体系。

8.2.3 推广城市多源固体废物协同处置技术管理体系

(1)攻克固体废物资源化利用关键技术,加强政策引导及市场机制支撑产业培育。解决当前大宗固废以制备建材资源化利用为主，再生产品低值化严重且缺乏市场竞争力等突出问题，优先研发焚烧飞灰、农作物秸秆、医疗废物等处理处置关键技术。因地制宜加大固体废物处理处置技术和装备等效率的提升和新工艺的开发，创建“产学研政”技术创新和应用推广平台，依托高校和科研机构的科研实力和技术优势，对固体废物“产生源头—中间运输—末端处置”等开展技术研发与创新，共同建设“产学研政”技术创新和应用推广平台。配合科研机构开展技术孵化和工程示范，在运行管理和实证研究方面以园区中试基地为依托，实现科研与生产的有机结合，加速科技转化能力，进行示范线的建设推广，促进先进适用技术转化落地。

(2)积极推广应用园区化集中协同处置模式。我国固体废物管理分属多个职能部门，固体废物集中处理处置园区建设缺乏全链条及系统化的统筹规划。随着我国 50 个国家级资源循环利用基地和 49 个国家级“城市矿产”示范基地建设的探索实践，未来以固体废物园区化集中协同处置模式为代表的系统性解决方案将成为主流趋势。园区化协同处置模式应围绕“园区统筹规划—系统优化设计—建设全程跟踪—运营综合调控”等四个主要环节系统推进，避免早期静脉产业园“见缝插针”“临阵磨枪”的建设和运营方式。从技术及规模选择、项目共生匹配、物质代谢等角度提升园区固体废物处理处置设施之间的协同共生水平，解决单一处置技术存在的固有缺陷，提高项目之间物质交换及设施共享的匹配程度，提升各种资源的利用效率，降低二次污染物排放水平。通过园区内各处置设施的合理布局，加强烟气、污水、尾渣等污染控制设施共享及管理、生活等配套设施的共享，建设循环型的绿色环保基础设施。

(3)积极探索区域性固体废物系统性解决方案。一是着眼于构建从源头分类减量到末端处理处置、设施协同共生的园区化工程技术体系，打通源头分类—多源废物协同处置—二次污染控制的全过程技术链条，从全生命周期管理出发构建区域最佳实用技术体系。二是充分考虑城市固体废物涉及行业及产排特征的复杂性，因地制宜利用已有市政基础设施，推进工业炉窑资源利用、混合垃圾掺烧发电、有机垃圾联合厌氧消化等，积极推进多源固体废物跨产业的协同利用实践。三是借鉴纽约、旧金山等国际一流大都市区采取的“区域内流通”做法，利用周边城市利用土地空间优势承接核心城市的固废进行资源化利用；统筹考虑京津冀、珠三角等城市群固体废物产生情况，建立城市间固体废物协同处置联动机制，跨区域规划处置设施建设和管理，减少各地不同种类固体废物处置能力“超载”和“空载”，实现固体废物处理的区域统筹、协同增效。

8.2.4 提升城市固体废物的现代化治理能力

(1)统筹城市发展规划与固体废物综合管理，整合“无废城市”建设实施方案与各城市经济建设、城市管理等领域的主要规划目标和建设任务，在规划实施过程中提升有关城市基础设施建设的协同推进水平，增强相关领域改革系统性、协同性和配套性，实现城市精细化管理。将生活垃圾、城镇污水污泥、建筑垃圾、废旧轮胎、危险废物、农业废弃物、报废汽车等固体废物分类收集及无害化处置设施，优先纳入城市基础设施和公共设施范围，保障项目设施的建设用地指标。重点落实城市生活垃圾分类设施建设工程、再生资源回收利用设施建设项目(城区)、农业废弃物回收利用体系等项目用地。

(2)构建绿色消费和绿色采购政策体系。严格限制一次性消费产品，扩大押金制度的应用范围，对废弃包装物、非降解制品等实施强制回收。通过市民教育体系不断强化对公众实施绿色生活方式和消费模式的教育宣传，使相关理念深入人心。完善绿色采购指导目录，适当扩大强制采购在采购总量里的比重，加大政府绿色采购力度。将开展绿色产品设计、绿色供应链设计、废旧产品逆向物流回收体系建设等的生产者优先纳入政府采购目录，对强制环境标志产品符合要求的，采购比率要达到100%。

(3)完善生活垃圾按量收费机制，健全生活垃圾分类管理体系，提高城市生活垃圾的运营管理水平。在城镇地区，统筹前端分类、过程运输、后续利用处置技术等系统，形成不同类别垃圾分别收集、运输和利用处置运营体系。在农村地区，以“分类收集、定点投放、分拣清运、回收利用、生物堆肥”为重点，因地制宜开展分类收集投放，就近就地利用处置，促进就地减量化、就近资源化。在全国城市及建制镇全面建立生活垃圾处理收费制度，研究调整垃圾处理收费的征收办法与征收标准。鼓励各地创新垃圾处理收费模式，提高收缴率。遵循“弥补成本、合理盈利、计量收费、促进减量”原则，研究有关建筑垃圾、污泥等运输费、处理处置费等机制。

(4)加快探索固体废物管理的环境经济政策。细化落实财政补贴、资源综合利用产品增值税优惠等政策，研究制定细化认可条件或企业、产品名单，完善评价机制，确保符合国家政策的应得尽得。细化信用评价制度。将固体废物生产、利用处置企业纳入企业环境信用评价制度，评价结果融入绿色金融、市场监管、价格调节等政策措施。进一步优化财政支出结构，强化对畜禽粪污、秸秆综合利用等重点工作的支持。推动工业固体废物综合利用暂予免征环境保护税及所得税、增值税减免等优惠政策的落地实施。探索建立生活垃圾分类计量收费制度，研究调整垃圾处理收费的征收办法与征收标准，鼓励各地创新生活垃圾处理收费模式。省级、地市级人民政府应当建立稳定的农村生活垃圾治理投入机制，县级人民政府应当将农村生活垃圾治理费用纳入财政预算。

8.2.5 构建“无废城市”建设绩效评价体系

(1) 构建固体废物全过程管理的大数据系统。针对城市固体废物底数不清、去向不明、体系不健全的瓶颈，依托大数据、物联网和信息化手段，根据固体废物“产生源头识别—时空特征分析—循环代谢模拟—生命周期管控”的技术路线，研发城市固体废物堆场/产生源高分遥感与大数据结合的识别技术、城市固体废物产量与组分时空分布特征分析的大数据挖掘技术、城市固体废物全生命周期精准管理的循环代谢图谱及大数据管控技术。开发以物质代谢核算为核心的“无废城市”建设的绩效评估工具及方法，综合评估城市固体废物管理系统的源头减量水平、资源化利用水平及环境影响。

(2) 依托“无废城市”试点开展绩效评估工具和方法。一是针对城市多源固体废物从源头到过程到最终处置再利用整个过程编制全生命周期清单，形成城市固体废物的数据、时空分布、减量化及处置方案清单；二是形成适用于各个城市的定量与定性相结合的“无废城市”绩效进展评估工具，比较“无废城市”建设前后城市物质代谢特征及绩效评估指标的变化，识别政策、管理及工程措施的应用对“无废城市”建设目标的影响。采用经济、环境、技术多维度综合绩效评估及多目标决策等方法，构建固体废物污染综合减控决策方法和技术模型，评估城市不同减控技术路径的综合效益，针对不同类型的城市，提出差异化的固体废物污染综合减控策略设计方法。

(3) 建立“无废城市”绩效评价规范，具体包括定量化的评价方法、工具、模型及应用流程，监测“无废城市”试点建设工作进展和成效，识别试点建设的成功经验和薄弱环节，动态地指导和引领中长期发展方向。为了支撑城市固体废物管理模式从被动的污染防治向主动的精细化、智慧化管控转变，应实现如下评估与预判的核心功能：一是评估管理现状，系统评估城市多种固体废物产生及处理处置全过程(含农业、工业、消费、废物管理等)的源头减量和资源化利用水平；二是识别环境影响，核算固体废物产生及处理处置全过程环境影响；三是总结建设经验，分析政策、管理及工程措施的应用对“无废城市”建设目标的动态影响；四是提供改进措施，识别主要固体废物管理的薄弱点和关键环节，提出具有针对性的改进措施。

8.2.6 引导形成全社会共同参与的无废文化

(1) 定期开展学校和企业的宣传交流和领导干部培训，加强“无废文化”建设。一是面向学校，针对小学、中学、大学等不同等级教育背景的学校，从生活垃圾分类、城市生态环境建设、城市固体废物综合管理等方面，引导学生在“无废城市”创建中发挥积极作用。将无废文化相关的生产生活方式等内容纳入有关教育培训体系，如开展生活垃圾分类教育课等。二是面向企业，根据不同企业所处的行业不同，以生产生活绿色化宣传为重点，提高企业对“无废城市”建设的认识，同时加强绿色办公、绿色消费、生活垃圾分类宣传，将“无废城市”文化深入企业发展文化中。三是面向政府机构，以定期组织学习、交流等方式积极推进领导干部“无废城市”建设培训，充分了解固体废物产生、利用与处置、生活垃圾分类等相关专业知识，提高对“无废城市”建设的专业性认知。通过创建“无废文化日”、绿色商场、绿色消费等活动推动无废文化建设，加强人们对无废城市的理解和支持。

(2)定期向社区、家庭开展“无废城市”建设教育，普及无废文化。一是提高固体废物绿色化处理建设宣传，有效化解“邻避效应”。积极宣传现代化的垃圾处理技术和工艺，逐步消除公众对垃圾处理项目的疑虑和担忧，逐步变“邻避”为“邻利”。二是加强无废文化宣传，提高居民对“无废城市”建设参与的热情。加强居民循环经济理念，加大固体废物环境管理宣传教育，普及生活垃圾分类及处理知识，推动生产生活方式绿色化。通过建设文化广场、社区广场等方式提高居民对无废文化的理解，以及对自身参与“无废城市”建设重要性的认识。三是提高生活垃圾分类宣传，推动无废城市全民参与。小区以家庭宣传手册、宣传单、小区居委会交流学习等方式宣传生活垃圾分类，提高垃圾分类投放的准确率和参与度。

(3)拓展信息公开通道，强化公众监督作用。一是政府建设“无废城市”环境信息发布平台或专栏，逐步建立环境公报和社会责任公报的制度，提高全市群众对“无废城市”的认知和参与程度。二是企业建设环境信息公开平台，重点发布餐厨垃圾、危险废物、建筑垃圾等各类固体废物的产生、利用与处置信息，保障公众知情权。三是构建“无废城市”意见反馈通道，充分发挥群众的参与权，广泛接受公众监督，认真听取公众反馈意见，并通过举报电话、网站、手机微信等多种途径对“无废城市”建设的环境污染问题进行监督；在企业、高校、社区等不同群体定期召开“无废城市”建设意见反馈座谈会，听取“无废城市”创建的意见和建议，达到服务于民的目的。

参 考 文 献

[1] 张力小, 胡秋红. 城市物质能量代谢相关研究述评——兼论资源代谢的内涵与研究方法. 自然资源学报, 2011, (10): 1801-1810.

[2] Wolman A. Metabolism of cities. Scientific American, 1965, 213(3): 179.

[3] Girardet H. The metabolism of cities//Cadman D, Payne G. The Living City: Towards a Sustainable Future. London: Routledge, 1990: 170-180.

[4] Newman P. Sustainability and cities: Extending the metabolism model. Landscape and Urban Planning, 1999, 44(4): 219-226.

[5] Duan N. Urban material metabolism and its control. Research of Environmental Sciences, 2004, 17: 75-77.

[6] Brunner P H. Reshaping urban metabolism. Journal of Industrial Ecology, 2007, 11(2): 11-13.

[7] Zhang Y, Yang Z, Li W. Analyses of urban ecosystem based on information entropy. Ecological Modelling, 2006, 197(1-2): 1-12.

[8] Walker R V, Beck M B. Understanding the metabolism of urban-rural ecosystems. Urban Ecosystems, 2012, 15(4): 809-848.

[9] Walker R V, Beck M B, Hall J W, et al. The energy-water-food nexus: strategic analysis of technologies for transforming the urban metabolism. Journal of Environmental Management, 2014, 141: 104-115.

[10] Walker R V, Beck M B. Innovation, multi-utility service businesses and sustainable cities: Where might be the next breakthrough?. Water Practice and Technology, 2012, 7(4): 596-611.

[11] Coppens J, Meers E, Boon N, et al. Follow the N and P road: High-resolution nutrient flow analysis of the Flanders region as precursor for sustainable resource management. Resources Conservation and Recycling, 2016, 115: 9-21.

[12] Pang A, Jiang S, Yuan Z. An approach to identify the spatiotemporal patterns of nitrogen flows in food production and consumption systems within watersheds. Science of the Total Environment, 2018, 624: 1004-1072.

[13] Brunner P H, Rechberger H. Practical Handbook of Material Flow Analysis. Boca Raton: Lewis Publishers, 2003.

[14] 夏传勇. 经济系统物质流分析研究述评. 自然资源学报, 2005, (3): 100-106.

[15] Eurostat. Economy-wide Material Flow Accounts and Derived Indicators: A Methodological Guide. Luxembourg: Office for Official Publications of the European Communities, 2001.

[16] 陈波, 杨建新, 石垚, 等. 城市物质流分析框架及其指标体系构建. 生态学报, 2010, 22(30): 6289-6296.

[17] 沈丽娜, 马俊杰. 国内外城市物质代谢研究进展. 资源科学, 2015, (10): 1941-1952.

[18] 戴铁军, 刘瑞, 王婉君. 物质流分析视角下北京市物质代谢研究. 环境科学学报, 2017, (8):

3220-3228.
[19] 鲍智弥. 大连市环境—经济系统的物质流分析. 大连: 大连理工大学, 2011.
[20] 李永红, 刘小鹏, 裴银宝, 等. 银川市城市生态经济系统的物质流分析. 生态科学, 2015, 120(6): 121-126.
[21] 丹保宪仁, 王晓昌. 水文大循环和城市水环境代谢. 给水排水, 2002, (6): 1-5.
[22] 邵田. 中国东部城市水环境代谢研究. 上海: 复旦大学, 2008.
[23] 王晓昌. 基于水代谢理念的城市水系统构建. 给水排水, 2010, (7): 6.
[24] Mitchell V G, Cleugh H A, Grimmond C S B, et al. Linking urban water balance and energy balance models to analyse urban design options. Hydrological Processes, 2008, 22(16): 2891-2900.
[25] Doyle P. Modeling catchment evaporation—An objective comparison of the PENMAN and MORTON approaches. Journal of Hydrology, 1990, 121(1-4): 257-276.
[26] 范育鹏, 陈卫平. 北京市再生水利用生态环境效益评估. 环境科学, 2014, (10): 4003-4008.
[27] 张丽君, 秦耀辰, 张金萍, 等. 城市碳基能源代谢分析框架及核算体系. 地理学报, 2013, 8(68): 1048-1058.
[28] 赵颜创, 赵小锋, 林剑艺, 等. 厦门市城市能源代谢综合分析方法及应用. 生态科学, 2016, (5): 110-116.
[29] Dou B, Parkl S, Lim S, et al. Pyrolysis characteristics of refuse derived fuel in a pilot-scale unit. Energy & Fuels, 2007, 21(6): 3730-3734.
[30] 马涵宇, 李芸邑, 刘阳生. 城市生活垃圾筛上物制备 RDF 及其燃烧特性研究. 环境工程, 2012, (4): 96-100.
[31] 李延吉. 生活垃圾制备 RDF 及能源化利用研究. 杭州: 浙江大学, 2018.
[32] 韦艳, 石磊. 中国国家尺度元素流动的主导因素分析. 资源科学, 2009, (8): 1286-1294.
[33] Klee R J, Graedel T E. Elemental cycles: a status report on human or natural dominance. Annual Review of Environment and Resources, 2004, 29: 69-107.
[34] Baker L A, Hope D, Xu Y, et al. Nitrogen balance for the Central Arizona–Phoenix (CAP) ecosystem. Ecosystems, 2001, 4(6): 582-602.
[35] Barles S. Feeding the city: Food consumption and flow of nitrogen, Paris, 1801–1914. Science of the Total Environment, 2007, 375(1-3): 48-58.
[36] Forkes J. Nitrogen balance for the urban food metabolism of Toronto, Canada. Resources, Conservation & Recycling, 2007, 52(1): 74-94.
[37] Jiang S Y, Hua H, Jarvie H P, et al. Enhanced nitrogen and phosphorus flows in a mixed land use basin: Drivers and consequences. Journal of Cleaner Production, 2018, 181: 416-425.
[38] Zhang Y, Lu H, Fath B D, et al. A network flow analysis of the nitrogen metabolism in Beijing, China. Environmental Science & Technology, 2016, 50(16): 8558-8567.
[39] 许肃, 黄云凤, 高兵, 等. 城市食物磷足迹研究——以龙岩市为例. 生态学报, 2016, 36(22): 7279-7287.
[40] 韩江雪. 苏州氮磷元素多部门代谢分析及回收技术应用影响研究. 北京: 清华大学, 2015.
[41] 温宗国, 张文婷, 韩江雪, 等. 区域氮多部门代谢及回收技术应用影响分析. 中国环境科学, 2016, (10): 3175-3182.

[42] Liu J G, Hull V, Godfray H C J, et al. Nexus approaches to global sustainable development. Nature Sustainability, 2018, 1(9): 466-476.

[43] Scott C A, Kurian M, Wescoat J L. The Water-Energy-Food Nexus: Enhancing Adaptive Capacity to Complex Global Challenges//Kurian M, Ardakanian R. Governing the Nexus. Heidelberg: Springer, Cham, 2015.

[44] Endo A, Tomohiro O. Global Environmental Studies: The Water-Energy-Food Nexus. Introduction: Human-Environmental Security in the Asia-Pacific Ring of Fire: Water-energy-food nexus. 2018. DIO: 978-981-10-7383-0_1.

[45] Meng F, Liu G, Liang S. et al. Critical review of the energy-water-carbon nexus in cities. Energy, 2019, 171: 1017-1032.

[46] Núñez-López J M, Rubio-Castro E, El-Halwagi M M, et al. Optimal design of total integrated residential complexes involving water-energy-waste nexus. Clean Technologies and Environmental Policy, 2018, 20(1): 1-25.

[47] 徐李娜. 武汉市生活垃圾处理系统生命周期评价. 武汉: 武汉理工大学, 2009.

[48] 李文娟. 基于生命周期评价的中国城市生活垃圾处理评价模型及软件的研究与开发. 杭州: 浙江大学, 2012.

[49] 纪丹凤, 夏训峰, 席北斗, 等. 生活垃圾焚烧处理方式的生命周期评价. 再生资源与循环经济, 2010, (05): 28-32.

[50] 仇庆春. 垃圾填埋场和垃圾焚烧厂渗滤液处理工艺研究. 资源节约与环保, 2014, (11): 70.

[51] 张国丰. 北京市污水污泥处理的环境和经济影响动态模拟. 北京: 中国地质大学(北京), 2014.

[52] Dong Y, Xu L, Yang Z, et al. Aggravation of reactive nitrogen flow driven by human production and consumption in Guangzhou City China. Nature Communications, 2020, 1209: 11.

[53] 张文婷. 城市生活垃圾处理系统碳/氮跨介质代谢分析及技术优选. 北京: 清华大学, 2016.

[54] Wen Z, Bai W, Zhang W, et al. Environmental impact analysis of nitrogen cross-media metabolism: a case study of municipal solid waste treatment system in China. Science of the Total Environment, 2018, 618: 810-818.

[55] 费凡. 城市生物质废物处理系统耦合及技术选择模拟研究. 北京: 清华大学, 2019.

[56] 聂永丰. 固体废物处理工程技术手册. 北京: 化学工业出版社, 2013.

[57] 易龙生, 康路良, 王三海, 等. 市政污泥资源化利用的新进展及前景. 环境工程, 2014, (S1): 992-997.

[58] 王菲, 杨国录, 刘林双, 等. 城市污泥资源化利用现状及发展探讨. 南水北调与水利科技, 2013, (2): 99-103.

[59] 何强, 吉芳英, 李家杰. 污泥处理处置及资源化途径与新技术. 给水排水, 2016, 2(42): 1-3.

[60] 马龙波, 张大红, 赵天忠. 京郊园林绿化废弃物数量测量与地区分布研究. 中国农学通报, 2012, 28(31): 96-101.

[61] 周铁成, 王巨安. 城市园林绿化废弃物处理现状与资源化利用对策探讨. 经济研究导刊, 2017, (15): 147-148.

[62] 赵修全, 陈祥. 绿化废弃物处理处置问题与对策探析. 中国园艺文摘, 2016, 32(7): 85-86, 104.

[63] 王莹. 园林绿化废弃物处理的现状及政策. 农业与技术, 2017, 37(2): 219.
[64] 郭军. 危险废物的处理及资源化利用. 现代园艺, 2012, (10): 198-199.
[65] 何晶晶. 城市垃圾处理. 北京: 中国建筑工业出版社, 2015.
[66] 中国物资再生协会. 中国再生资源回收行业发展报告, 2019.
[67] 中华人民共和国商务部. 废弃电器电子产品分类(SB/T 11176—2016). 2016.
[68] 周蕾, 许振明. 我国电子废弃物回收工艺研究进展. 材料导报, 2012, 26(13): 155-160.
[69] 钱强飞. 碳减排背景下废钢铁再制造静态/动态生产调度研究. 南京: 东南大学, 2017.
[70] 中华人民共和国工业和信息化部. 废旧有色金属术语定义(YS/T 949—2014). 2014.
[71] 佚名. 我国将进入废金属回收高峰期. 黄金科学技术, 2018, 3(26): 386.
[72] 国家环境保护总局. 废塑料回收与再生利用污染控制技术规范(HJ/T 364—2007). 2007.
[73] 中华人民共和国商务部. 废纸分类等级规范(SB/T 11058—2013). 2014.
[74] 李秀金. 固体废物处理与资源化. 北京: 科学出版社, 2011.
[75] 中华人民共和国国家质量监督检验检疫总局. 汽车回收利用术语(GB/T 26989—2011). 2011.
[76] 中国物资再生协会. 中国再生资源行业发展报告(2016—2017). 北京: 中国财富出版社, 2017.
[77] 李云燕, 王立华. 我国报废汽车回收现状、预测及对策建议. 生态经济, 2016, 32(6): 152-156.
[78] 中国循环经济协会. 废旧纺织品回收利用规范(T/CACE 012-2019). 2019.
[79] 林世东, 甘胜华, 李红彬, 等. 我国废旧纺织品回收模式及高值化利用方向. 纺织导报, 2017, (2): 25-28.
[80] 张帆, 杨术莉, 杜平凡. 废旧纺织品回收再利用综述. 现代纺织技术, 2015, 23(6) : 56-62.
[81] 中华人民共和国国家质量监督检验检疫总局. 废轮胎加工处理(GB/T 26731—2011). 2011.
[82] 金春英, 林金清, 林永华. 废轮胎热解回收燃料油和炭黑的研究进展. 再生资源与循环经济, 2003, (4): 24-26.
[83] 鲁锋. 废旧轮胎热解相关实验研究. 天津: 南开大学, 2010.
[84] 国家市场监督管理总局. 废电池分类及代码(GB/T 36576—2018). 2018.
[85] 史风梅. 废镍镉电池中镉的回收及资源化研究. 青岛: 青岛大学, 2004.
[86] 国家市场监督管理总局. 废玻璃分类及代码(GB/T 36577—2018). 2018.
[87] 闵敏. 废玻璃的回收价值及途径研究. 中国资源综合利用, 2017, (11): 86-88.
[88] 徐美君. 国际国内废玻璃的回收与利用(上). 建材发展导向, 2007, (1): 51-55.
[89] 李干杰. 开展“无废城市”建设试点 提高固体废物资源化利用水平. 中国环境报, 2019-01-23.
[90] Zaman A U. A comprehensive review of the development of zero waste management: lessons learned and guidelines. Journal of Cleaner Production, 2015, 91: 12-25.
[91] ZWIA. Zero Waste Definition[2018-12-20] . http://zwia.org/zero-waste-definition/.
[92] ZERO WASTE BOSTON: Recommendations of Boston’s Zero Waste Advisory Committee. Boston: Boston’s Zero Waste Advisory Committee, 2019.
[93] EPA. Zero Waste Case Study: San Francisco[2018-12-20]. https://www.epa.gov/transforming-waste-tool/zero- waste-case-study-san-francisco.
[94] Seattle Solid Waste Recycling, Waste Reduction, and Facilities Opportunities. Seattle: URS Corporation, 2007.

[95] Zaman A U, Lehmann S. The zero waste index: a performance measurement tool for waste management systems in a ‘zero waste city’. Journal of Cleaner Production, 2013, 50: 123-132.
[96] Song Q, Li J, Zeng X. Minimizing the increasing solid waste through zero waste strategy. Journal of Cleaner Production, 2015, 104: 199-210.
[97] Zaman A U. Measuring waste management performance using the ‘Zero Waste Index’: the case of Adelaide, Australia. Journal of Cleaner Production, 2013, 60: 407-419.
[98] Zaman A U, Lehmann S. The zero waste index: a performance measurement tool for waste management systems in a ‘zero waste city’. Journal of Cleaner Production, 2013, 50:123-132.
[99] ZWIA. History of ZWIA[2018-08-28] . http://zwia.org/history-of-zwia/.
[100] Zero Waste Europe. Zero Waste in Cities[2018-08-28]. https://zerowasteeurope.eu/zero-waste-in-cities/.
[101] The US Conference of Mayors. 83rd Annual Meeting—In Support of Municipal Zero Waste Principles and a Hierarchy of Materials Management[2018-08-28]. https://www.usmayors.org/the-conference/resolutions/?category=b83aReso050&meeting=83rd%20Annual%20Meeting.
[102] C40 CITIES. 23 Global Cities and Regions Advance Towards Zero Waste[2018-08-28]. https://www.c40.org/press_releases/global-cities-and-regions-advance-towards-zero-waste.
[103] UN. Waste-wise cities, a call for action to address the municipal solid waste challenge, advocacy toolkit and guide [2020-05-28]. https://www.un.org/en/events/habitatday/assets/pdf/call_of_action_Waste_Wise_Cities.pdf.
[104] Department for Environment, Food, and Rural Affairs. Government Review of Waste Policy in England 2011. 2011.
[105] 蒙天宇. “无废城市”建设的国际经验及启示. 中州建设, 2019, (1): 64-65.
[106] Ministry of the Environment and Water Resources, Singapore. Zero Waste Masterplan Singapore. 2019.
[107] 国务院办公厅. 国务院办公厅关于印发“无废城市”建设试点工作方案的通知(国办发〔2018〕128号)[2019-07-04]. http://www.gov.cn/zhengce/content/2019-01/21/content_5359620.htm.
[108] 刘晓龙, 姜玲玲, 葛琴, 等. “无废社会”构建研究. 中国工程科学, 2019, (5): 152-158.
[109] 2018年中国粗钢产量破9亿吨, 创历史新高. 界面新闻[2019-01-23]. https://baijiahao.baidu.com/s?id=1623448974246323637.
[110] 新华网. 亿海蓝数据: 2018年中国进口铁矿石到港量10.38亿吨[2019-03-21]. https://baijiahao.baidu.com/s?id=1621977570816528183.
[111] 新浪财经. 国家统计局: 中国2018年原铝产量同比增7.4%[2019-03-21]. http://finance. sina.com.cn/money/future/fmnews/2019-01-21/doc-ihrfqziz9580856.shtml.
[112] 商务部. 再生资源回收管理办法, 2007.
[113] 商务部, 等. 再生资源回收体系建设中长期规划2015—2020, 2015.
[114] 商务部. 中国再生资源回收行业发展报告(2018), 2018.
[115] 中国发展研究基金会. 中国发展报告2017, 2017.
[116] 吴红富. 北京鼓励再生资源企业上门回收 居民用手机APP预约时间. 再生资源与循环经济, 2018, 11(4): 46.
[117] 猎云网. 主营电子电器, “废品大叔”开启废品回收+互联网新模式[2016-10-27].

https://www.lieyunwang.com/archives/230744.
[118] 叶广源, 熊正烨, 李铭士, 等. 物联监控智能垃圾分类桶的设计. 数字技术与应用, 2017, (1): 136-138.
[119] 中国青年网. 一年减排 3 万吨！业之峰带你探秘“瓶安中国”[2017-09-14]. http://home.163.com/17/0913/17/CU7URQ8100108N56.html.
[120] 许开华, 张宇平, 赵小婷, 等. 回收哥 O2O 平台开启“互联网+分类回收”新模式. 再生资源与循环经济, 2015, 8(10): 25-28.
[121] IT 之家. 支付宝回收小程序接入蚂蚁森林，回收两台大家电就能种一颗梭梭树 [2019-04-23]. https://www.ithome.com/0/420/636.htm.
[122] 中国循环经济协会网. 物尽其用——互联网+再生资源回收体系 [2018-06-14]. http://www.chinacace.org/patents/internet_case/detail?id=9.
[123] 常涛. 盈创回收——“互联网+回收”及垃圾分类智能化解决方案案例分析 [2020-05-28]. http://www.chinacace.org/patents/internet_case/detail?id=2.
[124] 常涛. 盈创回收“互联网+回收”及垃圾分类智能化解决方案介绍. 资源再生, 2018, (5): 10-15.
[125] 佚名. 桑德环境易再生网正式上线. 再生资源与循环经济, 2015, 8(6): 21.
[126] 潘登杲. 烟气在线监测系统在垃圾焚烧发电厂的应用. 资源节约与环保, 2018, (12): 96.
[127] 曲永祥. 解读“城市矿产”. 中国有色金属, 2010, (24): 30-31.
[128] Gordon R B, Bertram M, Graedel T E. Metal stocks and sustainability. Proceedings of the National Academy of Sciences of the United States of America, 2006, 103 (5): 1209-1214.
[129] 朱坦, 张墨. 以“城市矿产”示范基地促资源“新生”. 环境保护, 2010, (21): 36-38.
[130] 柳元. 城市矿产资源潜力及产业对策研究. 北京: 清华大学, 2011.